21世纪高等学校机械设计制造及其自动化专业系列教材

电液控制技术

（第二版）

曹树平　刘银水　罗小辉　主　编

易孟林　主　审

U0180100

华中科技大学出版社

中国·武汉

内 容 简 介

本书是《电液控制技术》(易孟林、曹树平、刘银水主编,华中科技大学出版社)的修订版,主要介绍了电液伺服控制和电液比例控制的基础理论与方法,也介绍了构建电液控制系统涉及的信号检测和信息转换等基础技术及液压控制系统油源装置、污染控制、振动与噪声控制等相关技术,并专题介绍了电液控制新技术,如电液控制中的机电一体化技术、电液数字阀及系统应用技术、水压控制技术和电/磁流变流体控制技术等。

为了方便教学,本书还配有相关教学资源,如有需要,可向华中科技大学出版社索取(电话:027-87544529;邮箱:171447781@qq.com)。

本书可作为机械设计制造及其自动化、机械电子工程专业高年级本科生的"液压控制系统"课程教材,也可作为从事电液控制的工程技术人员的培训教材或参考书。

图书在版编目(CIP)数据

电液控制技术/曹树平,刘银水,罗小辉主编.—2版.—武汉:华中科技大学出版社,2014.5(2022.7重印)
ISBN 978-7-5609-9803-9

Ⅰ.①电⋯　Ⅱ.①曹⋯　②刘⋯　③罗⋯　Ⅲ.①液压控制-高等学校-教材　Ⅳ.①TH137

中国版本图书馆 CIP 数据核字(2014)第 101486 号

电液控制技术(第二版)　　　　　　　　　　曹树平　　刘银水　　罗小辉　　主编

策划编辑:万亚军
责任编辑:刘　勤
封面设计:李　嫚
责任校对:邹　东
责任监印:张正林
出版发行:华中科技大学出版社(中国·武汉)
　　　　　武昌喻家山　　邮编:430074　　电话:(027)81321913
录　　排:华中科技大学惠友文印中心
印　　刷:武汉洪林印务有限公司
开　　本:710mm×1000mm　1/16
印　　张:19.25
字　　数:406 千字
版　　次:2010 年 9 月第 1 版第 1 次印刷　2022 年 7 月第 2 版第 6 次印刷
定　　价:58.00 元

21世纪高等学校
机械设计制造及其自动化专业系列教材

总　序

　　"中心藏之,何日忘之",在新中国成立60周年之际,时隔"21世纪高等学校机械设计制造及其自动化专业系列教材"出版9年之后,再次为此系列教材写序时,《诗经》中的这两句诗又一次涌上心头,衷心感谢作者们的辛勤写作,感谢多年来读者对这套系列教材的支持与信任,感谢为这套系列教材出版与完善作过努力的所有朋友们。

　　追思世纪交替之际,华中科技大学出版社在众多院士和专家的支持与指导下,根据1998年教育部颁布的新的普通高等学校专业目录,紧密结合"机械类专业人才培养方案体系改革的研究与实践"和"工程制图与机械基础系列课程教学内容和课程体系改革研究与实践"两个重大教学改革成果,约请全国20多所院校数十位长期从事教学和教学改革工作的教师,经多年辛勤劳动编写了"21世纪高等学校机械设计制造及其自动化专业系列教材"。这套系列教材共出版了20多本,涵盖了"机械设计制造及其自动化"专业的所有主要专业基础课程和部分专业方向选修课程,是一套改革力度比较大的教材,集中反映了华中科技大学和国内众多兄弟院校在改革机械工程类人才培养模式和课程内容体系方面所取得的成果。

　　这套系列教材出版发行9年来,已被全国数百所院校采用,受到了教师和学生的广泛欢迎。目前,已有13本列入普通高等教育"十一五"国家级规划教材,多本获国家级、省部级奖励。其中的一些教材(如《机械工程控制基础》、《机电传动控制》、《机械制造技术基础》等)已成为同类教材的佼佼者。更难得的是,"21世纪高等学校机械设计制造及其自动化专业系列教材"也已成为一个著名的丛书品牌。9年前为这套教材作序的时候,我希望这套教材能加强各兄弟院校在教学改革方面的交流与合作,对机械工程类专业人才培养质量的提高起到积极的促进作用,现在看来,这一目标很好地达到了,让人倍感欣慰。

李白讲得十分正确:"人非尧舜,谁能尽善?"我始终认为,金无足赤,人无完人,文无完文,书无完书。尽管这套系列教材取得了可喜的成绩,但毫无疑问,这套书中,某本书中,这样或那样的错误、不妥、疏漏与不足,必然会存在。何况形势总在不断地发展,更需要进一步来完善,与时俱进,奋发前进。较之9年前,机械工程学科有了很大的变化和发展,为了满足当前机械工程类专业人才培养的需要,华中科技大学出版社在教育部高等学校机械学科教学指导委员会的指导下,对这套系列教材进行了全面修订,并在原基础上进一步拓展,在全国范围内约请了一大批知名专家,力争组织最好的作者队伍,有计划地更新和丰富"21世纪机械设计制造及其自动化专业系列教材"。此次修订可谓非常必要,十分及时,修订工作也极为认真。

"得时后代超前代,识路前贤励后贤。"这套系列教材能取得今天的成绩,是几代机械工程教育工作者和出版工作者共同努力的结果。我深信,对于这次计划进行修订的教材,编写者一定能在继承已出版教材优点的基础上,结合高等教育的深入推进与本门课程的教学发展形势,广泛听取使用者的意见与建议,将教材凝练为精品;对于这次新拓展的教材,编写者也一定能吸收和发展原教材的优点,结合自身的特色,写成高质量的教材,以适应"提高教育质量"这一要求。是的,我一贯认为我们的事业是集体的,我们深信由前贤、后贤一起一定能将我们的事业推向新的高度!

尽管这套系列教材正开始全面的修订,但真理不会穷尽,认识不是终结,进步没有止境。"嘤其鸣矣,求其友声",我们衷心希望同行专家和读者继续不吝赐教,及时批评指正。

是为之序。

中国科学院院士

2009. 9. 9

第二版前言

本书第一版自 2010 年 9 月出版以来，一直受到相关领域读者的欢迎及关注，并提出了许多宝贵意见。为了进一步提高教材质量，满足机电液复合型技术人才的培养要求，根据大家提出的意见、建议和三年来的教学实践，编者对全书内容进行了审查、整理及勘误，同时增加了"电液伺服控制系统设计实例"等内容。

本书保持第一版的内容、结构不变，重点介绍电液伺服控制、电液比例控制等工程实用电液控制技术。在内容上，本书扩展了范围，既重点介绍了电液伺服控制和电液比例控制的基础理论与方法，也介绍了构建电液控制系统涉及的信号检测和信息转换等基础技术及液压控制系统油源装置、污染控制、振动与噪声控制等相关技术；为开拓学生创新思维，推进新技术应用，还专题介绍了电液控制新技术，如电液控制中的机电一体化技术、电液数字阀及系统应用技术、水压控制技术和电/磁流变流体控制技术等。

与同类教材相比，本书具有以下特点：突出了"用电子技术和计算机控制技术强化液压技术"的宗旨，面向工程实际，跟踪科技发展前沿，采取了理论与实际相结合，电、液、计算机控制知识相结合，原理阐述与工程应用实例相结合，技术运用和技术创新相结合的方法，注重学生综合应用能力的培养。

为了方便教学，本书还配有相关教学资源，如有需要，可向华中科技大学出版社索取（电话：027-87544529；邮箱：171447781@qq.com）。

本书可作为机械设计制造及其自动化、机械电子工程专业高年级本科生的"液压控制系统"课程教材，也可作为从事电液控制的工程技术人员的培训教材或参考书。

本书由华中科技大学曹树平、刘银水、罗小辉担任主编，华中科技大学易孟林教授担任全书的主审工作。

本书修改后，错误和不足之处仍在所难免，敬请广大读者批评、指正。

编　者

2014 年 8 月

第一版前言

电液控制技术是液压技术的一个重要分支,也是现代控制工程的基本技术要素,它融合了液压技术、微电子技术、检测传感技术、计算机控制技术及自动控制理论等实用技术与理论。通常所说的电液控制系统主要是指采用电液伺服阀(伺服变量泵)或电液比例阀(比例变量泵)构成的能实现对被控对象进行连续、实时控制的液压系统。它弥补了普通液压传动系统之不足,综合了液压能传递较大功率的优越性与电子控制、计算机控制的灵活性,被誉为"电子大脑和神经十液压肌肉和骨骼"的"聪明机械",是一种在大、中功率场合具有明显竞争优势的控制模式。最近二十余年来,电液控制技术得到了迅猛发展,广泛用于机械制造、工程机械、交通运输、冶金化工、石油能源、军事器械、水电核能及航空航天航海等领域。面对机械工业发展的大好形势,国家迫切需要大量的机电液复合型技术人才。为满足社会的需求和机械设计制造及其自动化专业本科生的学习需要,我们编写了这本《电液控制技术》。

本书是《液压传动系统》的延续,其基础涉及工程流体力学、电工电子学、检测传感技术及自动控制理论等。在本书编写过程中,吸纳了在本学科内有一定影响的教材和专著中的经典内容,并列入参考文献之中。与同类教材相比,本书拓展了内容,突出了"用电子技术和计算机控制技术强化液压技术"的宗旨,面向工程实际,跟踪科技发展前沿,采用理论与实际相结合,电-液-计算机控制知识相结合,原理阐述与工程应用实例相结合,技术运用和技术创新相结合的方法编写,力求深入浅出,以利于学生综合应用能力的培养。

全书共9章。第1章概述液压控制系统的基本原理、分类、组成、特点及电液控制技术的发展和应用;第2章介绍电液控制系统的信号检测和信息转换等基础技术;第3、4章阐述液压控制阀的特性和设计准则,讨论不同液压动力机构的数学建模、特性分析及阀控与泵控液压动力机构的负载最佳匹配问题;第5章介绍电液伺服阀的典型结构、工作原理、表征性能的主要参数选择与使用要点;第6章介绍电液伺服控制系统的类型、特性分析、性能改善与设计;第 7 章介绍电液比例控制技术及应用,包括常见电液比例阀、比例泵原理和特点及电液比例控制系统的组成、分类与设计;第 8 章介绍电液控制系统油源装置、污染控制、振动与噪声控制等相关技术;为开拓学生创新思维,推进新技术应用,第 9 章专题介绍电液控制新技术,包括电液控制中的机电一体化技术、电液数字阀及系统应用技术、水压控制技术和电/磁流变流体控制技术等。本书内容面向工程实际,力求做到概念清晰、理论简明、方法实用、好懂易学。书中有较多的工程应用实例,各章均附有思考题和习题,有助于读者对基本原理的理解和运用。

本书由华中科技大学易孟林、曹树平、刘银水主编。其中第 1、2、5、7 章由易孟林编写,第 3、4、6 章由曹树平编写,第 8、9 章由刘银水编写。

马鞍山科达机电有限公司总经理朱钒博士参加了编写大纲的拟定和章节内容的精选工作,并提出了很多宝贵建议,对本书的出版给予了很大支持和帮助;华中科技大学机械学院博士后罗小辉和博士生胡军华参与了本书的统稿和复核工作,硕士研究生毛旭耀参与了资料收集和整理工作。他们都为书稿的完成付出了辛勤的劳动,在此一并致以诚挚的谢意。

华中科技大学出版社机械分社的领导和编辑对本书的出版给予了很大的帮助,也在此表示衷心的感谢。

尽管本书的作者们尽了极大的努力,但限于学识和经验,书中难免存在错误与不妥之处,恳请专家同行及广大读者批评指正,不胜感谢!

编　者

2010 年 5 月

电液控制技术

第1章

绪论

液压控制系统是在液压传动系统和自动控制技术与控制理论的基础上发展起来的,它包括机械-液压控制系统、电气-液压控制系统和气动-液压控制系统等多种类型。电液控制系统是电气-液压控制系统的简称,是指以电液伺服阀、电液比例阀或数字控制阀作为电液控制元件的阀控液压系统和以电液伺服或比例变量泵为动力元件的泵控液压系统,它是液压控制中的主流系统。本书主要论述电液控制系统的相关理论和技术。作为基础部分,本章概述液压控制系统的基本原理、组成、分类、适用场合及特点,并简要介绍电液控制技术的发展和应用概况。

1.1 液压控制系统概论

1.1.1 液压控制系统与液压传动系统的比较

液压控制系统有别于一般液压传动系统,它们之间的差异可通过下面列举的液压速度传动系统和电液速度伺服控制系统示例加以说明。

图 1-1 所示为两种形式的液压速度系统原理图。

图 1-1(a)所示的液压速度传动系统主要由液压缸、负载、电磁换向阀、调速阀及液压能源装置组成。其工作原理为:当电磁铁 CT_1 通电时,电磁换向阀左位工作,液压油经电磁换向阀、单向阀进入液压缸右腔,活塞在压力油的作用下向左快速移动,运动速度由液压泵的输出流量决定;当电磁铁 CT_2 通电时,电磁换向阀换向,右位工作,液压油经电磁换向阀直接进入液压缸左腔,活塞在压力油的作用下向右移动,液压缸右腔的油经调速阀、电磁换向阀回油箱,回油流量受调速阀的控制。因此,可通过调节单向调速阀的节流口大小改变负载的运动速度。需要指出的是,调速阀虽然具有压力和温度补偿功能,其输出的流量不受负载和温度变化的影响,但它不能补偿液压缸、单向阀等液压元件的泄漏,所以在负载增加时,系统的速度也会由于泄漏的增加有所减慢。

图 1-1(b)所示为电液速度伺服控制系统,它主要由指令元件(指令电位器)、伺

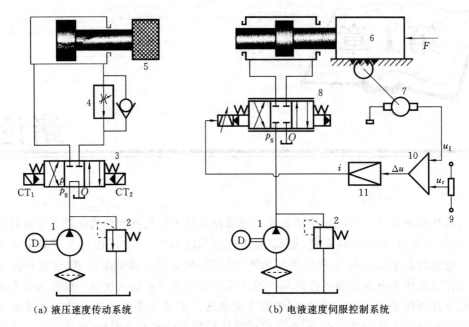

(a) 液压速度传动系统　　　　　　　　(b) 电液速度伺服控制系统

图 1-1　液压速度系统原理图

1—液压泵　2—溢流阀　3—电磁换向阀　4—单向调速阀　5—负载　6—工作台
7—测速发电机　8—电液伺服阀　9—指令电位器　10—比较器　11—伺服放大器

服放大器、电液伺服阀、液压伺服缸、速度传感器(测速发电机)、工作台及液压能源装置组成。其工作原理为：当指令电位器给定一个指令信号 u_r 时，通过比较器与反馈信号 u_f 比较，输出偏差信号 Δu，偏差信号经伺服放大器输出控制电流 i，控制电液伺服阀的开口，输出相应的压力油驱动液压伺服缸，带动工作台运动。

由电液速度伺服控制系统的工作原理可知，液压伺服缸活塞的运动方向由控制电流的正负极性决定，而运动速度由伺服阀的输出流量即控制电流的大小确定。系统由于加入了检测、反馈环节，构成了闭环控制，故具有抗干扰、抗环内参数变化的能力，该电液速度伺服控制系统对温度、负载、泄漏等影响因素均有自动补偿功能，能在有外部干扰的情况下获得精确的速度控制。

以上示例的分析比较告诉我们，液压控制系统与液压传动系统两者在工作任务、控制原理、控制元件、控制功能和性能要求等诸多方面均有所不同。它们之间的主要区别如表 1-1 所示。

必须明白，由于这两种系统的差异，对它们的研究侧重点也是不同的。对液压传动系统侧重于研究静态特性，只在有特殊需要时才研究动态特性，而且，即使研究动态特性，一般也只需讨论外负载变化对速度的影响。而对液压控制系统来说，除了讨论如何满足以一定的速度对被控对象进行驱动等基本要求外，更侧重于系统动态特性(包括稳定性、快速性和准确性)的分析和研究。

表 1-1 液压传动系统与液压控制系统的比较

对比内容	液压传动系统	液压控制系统
工作任务	以传递动力为主,信息传递为辅。基本任务是驱动和调速	以传递信息为主、传递动力为辅。主要任务是使被控制量,如位移、速度或输出力等参数,能够自动、稳定、快速而准确地跟踪输入指令变化
控制原理	一般为开环系统	多为带反馈的闭环控制系统
控制元件	采用调速阀或变量泵手动调节流量	采用液压控制阀,如伺服阀、电液比例阀或电液数字阀自动调节流量
控制功能	只能实现手动调速、加载和顺序控制等功能。难以实现任意规律、连续的速度调节	能利用各种测量传感器对被控制量进行检测和反馈,从而实现对位置、速度、加速度、力和压力等各种物理量的自动控制
性能要求	追求的是传动特性的完善,侧重于静态特性要求。主要性能指标为调速范围、低速稳定性、速度刚度和效率等	追求的目标是控制特性的完善,性能指标要求应包括稳态性能和动态性能两个方面

1.1.2 液压控制系统的工作原理

在对图 1-1 所示两种形式液压速度系统的比较中,已粗略地提及电液速度伺服控制系统的工作原理。这里再对液压控制系统的一般工作原理作进一步阐述。

先来看一个机液伺服控制系统的例子。

图 1-2 所示为一简单的机液伺服控制系统原理图。

图中供油是来自恒压油源的压力油,回油通油箱。液压动力元件由四边滑阀和液压缸组成。滑阀是一个转换放大元件,它将输入的机械信号(阀芯位移)转换成液压信号(流量、压力)输出,并加以功率放大。液压缸为执行元件,输入是压力油的流量,输出是运动速度或位移。在这个系统中,阀体与液压缸缸体做成一体,构成了机械反馈伺服控制回路。其反馈控制过程是:当阀芯处于中间位置(零位)时,阀的 4 个窗口关闭,阀无流量输出,缸体不动,系统处于静止平衡状态。若阀芯 1 向右移一个距离 x_i,则节流窗口 a、b 便各有一个相应的开口量 $x_v = x_i$,压力油经窗口 a 进入液压缸无杆腔,

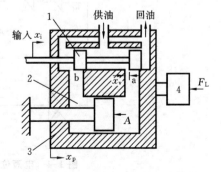

图 1-2 机液伺服控制系统原理图
1—阀芯 2—液压缸 3—阀体与缸体 4—负载

推动缸体右移 x_p，液压缸左腔的油液经窗口 b 回油箱。在缸体右移的同时，也带动阀体右移，使阀的开口量减小，即 $x_v = x_i - x_p$。而当缸体位移 x_p 等于阀芯位移 x_i 时，$x_v = 0$，即阀的开口关闭，输出流量为零，液压缸停止运动，处在一个新的平衡位置上。如果阀芯反向运动，则液压缸也反向随之运动。这就是说，在该系统中，滑阀阀芯不动，液压缸缸体也不动；阀芯向哪个方向移动，缸体也向哪个方向移动；阀芯移动速度快，缸体移动速度也快；阀芯移动多少距离，缸体也移动多少距离。液压缸的位移(系统的输出)能够自动地、快速而准确地跟踪阀芯的位移(系统的输入)运动。系统的原理框图如图 1-3 所示。

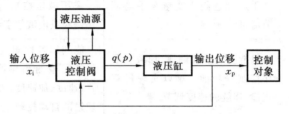

图 1-3　机液位置伺服控制系统的原理框图

　　该系统是一个靠偏差工作的负反馈闭环控制系统，其输出量是位移，故称为位置控制系统。由于其输入信号和反馈信号皆由机械构件实现，所以也称机液位置伺服控制系统。因它的机液转换元件为滑阀，靠节流原理工作，又称阀控式液压伺服系统。

　　以上介绍的是机液伺服控制系统的情况，其反馈为机械连接形式。事实上，反馈形式可以是机械、电气、气动、液压之一或它们的组合，所以液压控制系统还有所谓电液控制和气液控制等多种形式。一般来说，液压控制系统的基本控制原理都是类似的。下面再介绍一个电液位置伺服控制系统的示例。

　　图 1-4 所示为一个典型的电液位置伺服系统原理图。其工作原理是：由计算机

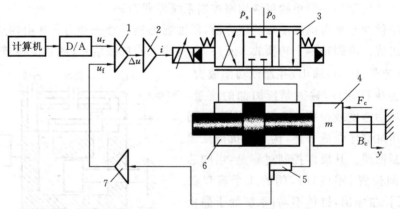

图 1-4　电液位置伺服控制系统原理图
1—比较器　2—校正、放大器　3—电液伺服阀　4—负载
5—位移传感器　6—液压伺服缸　7—信号放大器

(指令元件)发出数字指令信号,经 D/A 转换为模拟信号 u_r 后输给比较器,再通过比较器与位移传感器传来的反馈信号 u_f 相比较,形成偏差信号 Δu,然后通过校正,放大器输出控制电流 i,操纵电液伺服阀(电液转换元件)产生较大功率的液压信号(压力、流量),从而驱动液压伺服缸,并带动负载(被控对象)按指令要求运动。当偏差信号趋于零时,被控对象(负载)被控制在指令期望的位置上。该电液位置伺服控制系统的原理框图如图 1-5 所示。

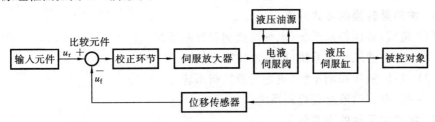

图 1-5 电液位置伺服控制系统的原理框图

综合上述机液、电液两控制系统的工作原理可知,液压控制系统一般具有如下特点。

1. 以液压为能源,具有功率放大作用,是一个功率放大装置

功率放大所需的能量由液压油源供给,供给能量大小则由转换元件根据系统的偏差大小调节。在图 1-2 所示系统中,移动阀芯所需的功率很小;在图 1-4 所示电液伺服系统中,驱动电液伺服阀的功率也很小。而系统的执行器(液压缸)输出的功率很大,通常比输入信号功率大几百倍,甚至几千倍。所以液压伺服控制装置也称液压伺服放大器。

2. 液压控制系统是一个自动跟踪系统(即随动系统)

在上述机液、电液两伺服控制系统中,液压缸的位移都能按输入指令的变化规律变化。即系统的输出量能自动地跟随输入量的变化而变化,所以说液压控制系统也是一个自动跟踪系统。

3. 液压控制系统是一个负反馈控制系统,依靠偏差信号工作

在图 1-2 所示系统中,缸体位移 x_p 之所以能够自动地、准确地跟踪阀芯位移 x_i 变化,是因为阀体和缸体是一个整体,构成了反馈控制。缸体的输出信号(位移 x_p)反馈至阀体,并与阀芯输入信号(位移 x_i)进行比较,有偏差(即有开口量),油源的压力油就进入液压缸,缸体就继续移动,使阀的开口量(偏差)减小,直至输出的位移与阀芯的输入位移相等(即偏差消除)为止。而图 1-4 所示系统的伺服缸位移能跟随指令信号变化,则是由于用位移传感器可检测到反馈信号,构成了负反馈闭环控制。在伺服缸达到期望位置时,偏差信号为零,电液伺服阀输出流量也为零,伺服缸就停止不动。这类系统都是靠偏差信号进行调节的,即以偏差来消除偏差,是按照控制理论中的负反馈控制原理工作的。

1.2　液压控制系统的分类与适用场合

1.2.1　液压控制系统的分类

液压控制系统的类型繁杂,可按不同的方式进行分类。

1. 按能量转换的形式分类

(1)机械-液压控制系统(也称机液伺服控制系统)。

(2)电气-液压控制系统(即电液控制系统)。

(3)气动-液压控制系统(或称气液控制系统)。

(4)机、电、气、液混合控制系统。

2. 按控制元件的类型分类

(1)阀控系统　又称节流控制系统,是指由伺服阀或比例阀等液压控制阀利用节流原理控制输给执行元件的流量或压力的系统。

(2)泵控系统　又称容积控制系统,是指利用伺服(或比例)变量泵改变排量的原理控制输给执行元件的流量或压力的系统。

3. 按被控制物理量性质分类

(1)位置(或转角)控制系统。

(2)速度(或转速)控制系统。

(3)加速度(或角加速度)控制系统。

(4)力(或力矩)控制系统。

(5)压力(或压差)控制系统。

(6)其他控制系统(如温度控制系统等)。

4. 按输入信号的变化规律分类

(1)伺服控制系统　这类系统的输入信号是时间的函数,要求系统的输出能以一定的控制精度跟随输入信号变化,是一种快速响应系统。因此,有时也称随动系统。

(2)定值调节系统　若系统的输入信号是不随时间变化的常值,要求其在外干扰的作用下,能以一定的控制精度将系统的输出控制在期望值上,这种系统称为定值调节系统,亦即恒值控制系统。

(3)程序控制系统　程序控制系统的输入量按所需程序设定,它是一种实现对输出进行程序控制的系统。

1.2.2　液压控制系统的适用场合

液压控制系统一般都带检测反馈环节,形成闭环控制,具有抗干扰能力,对系统参数变化不太敏感,控制精度高,响应速度快,输出功率大,信号处理灵活,但要考虑稳定性问题,设计较复杂,制造及维护成本较高,因此,多用于要求系统性能较高的场合。当然,不同类型的液压控制系统也各有其适用的场合。

1. 阀控系统与泵控系统的适用场合

阀控系统是利用节流原理工作的,故也称节流控制系统,其主要控制元件是液压控制阀(如伺服阀、电液比例阀或数字控制阀等),具有响应快、控制精度高,可利用公共恒压油源控制多个不同的执行元件的优点,其缺点是功率损失大、系统温升快,比较适用于中小功率的快速高精度控制场合。泵控系统又称容积控制系统,是用控制阀去控制变量泵或液压马达的变量机构,使其排量参数按系统控制要求变化的系统。由于泵控系统无节流和溢流损失,故效率高、节能,但响应速度比阀控系统慢、结构较复杂,适用于大功率而响应速度要求不高的控制场合。

2. 机液控制系统、电液控制系统与气液控制系统的适用场合

机液控制系统的指令给定、反馈和比较都采用机械构件,优点是简单可靠,价格低廉,环境适应性好,缺点是偏差信号的校正及系统增益的调整不方便,难以实现远距离操作;另外,反馈机构的摩擦和间隙都会对系统的性能产生不利影响。机液控制系统一般用于响应速度和控制精度要求不是很高的场合,绝大多数是位置控制系统。

电液控制系统的信号检测、校正和放大等都较为方便,易于实现远距离操作,易于和响应速度快、抗负载刚度大的液压动力元件实现整合,具有很大的灵活性和广泛的适应性。特别是电液控制系统与计算机结合,可以充分运用计算机快速运算和高效信息处理的能力,实现一般模拟控制难以完成的复杂控制规律,因而功能更强,适应性更广。电液控制系统是液压控制领域的主流系统。

气液控制系统由气动和液压两部分构成,系统中的信号检测和初始放大均采用气动元件实现,它具有结构简单、测量灵敏度高、工作可靠,可在高温、振动、易燃、易爆等恶劣环境中工作,但需要另加气源等附属设备。

1.3 电液控制系统的基本组成及特点

1.3.1 电液控制系统的基本组成

电液控制系统与其他类型液压控制系统的基本组成都是类似的。不论其复杂程度如何,都可分解为一些基本元件。图1-6所示为一般电液控制系统的组成。

(1)输入元件 输入元件是指将指令信号施加给系统输入端的元件,所以也称指令元件。通常用的有指令电位器、信号发生器或程序控制器、计算机等。

(2)比较元件 也称比较器。它将反馈信号与输入信号进行比较,形成偏差信号。比较元件有时并不单独存在,而是由几类元件有机组合来构成整体,其中包含比较功能,如将输入指令信号的产生、反馈信号处理、偏差信号的形成、校正与放大等多项功能集于一体的板卡或控制箱。图1-7所示的计算机电液伺服/比例控制系统,其

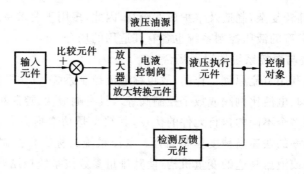

图 1-6　电液控制系统的组成

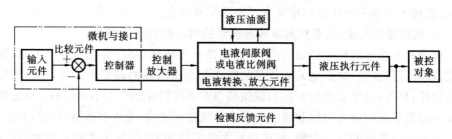

图 1-7　计算机电液控制系统的组成

输入指令信号的产生、偏差信号的形成、校正,即输入元件、比较元件和控制器(校正环节)的功能都由计算机实现。

（3）放大转换元件　该元件将比较器给出的偏差信号进行放大,并进行能量转换,以液压量(如流量、压力等)的形式输入执行机构,控制执行元件运动。例如伺服阀、比例阀或数字阀及其配套使用的控制放大器,都是常见的放大转换元件。

（4）检测反馈元件　该元件用于检测被控制量并转换成反馈信号,加在系统的输入端与输入信号相比较,从而构成反馈控制。例如位移、速度、压力或拉力等各类传感器就是常用的检测反馈元件。

（5）液压执行元件　该元件按指令规律动作,驱动被控对象做功,实现调节任务。例如液压缸、液压马达或摆动液压马达等。

（6）被控对象　它是与液压执行元件可动部分相连接并一起运动的机构或装置,也就是系统所要控制的对象,如工作台或其他负载等。

除了以上基本元件,为改善系统的控制特性,有时还增加串联校正环节和局部反馈环节。当然,为保证系统正常工作,还有不包含在控制回路中的液压油源和其他辅助装置等。

例如,图 1-4 所示电液位置伺服控制系统的组成就包括输入元件(计算机、D/A转换器)、比较元件(加法器)、校正环节(某种控制规律的运算电路或程序)、放大转换元件(伺服放大器和电液伺服阀)、液压执行元件(液压伺服缸)、反馈元件(位移传感器)及被控对象(具有一定质量和阻尼的负载)。

1.3.2 电液控制系统的特点

以油液为介质的电液控制系统,属于液压系统范畴,同样具有下列液压系统的优点。

(1) 单位功率的质量小,力-质量比(或力矩-惯量比)大 由于液压元件的功率-质量比和力-质量比(或力矩-惯量比)大,因此可以组成结构紧凑、体积小、质量小、加速性好的控制系统。例如优质的电磁铁能产生的最大力大致为 175 N/cm²,即使昂贵的坡莫合金所产生的力也不超过 215.7 N/cm²,而液压缸的最大工作压力可达 3 200 N/cm²,甚至更高。统计资料表明,一般液压马达的质量只是同功率电动机的 10%~20%,几何尺寸为后者的 12%~13%;液压马达的功率-质量比可达 7 000 W/kg 左右,因受磁饱和限制,电动机的功率-质量比约为 700 W/kg,即液压马达的功率-质量比约为相同容量电动机的 10 倍。

(2) 响应速度快 由于液压动力元件的力-质量比(或力矩-惯量比)大,因此加速能力强,能够安全、可靠地快速带动负载启动、制动与反向。例如中等功率的电动机加速需要一至几秒,而同等功率的液压马达加速只需电动机的 1/10 左右时间。由于油液的体积弹性模量很大,由油液压缩性形成的液压弹簧刚度也很大,而液压动力元件的惯量又比较小,因此,由液压弹簧刚度和负载惯量耦合成的液压固有频率很高,故系统的响应速度快。与具有相同压力和负载的气动系统相同相比,液压系统的响应速度是气动系统的 50 倍。

(3) 负载刚度大,控制精度高 液压系统的输出位移(或转角)受负载变化的影响小,即具有较大的速度-负载刚度,定位准确,控制精度高。由于液压固有频率高,允许液压控制系统,特别是电液控制系统有较大的开环放大系数,因此可获得较高的精度和响应速度。此外,由于油液的压缩性较小,同时泄漏也较小,故液压动力元件的速度刚度较大,组成闭环系统时其位置刚度也大。液压马达的开环速度刚度约为电动机的 5 倍,电动机的位置刚度很低,无法与液压马达相比。因此,电动机只能用来组成闭环位置控制系统,而液压执行元件(液压缸或液压马达)却可用于开环位置控制。当然若用闭环位置控制,则系统的位置刚度比开环位置控制时要高得多。相比气动系统,由于气体可压缩性的影响,气动系统的刚度只有液压系统的 1/400。

(4) 液压油能兼有润滑作用,有利于散热和延长元件的使用寿命。

(5) 容易按照机器设备的需要,通过管道连接实现能量的分配与传递;利用蓄能器很容易实现液压能的贮存及系统的消振等;也易于实现过载保护和遥控等。

除了以上一般液压系统都具有的优点外,需要特别指出的是,由于电液控制系统引入了电气、电子技术,因而兼有电控和液压技术两方面的特长。系统中偏差信号的检测、校正和初始放大采用电气、电子元件来实现;系统的能源用液压油源,能量转换和控制用电液控制阀完成。它能最大限度地发挥流体动力在大功率动力控制方面的长处和电气系统在信息处理方面的优势,从而构成了一种被誉为"电子大脑和神经+

液压肌肉和骨骼"的控制模式,在很多工程应用领域保持着有利的竞争地位。该控制模式对中大型功率、要求控制精度高、响应速度快的工程系统来说是一种较理想的控制模式。

毋庸讳言,由于电液控制系统中电液转换元件自身的特点,电液控制系统也存在以下缺点。

(1) 电液控制阀的制造精度要求高 高精度要求不仅使制造成本高,而且对工作介质即油液的清洁度要求很高,一般都要求采用精细过滤器。

(2) 油液的体积弹性模数会随温度和空气的混入而发生变化,油液的黏度也随油温变化。这些变化会明显影响系统的动态控制性能,因此,需要对系统进行温度控制和严格防止空气混入。

(3) 同普通液压系统一样,如果元件密封设计、制造或使用不当,则容易造成油液外漏,污染环境。

(4) 由于系统中的很多环节存在非线性特性,因此系统的分析和设计比较复杂;以液压方式进行信号的传输、检测和处理不及电气方式便利。

(5) 液压能源的获得不像电控系统的电能那样方便,也不像气源那样容易贮存。

1.4　电液控制技术的发展和应用概况

电液控制技术是在 20 世纪 50 年代后才逐渐发展起来的一门新兴学科,它不但是液压技术的一个重要分支,而且在自动控制领域占有重要的地位。

机液伺服控制是出现较早的一种液压控制方式,最开始用于海军舰艇上作为操舵装置;用在飞机上作为液压助力器,操作飞机舵面。1940 年底在飞机上首先出现了电液伺服系统,但其所用的电液转换器是由一个小型的伺服电动机操纵一个滑阀来实现的。因伺服电动机的时间常数较大,故所组成的系统频带较低,限制了电液伺服系统的响应速度。随着整个工业技术的发展,要求伺服控制的响应速度愈来愈高,特别是导弹控制等,非常需要电信号控制的快速响应伺服机构,从而促进了快速电液伺服控制系统的研究和开发。20 世纪 50 年代初,出现了能快速响应的永磁力矩马达。力矩马达与滑阀结合,形成了电液伺服阀,有效地提高了响应的快速性。20 世纪 50 年代末,又出现了以喷嘴挡板阀作为先导级的电液伺服阀,进一步提高了电液转换的速度。20 世纪 60 年代后,各种新结构的电液伺服阀相继问世,其性能日益优越,技术应用方面日趋完善和成熟。也就在这段时间里,出现了工作可靠、价格低于伺服阀而控制精度和响应特性均能满足一般工业控制系统实际需要的电液比例阀。随着微机技术的发展和普及,能直接与计算机接口的电液数字控制阀也应运而生。最近 30 多年来,电液控制系统无论在控制理论方面,还是在技术应用方面都取得了长足进步,得到了迅速发展。

与现代微电子技术、计算机技术、传感器技术、控制理论相结合发展起来的电液伺服控制、电液比例控制和电液数字控制技术构成了现代液压控制技术的完整体系。现在,电液控制已成为工业自动化和武器自动化领域的一个重要方面。凡是需要大功率、快响应、高精度的控制系统,都可采用电液控制技术,而且都已有成功例证。

目前,在国防工业中,如飞机与导弹的飞行控制系统、高射火炮的跟踪系统、坦克武器的稳定系统、舰艇的舵机操作与减摇鳍控制等,还如飞行器的地面模拟设备,包括六自由度飞行模拟台、负载模拟器、大功率振动台、疲劳实验的多点协调加载等,大多采用了电液控制技术。在民用工业领域中,电液控制技术的应用也越来越广泛,发挥着越来越重要的作用,如各类机床控制,冶金方面的钢带跑偏控制、张力控制,轧机液压压下控制,特种车辆的转向系统、油气悬架等,还有矿山机械、建筑机械、工程机械和船舶等设备中,都不乏应用实例。

21世纪是一个信息化、网络化、知识化和全球化的时代,信息技术、生命科学、生物技术和纳米技术等方面的高新科技成果层出不穷。为了和最新技术的发展保持同步,电液控制技术必须不断发展和创新,不断提高和改进元件与系统的性能,以满足复杂多变的市场需求。在社会和工程需求的强力推动下,电液控制技术必将依托机械制造、材料工程、微电子、计算机、数学、力学及控制科学等方面的研究成果,进一步探索新理论、引入新技术,发挥自身优势、弥补现行不足,扬长避短,不断进取。纵观电液控制技术的发展历程,挑战与机遇并存,他山之石可以攻玉,改革创新方能发展。电液控制技术将进一步朝着高压化、集成化、轻量化、数字化、智能化、机电一体化、高精度、高可靠性、节能降耗和绿色环保的方向持续发展。

思考题及习题

1-1 简要回答:液压传动系统与液压控制系统的主要差别是什么?

1-2 机液伺服控制系统与电液伺服控制系统有什么不同?

1-3 简述图1-1(b)所示电液速度伺服控制系统的工作原理,并绘出其原理框图。

1-4 液压伺服控制系统具有哪些共同特点?

1-5 简述液压控制系统的基本类型。

1-6 典型的电液控制系统主要由哪些基本元件组成? 它们各起什么作用?

1-7 试述电液控制系统的主要优、缺点。

第2章

电液控制基础技术

电液控制系统是机、电、液技术集成的产物。作为闭环控制系统,它要"检测偏差用以消除偏差",所以必须要有信号检测;作为电液控制,它离不开电气-机械信号的转换,而信号的检测与转换又一定会涉及信号处理。因此,电液控制系统必然会用到电气自动控制元件。根据用途和功能,自动控制元件大体可分为测量(信号)元件和执行(功率)元件两大类。作为测量(信号)元件的有各种传感器、直流(交流)测速发电机、自整角机和旋转变压器等;作为执行(功率)元件的有比例电磁铁、直流(交流)伺服电动机、步进电动机等。本章扼要介绍电液控制系统所涉及的电气基础技术,主要有机械、液压参数的检测技术,包括直线位移、角位移、线速度、转速、力、压力、流量等信号的检测传感器,电液伺服阀和电液比例阀的电气-机械转换器,以及控制用电动机和控制放大器等相关知识。

2.1　信号检测技术

通常所说的控制系统是指以信息传递为主的闭环系统,为了利用偏差进行有效的控制,必须实时获取系统运行的信息。人们从外界获取信息是借助感觉器官。人的"五官"——眼、耳、鼻、舌、皮肤分别具有视、听、嗅、味、触觉,人的大脑通过五官来感知外部信息,工程控制系统则靠各类传感器获取所需的系统信息。可以说传感器是人体五官的工程模拟物。它是一种"能感受规定的被测量并按一定规律转换成某种可用信号的器件或装置。"传感器的这个定义包含以下几方面的意思,即传感器是测量装置,能完成检测任务;传感器的输入量是某一被测量,可能是物理量,也可能是化学量、生物量等;传感器的输出量是某种物理量,这种量要便于传输、转换、处理和显示等,它可以是气、光、电等物理量;传感器的输入与输出应有一定精确程度的对应关系。本节要介绍的是输出量是电量的常用传感器的应用,也就是机械、液压的位移、速度、力、压力和流量等参数的电测技术。

2.1.1　位移/角位移检测

在电液控制系统或元件中,常用的位移传感器有电位器式位移传感器、电感式位移传感器、磁致伸缩位移传感器、光栅等;常用的转角传感器有环形电位器、旋转变压器、光电编码盘等。

(1) 电位器式位移传感器　直线位移传感器的功能是将位移信号直接转换成模拟电压量输出。最简单的形式是直线电位器,它的构成包括一个架在外壳内部的碳质或导电塑料条或轨道,一个滑臂。电源电压加在轨道的两端,滑臂靠操作杆推动沿轨道运动,如图 2-1 所示。利用回转式环形电位器则可以测量角位移或角差。直线位移传感器还有线绕式电位器。线绕式电位器的分辨率高,但它不适于小位移和高精度测量。电位器式位移传感器结构简单,尺寸小,可测得较大的位移,但其位移-电压特性受负载电阻的影响,滑臂与轨道之间的机械接触会造成磨损,使用寿命受到影响,适用频率较低(一般小于 5 Hz)。

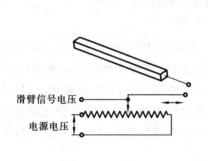

图 2-1　直线电位器

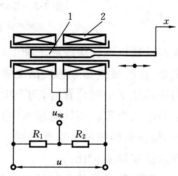

图 2-2　电感式位移传感器

1—铁芯　2—电感线圈

(2) 电感式位移传感器　图 2-2 所示为电感式位移传感器的原理简图。传感器的两螺线管形电感线圈被差动连接成交流测量电桥的一对相邻桥臂,另两个桥臂则由外接电阻组成。当铁芯偏离中间位置而向左或向右移动时,两线圈的电感量发生差动变化,电桥失去平衡。当铁芯位移在一定范围内时,电桥输出电压 u_{sg} 的幅值大小与位移量成正比,其相位与铁芯移动的方向有关。

电感式位移传感器配用调制-解调型测量放大电路。测量放大电路有集成在传感器上的,也有包含在比例控制放大器内或单独配置的,以满足不同的使用要求。

在通常的电感式位移传感器铁芯腔上配置一个耐高压非导磁不锈钢隔套,构成耐高压位移传感器,可用于高压状态下的位移检测。

电感式位移传感器动杆与耐压管之间不接触,属非接触式检测方式,具有寿命长、精度高的特点。

(3) 差动变压器式位移传感器　在电液位置控制系统和位移电反馈比例阀中应用较多的还有差动变压器式位移传感器,其外形与电感式位移传感器非常相似,只是它有三个线圈,即初级励磁线圈和两个相对于初级线圈对称布置的次级线圈,其结构如图 2-3 所示。

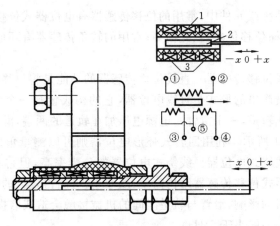

图 2-3　差动变压器式位移传感器结构
1—初级线圈　2—铁芯　3—次级线圈

在差动变压器初级线圈上加上高频励磁电压时,初级线圈中的励磁电流通过电磁场耦合,在次级线圈上感应出交流电压。由于两个次级线圈极性相反地相互连接,因而当铁芯处于中间位置时,两个次级线圈的感应电压大小相等、相位相反,传感器输出信号电压为零。当铁芯偏离中点时,由于初级线圈和两个次级线圈之间的互感不相等,相应的感应电压也有差别。因而这种传感器输出信号电压与铁芯相对于中点位置的位移量成正比。

差动变压器式位移传感器亦配用载频调制-解调型测量放大器。它也是一种非接触式检测传感器,且可做成耐高压形式。

(4) 磁致伸缩位移/液位传感器　磁致伸缩位移传感器是采用磁致伸缩原理制成的高精度、超长行程的非接触式位置测量传感器。它的组成和工作原理说明如图 2-4 所示。磁致伸缩位移传感器由不导磁的不锈钢管(测杆)、磁致伸缩线(波导管)、可移动磁环和电子部件(即脉冲发生器和接收器)等组成。其工作原理并不复杂,它利用两个磁场相交产生一个应变脉冲信号(strain pulse),然后计算探测这个信号所需的时间周期,从而换算出准确的位置。这两个磁场一个来自活动磁环,另一个来自传感器头的电子部件产生的电流脉冲。这个称为"询问信号"的脉冲沿着传感器内以磁致伸缩材料制造的波导管(waveguide),以声速运行。当两个磁场相交时,波导管发生磁致伸缩现象,产生一个应变脉冲。这个称为返回信号的脉冲很快由敏感元件的感测电路探测到。从产生询问信号的一瞬间至探测到返回信号所需时间周期乘以固定的声速,便能准确地计算出磁铁的位置变动,获得位移量。这种磁致伸缩位移传感器的测杆可承受 34 MPa 的高压,温度范围为 −40~130 ℃,其寿命长,有良好的环境适应性,适用于高温、高压的场合。而且能同时提供运动物体的位移及速度信号,为用户带来极大方便。它可安装在液压缸的压力腔中测量液压缸或活塞的位移,构成位置反馈,如图 2-5 所示。

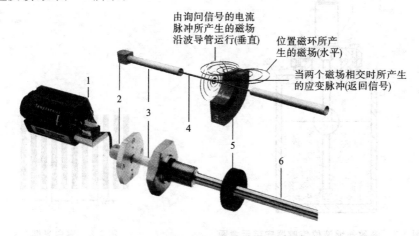

由询问信号的电流脉冲所产生的磁场沿波导管运行(垂直)

位置磁环所产生的磁场(水平)

当两个磁场相交时所产生的应变脉冲(返回信号)

图 2-4　磁致伸缩位移传感器的组成

1—外壳　2—敏感元件头　3—敏感元件护套　4—波导管(敏感元件)　5—位置磁环　6—不锈钢管

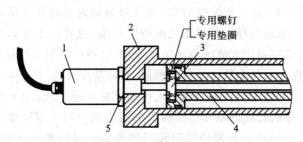

专用螺钉
专用垫圈

图 2-5　磁致伸缩位移传感器的安装示例

1—磁致伸缩位移传感器　2—缸体　3—磁环　4—活塞　5—O 形圈

利用磁致伸缩原理可开发高精度液位测量产品——磁致伸缩液位传感器,它可用于工业现场油箱的液位测量与控制、化工过程的液位控制等。其外形如图 2-6 所示,其安装图如图 2-7 所示。

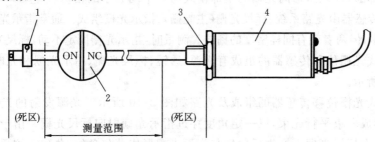

ON | NC

(死区)　　测量范围　　(死区)

图 2-6　磁致伸缩液位传感器外形

1—锁紧环　2—浮球　3—O 形密封圈　4—磁致伸缩位移传感器

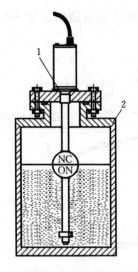

图 2-7　磁致伸缩液位传感器安装示意图
1—O形圈　2—油箱

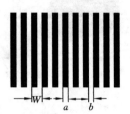

图 2-8　黑白光栅

（5）光栅传感器　按工作原理分类，光栅分为物理光栅和计量光栅。前者的刻线比后者的细密。物理光栅主要利用光的衍射现象，通常用于光谱分析和光的波长测定等；计量光栅主要利用光栅的莫尔条纹现象，它被广泛用于位移的精密测量与控制中。计量光栅作为一种高精度位移传感器，测量精度可达 $\pm 1~\mu m$。

计量光栅按照光路走向又分为透射光栅和反射光栅。透射光栅的栅线刻制在透明材料上，反射光栅的栅线刻制在具有强反射能力的金属上或玻璃金属膜上。按照栅线形式的不同，光栅可分为黑白光栅和闪烁光栅。黑白光栅又称幅值光栅，如图 2-8 所示。图示平行等距离的刻线称为栅线，a 为刻线宽度，b 为刻线间宽，$W=a+b$ 称为光栅的栅距，通常情况下 $a=b$，刻线密度一般为 250 25 线/mm、100 25 线/mm、50 25 线/mm 或 25 线/mm 等。按其形状分为长光栅和圆光栅。长光栅用于测量长度；圆光栅用于测量角度。圆光栅又有径向光栅和切向光栅之分。径向光栅的栅线延长线全部通过圆心，切向光栅的全部栅线与一个同心小圆相切。

光栅传感器由光路系统、标尺光栅（主光栅）、指示光栅组成。通常指示光栅比标尺光栅短得多，但两者刻有同样密度的栅线。测量时，指示光栅固定不动，标尺光栅移动。

透射式光栅位移传感器的组成有光源、透镜、标尺光栅、指示光栅和光电元件等，如图 2-9 所示。

反射式光栅位移传感器的组成及光路如图 2-10 所示。光源发射的光经过透镜聚光后，形成一束平行光束，以一定角度穿过指示光栅射向标尺光栅。由于标尺光栅不透光，光在标尺光栅上产生反射后与指示光栅形成莫尔条纹，莫尔条纹再经反射镜反射、透镜聚焦后，射到光电元件上，实现位移的测量。

下面以黑白透射光栅传感器为例说明测量位移的原理。把标尺光栅和指示光

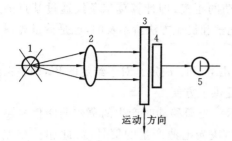

图 2-9　透射式光栅位移传感器原理

1—光源　2—透镜　3—标尺光栅

4—指示光栅　5—光电元件

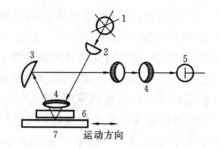

图 2-10　反射式光栅位移传感器原理

1—光源　2—聚光镜　3—反射镜

4—物镜　5—光电元件　6—指示光栅　7—标尺光栅

相叠合,并使两者光栅的栅线之间保持很小的夹角 θ,这样就可以在近似垂直于栅线方向上出现明暗相间的条纹,这就是上面提到的莫尔条纹,如图 2-11 所示。

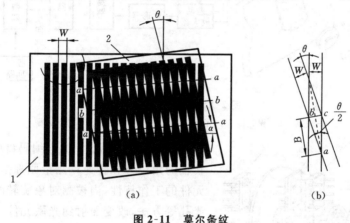

（a）　　　　　（b）

图 2-11　莫尔条纹

1—标尺光栅　2—指示光栅

　　莫尔条纹是由两块光栅的遮光和透光效应形成的。图 2-11 中:在 $a-a$ 线上,由于标尺光栅与指示光栅的栅线彼此重合,光线从缝隙中通过,形成亮带;在 $b-b$ 线上,由于标尺光栅与指示光栅的栅线彼此错开,挡住了光线通过,就形成暗带。

　　由图 2-11(b)可得莫尔条纹的间距为

$$B=ab=\frac{bc}{\sin(\theta/2)}\approx\frac{W}{\theta} \tag{2.1}$$

式中　B 为莫尔条纹的间距,mm;θ 为两光栅栅线的夹角,rad;W 为光栅栅距,mm。

　　莫尔条纹与两光栅栅线夹角的平分线垂直,故称横向莫尔条纹。当指示光栅不动,标尺光栅沿垂直栅线方向运动时,莫尔条纹就沿近似垂直于光栅运动的方向移动,其移动方向随光栅运动方向的改变而改变。

　　由式(2.1)可知,莫尔条纹具有位移的放大作用。在夹角 θ 很小时,莫尔条纹的放大倍数($K=1/\theta$)是相当大的。光栅每移动一个栅距 W,莫尔条纹相应移动一个间

距 $B=KW$,因此,可以通过测量莫尔条纹移动的距离(即计算莫尔条纹通过某点的数目)来测量光栅移动的微位移。这是一般光学和机械方法所不及的,也是计量光栅可实现高灵敏度和高精度位移测量的缘由。

由式(2.1)也可看出,莫尔条纹的间距 B 由 W 和 θ 决定。对于给定的 W,调整夹角 θ,就可调节莫尔条纹的宽度,给实际应用提供了方便。

光栅测量系统的基本构成如图 2-12 所示。光栅移动时产生的莫尔明暗信号可用光电元件接收,图 2-12 中的 a、b、c、d 是四块光电池产生的信号,彼此相位相差 $90°$,对这些信号进行适当处理后,即可变成光栅位移量的测量脉冲。

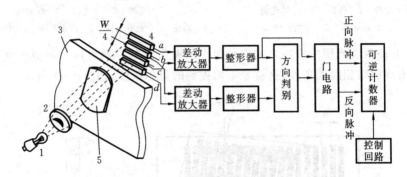

图 2-12　光栅测量系统

1—光源　2—聚光镜　3—标尺光栅　4—光电池组　5—指示光栅

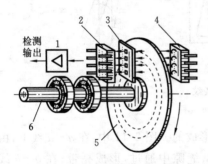

图 2-13　光电编码盘测量原理

1—放大整形电路　2—光电管　3—光栅盘
4—GaAs 二极管　5—代码盘　6—被测轴

(6)光电编码盘　光电编码盘可用于测量转轴的角位移和转速。测量原理是:基于光敏元件的工作特性,当被测对象旋转时,用光栅、光孔等方法,改变照射到光敏元件(光电管)上的照度来形成电脉冲序列,实现转角和转速的测量。图 2-13 所示为光电编码盘测量原理图。被测转轴带动代码盘旋转,代码盘上制有明暗相间的孔格,另有一个与其对应的固定不动的光栅盘。由光线发生器发射的信号光为接收器(光电管)接收,再通过电子装置处理,就转换成与转角相对应的电信号。每转脉冲数可达 5 000 个。测量方式分模拟式和数字式两种。模拟式的分辨率通常为测量范围的 10^{-3} 及 10^{-4},数字式的可达到相当高的测量精度。

2.1.2　速度/转速检测

由于速度是位移对时间的微分,因此,原则上把任何一个位移传感器的输出电信号通过微分电路进行微分,就可得到与速度成正比的电信号,有些已安装位移传感器的运动部件就可以这样获得它的速度信号；也有的位移传感器，如上述磁致伸缩位移传感器本身就能提供速度信号。下面介绍直接测速的速度传感器件。

1）速度传感器

常见的线性速度传感器有电磁感应式、光电式的等。图 2-14 所示为一种按电磁感应原理设计的线性速度传感器。它由一对螺管式线圈和一个细长形永久磁钢的动铁芯组成，其输出电压信号为

$$u_\mathrm{o} = K_\mathrm{t}\dot{x} \tag{2.2}$$

式中　K_t 为转换系数，是磁通密度、线圈匝数和导线长度的函数。

电磁感应式速度传感器在较大行程范围内具有良好的线性，也可像电感式位移传感器那样做成铁芯运动腔耐高压形式，特别适用于电液控制系统。

2）测速发电机

测速发电机是利用电磁感应原理制成的一种检测机械转速的装置，它把输入的机械转动信号转换成电信号输出。与普通发电机不同之处是它有较好的测速特性（例如其输出电压与转速之间有较好的线性关系）、较高的灵敏度、较小的惯量和较大的输出信号等。测速发电机也分交流和直流两类。

（1）交流测速发电机　交流测速发电机用交流电源励磁时，输出电压的幅值与转子的转速成正比。用直流电源励磁时，输出电压与转子的角加速度成正比，因此，可作角加速度计使用。

交流测速发电机分同步和异步两种。同步测速发电机有永磁式、感应式和脉冲式；异步测速发电机按其结构可分为鼠笼式和杯形转子两种。下面介绍精度较高、应用较广的杯形转子异步测速发电机。

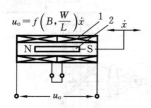

图 2-14　电磁感应式速度传感器
1—螺管式线圈　2—铁芯

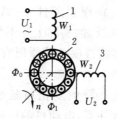

图 2-15　交流测速发电机原理图
1—励磁绕组　2—杯形转子　3—输出绕组

杯形转子异步测速发电机的转子是一个薄壁非磁性杯，通常由高电阻率的硅锰青铜或锡锌青铜制成。杯的内、外由内定子和外定子构成磁路，杯壁也是气隙的一部分，因而杯壁应该尽量薄一些，一般仅为 0.2～0.3 mm。定子上嵌有在空间相差 90°的两相绕组（励磁绕组 W_1 和输出绕组 W_2）。为了便于调节内、外定子的相对位置，使得在额定励磁条件下转速为零时的输出电压（即剩余电压）最小，在内定子上装有内定子调节装置。为了减小由于磁路不对称和转子的电不平衡对性能的不良影响，通常采用四极。图 2-15 所示为其原理简图。图中：W_1 为励磁绕

组,W_2 为输出绕组;U_1 是频率为 f 的励磁电压,U_2 是输出绕组感应产生的同频率的输出电压。输出电压 U_2 的大小与转子转速成正比,频率与励磁电压频率相同,与转子转速无关。

(2) 直流测速发电机　直流测速发电机是一种微型直流发电机,按励磁方式不同可分为电磁式和永磁式两种。

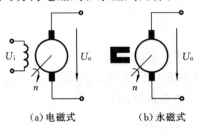

(a) 电磁式　　　(b) 永磁式

图 2-16　直流测速发电机

电磁式直流测速发电机原理图如图 2-16 (a) 所示。励磁绕组由外部直流电源供电,通电时产生磁场。

永磁式直流测速发电机的定子磁极由永久磁钢制成,其他部分的结构和电磁式的相同,其原理图如图 2-16(b) 所示。永磁式直流测速发电机不需要励磁绕组,可省去励磁电源,具有结构简单、使用方便及温度变化对励磁磁通的影响甚小等特点。其不足之处是永磁材料较贵,通常需要选用矫顽力较高的永磁材料,以保证发电机的特性稳定。

永磁式直流测速发电机按其应用场合不同,分为普通速度型和低速型。前者的工作速度一般在每分钟几千转以上,最高可高于每分钟 10^4 转;而后者一般适用在每分钟几百转以下,最低可达 1 r/min 以下。其中低速测速发电机可与低速力矩电动机直接耦合,有利于提高系统的精度和刚度。

直流测速发电机的输出量是直流电压信号,其工作原理是利用"导体在磁场中运动产生感应电动势",然后通过电刷和换向器的作用而输出直流电压信号。当磁通量一定时,电刷间的感应电动势与电动机的转速成正比。在理想条件下,其输出特性 $U = f(n)$ 为一直线,但实际上并不是严格的线性关系。造成非线性误差的原因有多种,如电枢反应和延迟换向的去磁效应、纹波电压、电刷和换向器接触压降的变化和温度的变化等。在使用时必须注意:电动机的转速不得超过规定的最高转速,负载电阻不可小于最小值;对温度变化较大或对变温输出误差要求严格的场合,应对测速发电机进行温度补偿。

3) 光电式转速传感器

如图 2-13 所示的光电编码器也可用于转速测量,此时其测量方式是一种透射式光电测量方式。此外,还有一种反射式光电测量方式。图 2-17 所示为反射式光电数字转速传感器原理图。它是在被测旋转轴上涂上黑白相

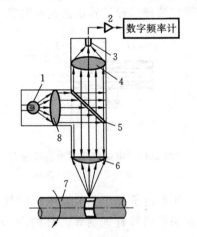

图 2-17　反射式光电数字转速
传感器原理图

1—光源　2—放大整形器　3—光电元件
4—聚焦透镜　5—半透胶片　6—聚焦透镜
7—被测转轴　8—透镜

间条纹,由光源发出的光线通过透镜和半透膜射向被测转轴。在轴旋转时,黑白条纹对投射光点的反射率发生交替变化。反射率变大时,光电元件即发出一个电脉冲信号;反射率变小时,光电元件无输出信号。电脉冲信号经过放大整形电路成为整齐的方波信号,然后由数字频率计对信号进行计数和处理,输出测试结果。

2.1.3 压力检测

压力是液压系统的重要参数,压力检测可用压力表和压力传感器。所谓压力传感器是指能够检测压力值并提供可远传电信号装置的统称。常见的压力传感器有应变式、压阻式、压电式、电容式、电感式和振频式等多种形式的。此外还有光电式、超声波式和光纤式压力传感器等。采用压力传感器可以直接将被测压力转换成各种形式的电信号,便于满足自动化系统采集信号和实时控制的要求,因此在电液控制系统中得到了广泛应用。

(1) 应变式压力传感器 它是一种通过测量弹性元件的应变来间接测量压力的传感器,由弹性元件、电阻应变片及测量电桥组成。电阻应变片有丝式和箔式两种结构,如图 2-18 所示。

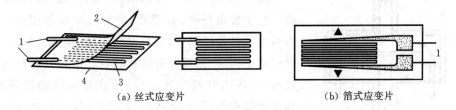

(a) 丝式应变片 (b) 箔式应变片

图 2-18 电阻应变片结构

1—引线 2—保护膜 3—金属丝栅 4—基底

根据被测介质和测量范围的不同,应变式压力传感器的弹性元件可采用圆膜片、应变筒等。图 2-19 为应变筒式压力传感器示意图。在弹性元件即应变筒四周,均匀粘贴 4~8 片电阻应变片,并分别接入电桥的桥臂。应变筒式压力传感器的测量桥路则如图 2-20 所示。

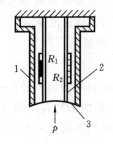

图 2-19 应变筒式压力传感器

1—外壳 2—应变筒 3—密封膜片

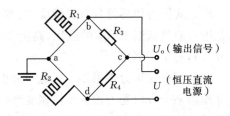

图 2-20 应变筒式压力传感器的测量桥路

　　无载状态下,在桥路一对顶点 b、d 上加上输入电压,另一对顶点 a、c 上的输出信号接近为 0,电桥处于平衡状态。当其内腔受到压力作用时,弹性元件截面变形,致使电阻应变片阻值发生变化,电桥平衡状态受到破坏,在 a、c 上便可得到与压力成正比的输出电压。

　　应变式压力传感器结构简单、强度高、输出大,测量范围从 0~100 MPa 以上,测量精度一般为 ±(0.2%~0.5%),频率范围达数千赫兹,压力变化根据频率范围能在毫秒和更低的时间数量级上测得。应变式压力传感器受温度影响大,为了减小温度对测量精度的影响,需在电桥电路内增加温度零点漂移补偿措施。

　　(2) 压阻式压力传感器　单晶材料在受到力后电阻率会发生变化。压阻式压力传感器就是基于半导体材料(单晶硅)的这种压阻效应原理制成的传感器。它利用集成电路工艺直接在硅膜片上按一定晶向制成扩散压敏电阻。当硅膜片受压时,膜片的变形将使扩散电阻的阻值发生变化。硅膜片上的扩散电阻通常构成桥式电路,相对的桥臂电阻是对称布置的,电阻变化时,电桥输出电压与膜片所受压力成对应关系。

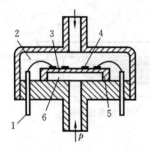

图 2-21　压阻式压力传感器的结构简图

1—引线　2—低压腔　3—硅膜片
4—扩散电阻　5—硅杯　6—高压腔

　　图 2-21 所示为一种压阻式压力传感器的结构简图。它主要由外壳、硅膜片(硅杯)、底座等组成。压力转换元件是硅膜片,用单晶硅制成,也称硅杯,一般设计成中间薄、四周厚的圆形杯状。硅膜片在硅杯的底部,其两边有两个压力腔,分别是高压和低压腔。高压腔接被测压力,低压腔与大气相通或接参考压力(在测差压时)。膜片上的两对电阻中,一对位于受压应力区,另一对位于受拉应力区。在压力差使膜片变形时,膜片上的两对电阻阻值发生变化,使电桥输出与压力变化相应的信号。为了补偿温度的影响,一般还在膜片上沿对压力不敏感的晶向生成一个电阻,这个电阻只感受温度变化,接入桥路作为温度补偿电阻,以减少温度引起的误差。

　　压阻式压力传感器具有灵敏度高、频率响应高,迟滞小,测量范围宽等特点。测量范围可测量低至 10 Pa 的微压,高至 100 MPa 的高压;测量精度可达 ±(0.20%~0.02%),易于小型化。

　　(3) 压电式压力传感器　这是一种根据压电效应原理制成的压力传感器。某些电介质沿某个方向受力而发生机械变形(压缩或伸长)时,其内部将发生极化现象,而在其某些表面上会产生电荷;当外力去掉后,它又会重新回到不带电的状态。这种现象称为压电效应。常用的压电材料有天然的压电晶体(如石英晶体)和压电陶瓷(如钛酸钡)两大类,虽然它们的压电机理并不相同,压电陶瓷是人造多晶体,压电常数比石英晶体高,但力学性能和稳定性不如石英晶体好。它们都具有较好的特性,均是较理想的压电材料。

　　压电式压力传感器利用压电材料的压电效应将被测压力转换成电信号。由于压电材料制成的压电元件受到压力作用时产生的电荷量与作用力之间呈线性关系，所以通过测量电荷量便可知被测压力的大小。

　　图 2-22 所示为压电式压力传感器的结构简图。压电元件夹在两个弹性膜片之间，它的一个侧面与膜片接触并接地，另一侧面通过引线将电荷引出。被测压力均匀作用在膜片上，使压电元件受力而产生电荷。电荷量一般用电荷放大器或电压放大器放大，转换成电流或电压输出，输出信号与被测压力成比例。

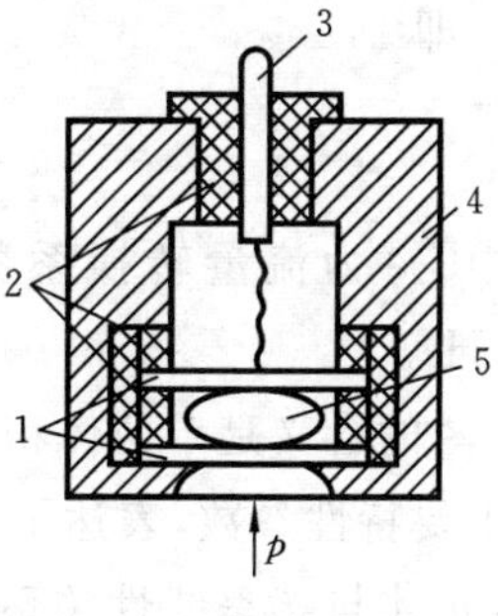

　　除做校准用的标准压力传感器或高精度压力传感器中采用石英晶体做压电元件外，一般压电式压力传感器多用压电陶瓷，也有用高分子材料或复合材料的。

**图 2-22　压电式压力传感器
结构简图**

1—膜片　2—绝缘体　3—引线
4—壳体　5—压电元件

　　更换压电元件可以改变压力的测量范围。在配用电荷放大器时，可以采用将多个压电元件并联的方式来提高传感器的灵敏度。在配用电压放大器时，可以将多个压电元件串联使用来提高传感器的灵敏度。

　　压电式压力传感器具有灵敏度高，固有频率高，抗干扰性强，耐冲击，工作可靠，测量范围宽的特点。可测量 100 Pa～100 MPa 的压力，频率响应高，可达 30 kHz，较适宜变化快的动态压力测量，且可在高温环境下工作。需要注意的是，由于压电元件存在电荷泄漏，故不适宜测量缓慢变化的压力和静态压力。

2.1.4　流量检测

　　流量的测量方法很多，应用容积法测量流量的有椭圆齿轮流量计，应用流体动压原理测量流量的有靶式流量计，应用超声波频差法测量流量的有超声波流量计，等等。这里重点介绍涡轮流量计。

　　涡轮流量计是一种速度式流量计，具有测量精度高（可达 0.5 级以上）、动态特性较好及耐压高等特点，可用于测量瞬变或脉动流量。

　　涡轮流量计的测量原理如图 2-23 所示。在管道中心安放一个涡轮，两端由轴承支承。当流体通过管道时，推动涡轮叶片，对涡轮产生驱动力矩，使之克服摩擦力矩和流体阻力矩旋转。在一定的流量和一定的流体介质黏度范围内，涡轮的旋转角速度与流体流速成正比。而涡轮的转速则由安装在外壳的磁电转速传感器测得。转速信号再经二次仪表流量计算仪解算，即测得通过管道的流体流量。

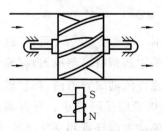

图 2-23　涡轮流量计的测量原理

实际上,涡轮的转速不仅与流体流速有关,而且还与流体的黏性和转速传感器的转换性质有关。如果忽略轴承的摩擦及涡轮的功率损耗,在其限定流量范围和一定流体黏度值域内,通过流量计的体积流量 q_v 与传感器输出的脉冲信号频率的 f 成正比。即

$$q_v = \frac{f}{\xi} \tag{2.3}$$

式中　ξ 为流量转换系数(也称仪表常数);f 为转速传感器输出的脉冲信号频率,Hz。

ξ 的含义是单位体积流量通过时,磁电转换器所输出的脉冲数,它是涡轮流量计的重要特性参数,表达了流体流量与脉冲信号频率间的关系。测量时,只有 ξ 为常数,q_v 才与 f 呈线性关系。研究表明,ξ 与流量计本身的结构尺寸、流体的黏度和密度、流体的温度及流体在涡轮周围的流动状态等因素有关。实验结果也表明,在测试流量较大时,特性曲线近似呈线性;流量很小时,非线性程度大。它的测试特性曲线如图 2-24 所示。由图可见,ξ 在额定测试范围内也不是全量程严格保持为常数。特别是在流量很小的情况下,由于阻力矩的影响相对较大,ξ 也不稳定。故最好在量程上限的 5% 以上应用,这时有比较好的线性关系。

为了便于使用,涡轮流量计出厂时,厂家以水为工作介质,对每种规格的流量计提供了线性使用范围,给出了相应的仪表常数 ξ,符合条件使用时可不必另行定标。若被测流体温度、黏度与厂家提供的范围相差较大,则应重新定标。

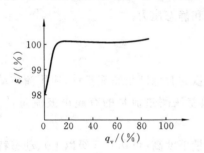

图 2-24　涡轮流量计的测试特性曲线

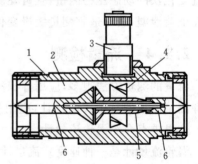

图 2-25　涡轮流量计结构简图
1—壳体　2—导流器　3—转速传感器
4—涡轮　5—轴承　6—支承

涡轮流量计的结构简图如图 2-25 所示。它由壳体、导流器、支承、涡轮、磁电转速传感器等组成。涡轮是测量元件,用导磁性较好的不锈钢材料制成,根据流量计直径的不同,其有 2～8 片螺旋形叶片,对中安装在流体流动的管道内,涡轮转轴用轴承支承。为提高对流速变化的响应速度,涡轮的质量应尽可能小。导流器由导向片和导向座组成,其作用是把进出流量计的流体流动方向导直和支承涡轮,避

免因流体的漩涡而改变流体与涡轮叶片的作用角,以减少测量误差。磁电转换传感器由线圈和磁钢组成,可分为磁阻式和感应式两种。磁阻式将磁钢放在感应线圈内,涡轮叶片由导磁材料制成。当涡轮叶片旋转至通过磁钢下面时,磁路中的磁阻改变,使得通过线圈的磁通量发生周期性变化,因而在线圈中产生感应信号,其频率就是转过叶片的频率。一般线圈感应得到的电信号较小,须配上前置放大器放大、整形再输出幅值较大的电脉冲信号。感应式是在涡轮内腔放置磁钢,涡轮叶片由非导磁材料制成。磁钢随涡轮旋转,在线圈中感应出电脉冲信号。由于磁阻式磁电转换传感器比较简单、可靠,故使用较多。

流量计的安装要注意避免振动,避免强磁场及热辐射,一般要求水平安装。上、下游都应装有与它口径 D 相同的一段直管,一般进口的直管长度不小于 $20D$,出口直管长度不小于 $5D$。为避免被流体中的颗粒及污物损坏轴承或阻碍旋转,涡轮流量计只能用于清洁流体的流量测量,必要时加装过滤器。

2.2 电气-机械转换器

电气-机械转换器是电液控制系统中的重要元件,它将电气装置输入的电信号转换为机械量,即力(力矩)和位移。电气-机械转换器作为电液控制元件的前置级,其稳态控制精度和动态响应特性以及抗干扰能力和工作可靠性都要求很高。

电液控制系统中最常用的电气-机械转换器有动圈式力马达(或力矩马达)、动铁式力矩马达、比例电磁铁、步进电动机、直流和交流伺服电动机。其中除步进电动机是典型的数模转换型电气-机械转换元件外,其他通常都是作为模拟转换元件应用,但是原则上它们也可以借助频率调制或脉宽调制,用作数字式或数模转换式电气-机械转换器。

2.2.1 动圈式和动铁式电气-机械转换器

电液伺服阀作为电液转换和功率放大元件,它的电气-机械转换器有电流-力转换和力-位移转换两种功能。典型的电气-机械转换器为力马达或力矩马达。力马达是一种直线运动电气-机械转换器,而力矩马达则是旋转运动的电气-机械转换器。力马达和力矩马达的功能是将输入的控制电流信号转换为与电流成比例的输出力或力矩,再经弹性元件(如弹簧管、弹簧片等)转换为驱动先导级阀运动的直线位移或转角,使先导级阀定位、回零。通常力马达的输入电流为 150~300 mA,输出力为 3~5 N。力矩马达的输入电流为 10~30 mA,输出力矩为 0.02~0.06 N·m。

动圈式和动铁式两种结构的电气-机械转换器常用于电液伺服阀的电气-机械量信号转换。

1. 动圈式电气-机械转换器

动圈式电气-机械转换器由控制线圈产生运动,所以称为"动圈式"。电流信号输入线圈后,就产生相应大小和方向的力信号,再通过反馈弹簧(复位弹簧)转化为相应的位移量输出,故简称为动圈式"力马达"(平动式)或"力矩马达"(转动式)。动圈式力马达和力矩马达的工作原理基于位于磁场中的载流导体(即动圈)的电磁力作用。

图 2-26 所示为动圈式力马达的结构。它由永久磁铁 1 及内导磁体 2、外导磁体 3 构成闭合磁路,在环状工作气隙中安放着可移动的控制线圈 4。为提高结构强度,控制线圈通常绕制在线圈架上,并采用弹簧 5 悬挂。当线圈中通入控制电流时,按照载流导线在磁场中受力的原理移动,并带动阀芯(图中未画出)移动。此力的大小与磁场强度、导线长度及电流大小成比例,力的方向由电流方向及固定磁通方向按电磁学中的左手定则确定。图 2-27 所示为动圈式力矩马达,与力马达所不同的是采用扭力弹簧或轴承加盘圈扭力弹簧悬挂控制线圈。当线圈中通入控制电流时,按照载流导线在磁场中受力的原理使转子转动。

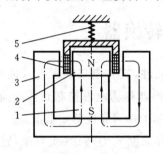

图 2-26　动圈式力马达

1—永久磁铁　2—内导磁体

3—外导磁体　4—线圈　5—弹簧

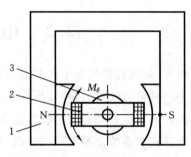

图 2-27　动圈式力矩马达

1—永久磁铁　2—线圈　3—转子

磁场的励磁方式有永磁式和电磁式两种,工程上多采用永磁式结构,其尺寸紧凑。

动圈式力马达和力矩马达的控制电流较大(可达几百毫安至几安),输出行程也较大,达 ±(2~4) mm,而且稳态特性、线性度较好,滞环小,故应用较多。但其体积较大,且由于动圈受油的阻尼较大,其动态响应不如动铁式力矩马达快。多用于工业伺服阀,现在也有用于控制高频伺服阀的特殊结构动圈式力马达。

2. 动铁式力矩马达

动铁式力矩马达的输入为电信号,输出为力矩。图 2-28 所示为动铁式力矩马达的结构。它由左右两块永久磁铁,上、下两块导磁体,带扭轴(也称弹簧管)的铁芯及套在线圈架上的两个控制线圈组成。铁芯与弹簧管固联,可以绕弹簧管在 4 个气隙中摆动。左、右两块永久磁铁使上、下导磁体的气隙中产生相同方向的极化磁场。在没有输入信号时,铁芯与上、下导磁体之间的 4 个气隙距离相等,铁芯受到的电磁力相互抵消而使铁芯处于中间平衡状态。当输入控制电流时,产生相应的控制磁场,它在上、下气隙中的方向相反,因此打破原有的平衡,使铁芯产生与控制电流大小和方向相对应的转矩,并且使铁芯转动,直至电磁力矩与负载力矩和弹簧反力矩等相平衡为止。由于转角很小,可以看成是微小的直线位移。

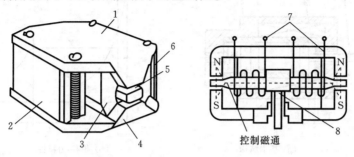

控制磁通

图 2-28　动铁式力矩马达的结构
1—上导磁体　2—左永久磁铁　3—线圈　4—下导磁体
5—铁芯　6—右永久磁铁　7—线圈引出线　8—弹簧管

动铁式力矩马达输出力矩较小,适合控制喷嘴挡板一类的先导级阀。其优点是自振频率较高,动态响应快,功率-质量比比较大,抗加速度零漂性好。缺点是受气隙的限制,其转角和工作行程很小(通常小于 0.2 mm),材料性能及制造精度要求高,价格昂贵;此外,它的控制电流较小(一般仅几十毫安),故抗干扰能力较差。

2.2.2　直流比例电磁铁

电液比例阀是由电气-机械转换器(即比例电磁铁)和液压阀本体组成的机电液一体化元件。比例电磁铁是电液比例阀的接口元件,它将电控器放大后的电信号转换成与之成比例的力或位移信号,然后经液压阀放大驱动负载。就整体而言,比例阀是一个电液转换和功率放大元件,而比例电磁铁作为电液比例控制元件的电气-机械转换器件,其特性及工作可靠性,对电液比例控制系统和元件都具有十分重要的影响。

电液比例控制技术对比例电磁铁的主要要求是:

(1) 具备水平的位移-力特性,即在比例电磁铁有效工作行程内,当线圈电流一定时,其输出力保持恒定;

(2) 稳态电流-力特性具有良好的线性度,较小的死区和滞环;

(3) 动态响应快,频带足够宽。

尽管比例电磁铁的品种繁多,但其结构和原理大体相同。一般为湿式直流电磁铁,多采用电磁式设计,它是利用电磁力与弹簧力相平衡的原理实现电气-机械信号转换的。比例电磁铁不同于普通电磁方向阀中所用的通断型直流电磁铁,两者在外观上十分相似,它们都有线圈、铁芯和壳体等零件,它们之间的主要区别在于磁路设计。图 2-29 所示为 20 世纪 70 年代发展起来的耐高压比例电磁铁的结构和特性图。与普通直流电磁铁相比,由于结构上的特殊设计(见图 2-29(a)),它形成了特殊形式的磁路,从而能获得满意的水平位移-力特性,与普通电磁铁的吸力特性有着原则区别(见图 2-29(b))。

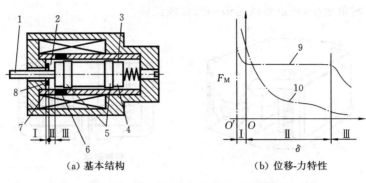

(a) 基本结构　　　　　　　　　　(b) 位移-力特性

图 2-29　耐高压直流比例电磁铁的结构和特性

1—推杆　2—工作气隙　3—非工作气隙　4—铁芯　5—轴承环　6—隔磁环
7—导套　8—限位片　9—比例电磁铁特性曲线　10—普通直流电磁铁特性曲线
Ⅰ—吸合区　Ⅱ—工作行程区　Ⅲ—空行程区

比例电磁铁根据使用情况和调节参数的不同,可分为力控制型、行程控制型和位置调节型三种基本类型。

1. 力控制型比例电磁铁

力控制型比例电磁铁直接输出力,改变输入比例电磁铁的电流大小,就可以获得按线性变化的力,不过这种线性关系只在 1.5 mm 的行程内有效,它的工作行程短。图 2-30 和图 2-31 所示分别为力控制型比例电磁铁的位移-力特性和控制特性。

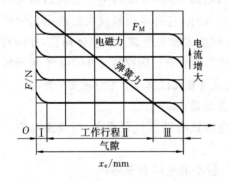

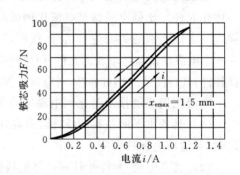

图 2-30　力控制型比例电磁铁位移-力特性　　**图 2-31　力控制型比例电磁铁的控制特性**

力控制型比例电磁铁通常用在比例阀的先导级上或比例压力阀中。它与阀芯可直接相接或通过传力弹簧连接,用于产生阀芯上的移动力,如图 2-32 所示。

2. 行程控制型比例电磁铁

行程控制型比例电磁铁是在力控制型比例电磁铁的基础上,将弹簧布置在阀芯的另一端得到的(见图 2-33)。其中,图 2-33(a)所示为单个使用的行程控制型比例电磁铁,图 2-33(b)所示为成对使用的行程控制型比例电磁铁。其弹簧是一个力-位

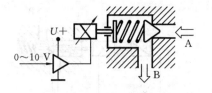
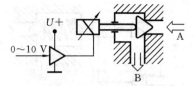

（a）比例电磁铁通过传力弹簧作用在阀芯上　　　　（b）比例电磁铁直接作用在阀芯上

图 2-32　力控制型比例电磁铁与阀芯的连接方式

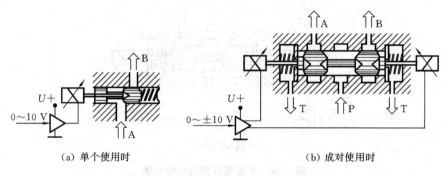

（a）单个使用时　　　　　　　　　　　　　　（b）成对使用时

图 2-33　行程控制型比例电磁铁原理图

移转换元件,电磁铁的输出力通过弹簧转换成阀芯位移,即行程控制型比例电磁铁实现了电流→力→位移的线性变换。

　　行程控制型比例电磁铁的工作行程较大,典型行程范围为 3～5 mm。一般用于控制阀口开度,如比例节流阀、比例流量阀和比例方向阀,其行程与比例阀阀口的开度相对应。行程控制型比例电磁铁与力控制型的特性基本一致,都具有水平的位移-力特性。

3. 位置调节型比例电磁铁

　　若将比例电磁铁铁芯的位置通过位移传感器检测,与比例放大器一起构成位置反馈系统,就形成了位置调节型比例电磁铁,其原理简图如图 2-34 所示。其中图 2-34(a)对应于图 2-32(a),而图 2-34(b)、(c)则分别对应于图 2-33(a)、(b)。只要电磁铁运行在允许的工作区域内,其铁芯就保持与输入电信号相对应的位置不变,而与所受反力无关,即它的负载刚度很大。这类位置调节型比例电磁铁多用于控制精度要求较高的比例阀上。在结构上,除了铁芯的一端接上位移传感器(位移传感器的动杆与铁芯固定连接)外,其余与力控制型、行程控制型比例电磁铁基本相同。图 2-35所示为位置调节型比例电磁铁的结构图。

　　位置调节型比例电磁铁用在比例方向阀和比例流量阀上,可控制阀口开度;用在比例压力阀上可获得精确的输出力。这种比例电磁铁具有很高的定位精度,负载刚度大,抗干扰能力强。由于位置调节型比例电磁铁的控制是一个位置反馈系统,因此要与配套的比例放大器一起使用。

　　图 2-36 所示为位置调节型比例电磁铁的控制特性。由于有反馈环节,作用在铁

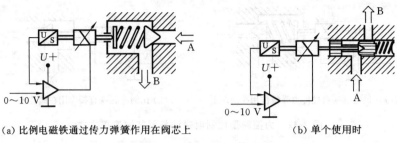

(a) 比例电磁铁通过传力弹簧作用在阀芯上　　　　　　(b) 单个使用时

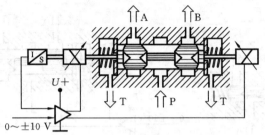

(c) 成对使用时

图 2-34　位置调节型比例电磁铁

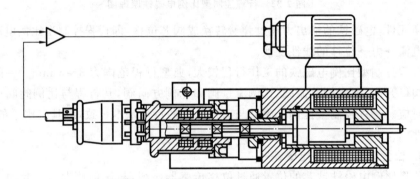

图 2-35　位置调节型比例电磁铁结构图

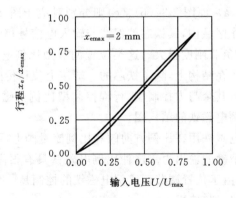

图 2-36　位置调节型比例电磁铁的控制特性

芯和比例阀阀芯上的各种干扰力（如液动力等）受到抑制，故其有很好的线性度，滞环和重复误差也较小，可使比例阀的性能得到大幅提高，不需用颤振信号来减少电磁铁的滞环，从而可简化比例放大器的结构。

图 2-37 所示为位置调节型比例电磁铁在不同电流下的位移-力特性曲线。由于它实现了铁芯位移的电反馈闭环，当输入信号一定时，不论与负载相匹配的比例电磁铁输出力如何变化，其输出位移都将保持不变。

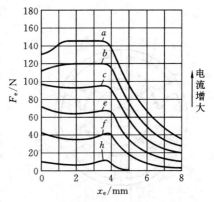

图 2-37　位置调节型比例电磁铁的位移-力特性

2.2.3　控制用电动机

在现代机械工程自动控制系统中，利用控制电动机作为驱动装置的应用十分普遍。最常用的控制电动机有三类，即步进电动机、直流伺服电动机和交流伺服电动机。

1. 步进电动机

步进电动机是将输入的电脉冲信号转换成电动机轴的角位移的一种执行元件。步进驱动器每接收到一个脉冲信号，它就驱动电动机轴按设定的方向转动一个固定的角度（称为步距角）。它的旋转是以固定的角度一步一步运行的，因此被称为步进电动机或脉冲电动机。对于步进电动机，可以通过控制脉冲个数来控制电动机轴的角位移量，从而达到准确定位的目的，同时，可以通过控制脉冲频率来控制电动机轴的转动速度和加速度，从而达到调速的目的。电动机轴输出的角位移与输入的脉冲数成正比，而转速与脉冲频率成正比。即

$$\theta = \Delta\theta \cdot n \tag{2.4}$$

式中　θ 为输出角位移；$\Delta\theta$ 为步距角；n 为输入脉冲数。

$$\dot{\theta} = \Delta\theta \cdot f \tag{2.5}$$

式中　$\dot{\theta}$ 为输出角速度；f 为输入脉冲的频率。

步进电动机是一种数模转换型电气-机械转换器，它是根据输入的脉冲序列工作的。工作时的步数或转速既不受电压波动和负载变化影响（在允许负载范围内），也不受环境条件（如温度、冲击和振动等）变化的影响，只与控制脉冲同步，同时还能按照控制要求进行启动、停止、反转或改变转速操作，能直接与计算机连接。因此，步进电动机被广泛应用于各种数字控制系统中。

1）步进电动机的基本原理

常用的旋转型步进电动机可分为反应式（磁阻式）、永磁式和混合式。由于反应式步进电动机具有步距角小、结构简单等特点，因而应用比较普遍。

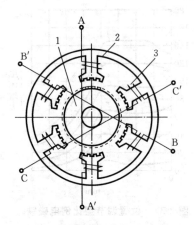

图 2-38　三相反应式步进电动机

剖面结构

1—转子铁芯　2—定子铁芯　3—定子控制绕组

图 2-38 所示为三相反应式步进电动机的剖面结构。定子铁芯由硅钢冲片叠压而成,定子设有突出的磁极大齿,每个磁极的极弧上都开有许多小齿,磁极大齿成对出现,有几对磁极,就是几相电动机。图 2-38 所示有三对磁极,故称为三相电动机。以径向相对的两个磁极为一相,定子的磁极数通常为相数的两倍。

转子也是由硅钢冲片叠压的铁芯构成,沿圆周均匀冲有许多小齿,小齿齿距和定子磁极上小齿齿距必须相等,而且齿数有一定的限制,转子上没有绕组。

步进电动机是按电磁铁原理来工作的。图 2-39 为三相反应式步进电动机工作原理图。它的定子上均匀地分布着六个极,不带小齿,每个极上都装有控制绕组,相对的两个极为同一相。转子有四个均匀分布的齿,用软磁材料制成,没有绕组,齿宽等于定子的极靴宽。下面通过几种控制方式来介绍其工作原理。

(a) A相通电　　　　　　　　(b) B相通电　　　　　　　　(c) C相通电

图 2-39　三相反应式步进电动机工作原理图

(1) 三相单三拍通电方式　三相步进电动机工作时,定子的三对绕组(即三相)根据输入的脉冲序列依次通电。当 A 相绕组通电而其他两相绕组不通电时,电动机内建立以 A 极为轴线的磁场。由于磁通有力图走磁阻最小路径的特点,因而转子齿1、3 的轴线与定子 A 极轴线对齐(负载转矩为零时),如图 2-39(a)所示。当 A 相绕组断电而 B 相通电时,在电磁力的作用下,吸着转子沿逆时针方向转过 30°,使转子齿 2、4 的轴线与定子 B 极轴线对齐,如图 2-39(b)所示。当 B 相断电而 C 相通电时,转子再逆时针转过 30°,使转子齿 1、3 的轴线与定子 C 极轴线对齐,如图 2-39(c)所示。如此循环往复,若按 A→B→C→A 的顺序不断接通和断开控制绕组的话,气隙中将产生脉冲式的旋转磁场,转子就一步一步地按逆时针方向转动。

电动机的转速取决于控制绕组接通或断开的频率。若按 A→C→B→A 的顺序通电,则转子就一步一步地按顺时针方向转动。定子绕组与电源的接通与断开通常是由数字逻辑电路或计算机软件来控制的。

定子控制绕组每改变一次通电方式,步进电动机就走一步,称为一拍。上述通电方式称为三相单三拍。"单"是指每次只有一相控制绕组通电;"三拍"是指改变三次控制绕组的通电状态为一个循环。

上述单三拍运行方式,由于每次只有一个绕组通电,所以存在一个严重的缺点,即在切换时,某一相通电、另一相断电的瞬间,可能各相都处于断电状态,以致引起失步。而且由于单一定子绕组通电吸引转子,也容易造成转子在平衡位置附近产生振荡。为克服这些缺点,可采用三相六拍或三相双三拍通电方式运行。

(2) 三相六拍通电方式　三相六拍通电时,步进电动机的运行情况如图 2-40 所示。这是一种将一相通电和两相通电结合起来的运行方式,即一相通电和两相通电交替进行,其通电顺序为为 A→AB→B→BC→C→CA→A,或者 A→AC→C→CB→B→BA→A。按前一种顺序通电,电动机轴沿逆时针方向转动;后一种则相反。在这种工作方式下,定子的三相绕组需经过六次换接才能完成一个循环,故称为"六拍"。

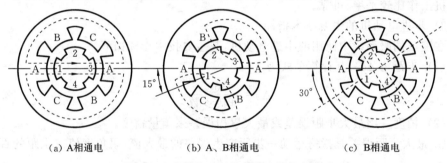

(a) A相通电　　　　(b) A、B相通电　　　　(c) B相通电

图 2-40　步进电动机的三相六拍运行方式

三相六拍通电方式的步距角与单三拍的不同。当 A 相绕组通电时,转子齿 1、3 的轴线与定子 A 极轴线对齐,如图 2-40(a)所示。然后,当 A、B 两相绕组同时通电时,转子的位置应兼顾到 A、B 两对极所形成的两路磁通,在气隙中所遇到的磁阻同样程度地达到最小。这时相邻两个 A、B 极与转子齿相作用的磁拉力大小相等且方向相反,使转子处于平衡状态。于是,当 A 相通电转到 A、B 两相同时通电时,转子只能沿逆时针方向转过 15°,如图 2-40(b)所示。当断开 A 相绕组而使 B 相绕组单独通电时,转子将继续沿逆时针方向转过一个角度,直至使转子齿 2、4 的轴线与定子 B 极轴线对齐为止。这时转子又转过 15°,如图 2-40(c)所示。三相六拍通电方式与单三拍方式相比,步距角由 30°降到 15°,减小了一半。步进电动机的步距角可按下式计算,即

$$\Delta\theta = \frac{360°}{mzk} \qquad (2.6)$$

式中　m 为定子绕组的相数(极对数);z 为转子的极数(齿数);k 为与通电状态有关的常数,当相邻两次通电的相数相同(如采用单三拍或双三拍式)时,$k=1$;当相邻两

次通电的相数不同(如六拍式)时,$k=2$。

由式(2.6)可知,步进电动机的相数和转子的齿数越多,步距角就越小,控制越精确。

(3) 三相双三拍通电方式　如果将三相步进电动机控制绕组的通电顺序改为AB→BC→CA→AB,或 AC→CB→BA→AC,就称为三相双三拍通电方式。每拍同时有两相绕组通电,三拍为一个循环,这时,转子齿的位置应同时考虑对两对定子极的作用。如图 2-40(b)所示位置,当 A、B 两相同时通电时,A 极和 B 极对转子齿所产生的磁拉力平衡。然后转到 B、C 两相同时通电,则转子逆时针方向转动 30°,才能达到新的平衡。其步距角与单三拍方式的相同,也为 30°。

三相六拍运行和三相双三拍都比单三拍运行要稳定。因为与单三拍运行相比,这两种运行方式下,步进电动机从一个状态转变为另一状态时,总有一相绕组持续通电。例如,三相六拍式运行时由 B 相通电变为 B、C 相通电,或三相双三拍式运行时由 A、B 相通电变为 B、C 相通电时,B 相都保持持续通电状态。这时 C 极力图使转子逆时针方向转动,而 B 极却起阻止转子继续转动的作用,即起电磁阻尼作用,因此电动机工作比较平稳、可靠。

2) 步进电动机的主要技术指标

在液压伺服系统中使用的步进电动机,其主要技术指标如下。

(1) 步距角 $\Delta\theta$　其计算公式为

$$\Delta\theta = \frac{360°}{每转步数} \tag{2.7}$$

(2) 精度　用最大步距误差或最大累积误差来衡量精度。

① 最大步距误差是指每运动一步所产生误差的最大值,用角度值或步距的百分数表示。

② 最大累积误差是指从任意位置开始,经过任意步后,角位移误差的最大值。由于步进电动机每转一圈后,有重复前一圈的特性,即每一圈的累积误差为零。因此最大累积误差实际上是指一圈之内,从任意位置开始,经过任意步后,角位移误差的最大值用角度或步距的百分数表示。

(3) 响应频率　步进电动机不失步运动的最大脉冲频率称为响应频率。通常用不失步的最大启动频率来衡量。所谓最大启动频率,是指不失步地启动的最大脉冲频率,也称突跳频率,它随负载惯量和负载转矩的增加而减小。

(4) 力矩　力矩包括静力矩和动力矩。

① 静力矩是指在不改变绕组通电状态,转子制动时的力矩。静力矩是失调角和绕组内电流的函数。当电流一定时,静力矩同失调角的关系称为转矩特性。在转矩特性上对应某一失调角有一最大静力矩值,称为最大静力矩。

② 动力矩是指在转子转动情况下,步进电动机的最大输出力矩。

(5) 运行频率　频率连续上升时,使电动机不失步运行的最大频率称为运行频率。显然这个值应比响应频率小。

3）步进执行机构

液压步进执行机构主要有步进液压马达和步进液压缸两种形式。

（1）步进液压马达　一般步进电动机的功率和输出扭矩都比较小。为了提高功率，增加输出扭矩，将步进电动机用作前置级，将液压马达用作功率输出级，通过带机械反馈的滑阀等将两者有机地结合起来，构成步进液压马达这一类步进执行机构。因为它有扭矩放大作用，所以又称液压扭矩放大器。图 2-41 所示为步进液压马达的结构及工作原理图。当输入一个脉冲给步进电动机时，步进电动机产生一个转角 θ_p，通过减速齿轮使滑阀转动一个角度，由于螺杆螺母的作用，滑阀随着转动而产生一个向左移动的开口 x_v，高压（p_s）油液通过开口进入液压马达，使之旋转。马达的排油通过滑阀的另一开口流回油箱。在马达轴回转的同时，通过反馈螺母，使滑阀右移，直至开口 x_v 恢复到零位时为止。步进液压马达的工作原理框图如图 2-42 所示。当输入步进电动机的脉冲反向时，液压马达反向转动。

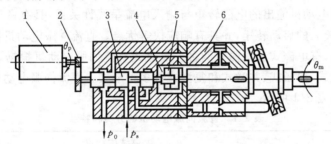

图 2-41　步进液压马达的结构及工作原理图
1—步进电动机　2—减速齿轮　3—滑阀　4—螺杆　5—反馈螺母　6—液压马达

图 2-42　步进液压马达工作原理框图

（2）步进液压缸　图 2-43 所示为步进液压缸的结构与工作原理图。它由步进

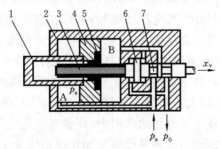

图 2-43　步进液压缸的结构与工作原理图
1—活塞杆　2—缸体　3—滚珠丝杠　4—活塞　5—螺母　6—平衡活塞　7—滑阀

电动机和齿轮副(图中未画出),以及滑阀、油缸、滚珠丝杠、螺母、平衡活塞等组成。活塞 4 的 A 腔有效面积为 B 腔的 1/2,平衡状态下 B 腔的压力为 $p_s/2$。当脉冲信号输入到步进电动机时,电动机通过齿轮副带动阀芯旋转,同时滚珠丝杠旋转;由于螺母不动,滚珠丝杠将相对螺母产生轴向位移,使阀芯相对阀套产生一个开口。例如左侧产生一个开口,于是油源压力为 p_s 的油液通过开口进入油缸的 B 腔,使 B 腔的压力上升,推动活塞向左移动,同时通过螺母、滚珠丝杠拉着阀芯左移,直至将开口完全封住为止。整个过程实现了闭环控制。当给步进电动机加一个反向脉冲信号时,步进电动机反转,使滑阀在右侧产生一个开口,B 腔的压力下降,活塞右移,B 腔的油液通过此开口回油箱。平衡活塞 6 用来防止活塞杆 1 内腔的压力把螺杆 3 向右推。显然,步进液压缸也是一个闭环位置控制系统,对它的动态描述和分析此处从略。

2. 直流伺服电动机

1) 分类和特点

直流伺服电动机输出的电磁转矩与输入电流呈线性关系,具有良好的机械特性和调速特性、较大的启动转矩,并具有响应快等优点。直流伺服电动机根据转子电枢励磁方式分类,有电磁式和永磁式两种。电磁式直流伺服电动机根据定子的激磁方式又分为他激式、串激式、并激式和复激式等多种形式。直流伺服电动机的分类和主要结构特点如表 2-1 所示。

表 2-1　直流伺服电动机的分类和特点

类　型		主要结构特点
电磁式	他激式	定子励磁绕组与转子电枢绕组无连接关系,而由其他直流电源对定子励磁绕组供电
	串激式	定子励磁绕组与转子电枢绕组之间通过电刷和换向器形成串联回路
	并激式	定子励磁绕组与转子电枢绕组并联,定子励磁绕组与电枢共用同一电源
	复激式	有并励和串励两个励磁绕组
永磁式		转子电枢磁场由永磁体产生,即转子是永磁的

在几种电磁式直流伺服电动机中,串激式伺服电动机的启动扭矩大,但调节性能差,他激式伺服电动机则相反,其受控性能好,所以在自动控制系统中常用他激式直流伺服电动机作为驱动器。总体说来,电磁式转子直流伺服电动机比较适合于大功率应用的场合,而永磁式直流伺服电动机具有体积小、功率质量比大、控制回路电感小、伺服性能好、响应迅速和稳定性好等优点,目前主要应用在小功率驱动场合,如在电液控制领域,用于某些较大功率的液压阀的阀芯驱动,实现电气-机械信号转换等。

直流伺服电动机是在定子磁场的作用下,使通有直流电的电枢(转子)受到电磁转矩的驱动而带动负载旋转的。通过控制施加在电枢绕组上的电压方向和大小,就可以控制直流伺服电动机的旋转方向和速度。当电枢绕组上的电压为零时,伺服电动机静止不动。为了保证伺服电动机按要求的速度转动,就必须给转子输入足够大的电流。

　　直流伺服电动机的静态特性一般包括机械特性和调节特性。在一定的输入条件下,稳态时电动机的角速度与输出电磁转矩间的关系为其机械特性;而调节特性(又称控制特性)是指电磁转矩为参变量时电动机的角速度与电枢电压的关系。直流伺服电动机的机械特性是一组斜率相同的直线簇,如图 2-44 所示。每条机械特性曲线和一种电枢电压相对应,与 ω 轴的交点是该电枢电压下的理想空载角速度;与 T_{em} 轴的交点则是该电枢电压下的启动转矩。直流伺服电动机的调节特性也是一组斜率相同的直线簇,如图 2-45 所示。每条调节特性曲线和一种电磁转矩相对应,与 u_a 轴的交点是以某一转矩启动时的电枢电压,也就是说,如果电动机带负载启动,必须要有足够的启动电压。从图 2-45 还可看出,调节特性的斜率为正,说明在一定负载下,电动机转速随电枢电压的增加而增加;而由图 2-44 可以看出机械特性的斜率为负,表明在电枢电压不变时,电动机转速随负载转矩增加而减小。

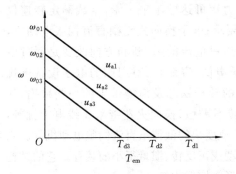

图 2-44　直流伺服电动机的机械特性　　　　图 2-45　直流伺服电动机的调节特性

　　应当明白,以上所示是理想条件下的特性。实际上伺服电动机的驱动电路、电动机内部运动副的摩擦及负载的变动等因素都会对直流伺服电动机的特性有一定的影响。

　　2) 直流伺服电动机驱动与控制

　　直流伺服电动机由配套的功率放大器驱动。功率放大器是用于放大控制信号并向电动机提供必要能量的电子装置。它应该能够提供足够的电功率,具有相当宽的频带和尽可能高的效率。例如他激式直流伺服电动机常用的功率放大器就有线性型、开关型和晶闸管型几类。

　　对电动机的控制包括转矩、速度和位置等物理量的控制。因此,从控制的角度来看,对直流伺服电动机驱动及其控制过程有电流反馈、速度反馈和位置反馈等控制形式。图 2-46 所示为一种以直流伺服电动机为执行器的典型位置控制系统框图。在图 2-46 中,系统由 PID 控制器、PWM 功率放大器(即脉宽调制放大器,包含三角波发生器、电压比较器、PWM 调制电路和 H 桥式功率放大电路几部分)、直流伺服电动机、被控对象和用于检测伺服电动机位置的光电编码器负反馈电路组成。PWM功率放大器的作用是根据光电编码器反馈回来的实际位置与指令位置的偏差,及时调整直流伺服电动机的转速和转向。

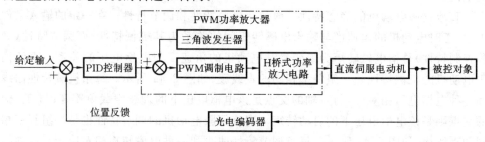

图 2-46　直流伺服电动机的位置控制系统框图

　3）直流伺服电动机的新进展

　　随着科学技术的进步,特别是材料和工艺技术的发展和完善,以及工程技术的需要,直流伺服电动机在近 20 年来也不断取得新进展,已有很多新型直流伺服电动机产品问世。如:直流力矩伺服电动机,其输出力矩可达数千牛·米,空载额定转速仅 10 r/min左右,可满足低转速、大转矩负载的要求;电子换向式无刷直流伺服电动机,它由直流电源供电,没有电刷和换向器,其绕组里电流的通、断和方向改变是通过电子换向电路实现的,具有灵敏度高、死区小、噪声低、寿命长,对周围的电子设备干扰小的优点。针对普通传统型直流伺服电动机的转子铁芯及齿槽带来的一些缺陷,如转动惯量大、灵敏度差、转矩变动大、低速运转不平稳、换向火花带来无线电干扰等,开发了转动惯量小、机电时间常数小、动态响应速度快的低惯量直流伺服电动机等。它适用于高精度、快响应自动控制系统及频繁启动或正反转、惯量很小的装置。它的结构形式有无槽电枢形式、盘形电枢形式和空心杯形电枢形式等。

　3. 交流伺服电动机

　　交流伺服电动机通常用 50 Hz、60 Hz 或 400 Hz 等频率的交流电驱动,采用交流放大器控制。由于它没有整流子和电刷,因此电气和机械摩擦的干扰小,具有结构简单、运行可靠、维护方便、无火花、无电磁干扰、安全耐用等优点。

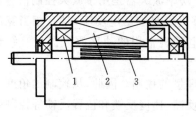

图 2-47　两相交流伺服电动机
的结构原理图

1—励磁绕组　2—控制绕组　3—电枢

　　自动控制系统中的交流伺服电动机通常是两相伺服电动机,输出功率一般为0.1～100 W。图 2-47 所示为两相交流伺服电动机的结构原理图。它主要由定子部分和转子部分组成。在定子线槽内布置有两相绕组,转子则做成类似普通交流感应电动机的鼠笼式或整体薄壁托杯式结构。在定子两相绕组内通以空间相位差近于 90°的交流电时,就在转子空间内产生相应的旋转磁场,并在转子导体内感生电流,由于电磁力的作用产生转矩而推动转子旋转。设两相交流电的频率为 f,定子绕组的磁极对数为 p,则旋转磁场的同步转速 n_a 为

$$n_a = \frac{60f}{p} \ \text{r/min} \tag{2.8}$$

类似于普通感应电动机,其转子转速 n 与同步转速 n_a 的相对偏差定义为转差率,即

$$s = \frac{n_a - n}{n_a} \tag{2.9}$$

定子线槽内的两相绕组分别是励磁绕组和控制绕组。通常是在励磁绕组上施以频率和幅值不变的交流励磁电压,而在控制绕组上施以频率相同但相位或幅值可调的控制电压信号,从而达到改变合成转矩及转速、转向的目的。两相交流伺服电动机的控制方式主要有相位控制和幅值(电压)控制两类,多数场合采用幅值(电压)控制方式。

交流伺服电动机在自动控制系统中用作执行元件,把所接收到的电信号转换成电动机轴上的角位移或角速度。与直流伺服电动机相比,交流伺服电动机虽有启动转矩较小、快速性较差等不足,但仍然得到了广泛应用。自 20 世纪 90 年代以来,在高精度数控加工设备中,特别是机器人和机械手的驱动方面,大都采用了交流伺服电动机。

2.3　控制放大器

电液控制系统的控制输入信号一般是较微弱的,通常都需经处理和功率放大后,才能驱动电气-机械转换器如力矩马达、力马达或比例电磁铁运行,实现参数调节。控制放大器和电气-机械转换器是电液控制系统中电液控制阀必不可少的重要部分,而且两者关系密切、相互依存。本节概要性地论述控制放大器的功用、类型及选用与设计。

2.3.1　功能与基本要求

控制放大器的主要功能是驱动、控制受控的电气-机械转换器,满足系统的工作性能要求。在闭环控制场合它还承担着反馈检测信号的测量放大和系统性能的控制校正作用。

控制放大器是电液控制系统中的前置环节,其性能优劣直接影响着系统的控制性能和可靠性。对控制放大器的基本要求如下。

(1) 控制功能强,能实现控制信号的生成、处理、综合、调节和放大。

(2) 线性度好,精度高,零点和增益调整方便,具有较宽的控制范围和较强的带载能力。

(3) 有足够的输出功率,输出特性应具有饱和(限幅)特性,在出现大偏差信号时能可靠地限流限压,将输出限制在允许的范围内,起保护受控对象的作用。

(4) 动态响应快,频带宽,具有所要求的频率特性。

（5）抗干扰能力强,零漂移和噪声小,有很好的稳定性和可靠性。

（6）输入输出参数、连接端口和外形尺寸要标准化,规范化等。

2.3.2　控制放大器的分类

按受控的电气-机械转换器的种类不同,控制放大器主要分为四种类型,其适用对象如表2-2所示。此外,还可按结构形式和功率级的工作原理进行细分(见表2-3)。

表 2-2　控制放大器按转换器的类型分类

序号	类　型	匹配的电气-机械转换器	适 用 对 象
1	伺服放大器	力矩马达,力马达	伺服阀,伺服系统控制器
2	比例放大器	比例电磁铁	比例阀,比例系统控制器
3	步进电动机控制放大器	步进电动机	增量式数字阀,步进式数控系统控制器
4	开关控制放大器	高速开关电磁铁	高速开关阀,数控系统控制器

表 2-3　控制放大器按结构形式和功率级的工作原理分类

类　型		特　点	适 用 对 象
按通道数量分类	单通道	只能控制一个电气-机械转换器	单个电气-机械转换器
	双通道或多通道	相当于两个或多个放大器的有机组合,结构紧凑	两个或多个电气-机械转换器的独立控制
按是否带电反馈分类	带电反馈	设有测量、反馈电路和调节器,但不一定有颤振信号发生器,常被置于阀的内部	电反馈电液控制阀,某些闭环控制系统的控制器
	不带电反馈	没有测量、反馈电路和调节器,但一般有颤振信号发生器	不带电反馈的电液控制阀
按功放管工作原理分类	模拟式	属于连续电压控制形式,功放管工作在线性放大区,电气-机械转换器控制线圈两端的电压为连续的直流电压,功耗较大	伺服阀、比例阀及其相应的控制系统控制器
	开关式	功放管工作在截止区或饱和区,即开关状态,电气-机械转换器控制线圈两端电压为脉冲电压,功耗很小	高速开关阀、增量式数字阀、数控比例阀及其相应的数控系统控制器,其中数控比例阀可以是普通的比例阀
按输出信号极性分类	单极性	只能输出单向控制信号	比例阀,单向工作的电气-机械转换器
	双极性	能输出双向控制信号	伺服阀,双向工作的电气-机械转换器

续表

类　型		特　点	适 用 对 象
按输出信号类型分类	恒压型	内部电压负反馈	各类控制电动机
	恒流型	内部电流负反馈,时间常数小,稳定性好	各类控制阀,电气-机械转换器
	全数字式	以微处理器(单片机)为核心构成全数字式控制电器,实现计算机直接控制	脉宽调制(PWM)控制阀,步进电动机

2.3.3　典型构成与原理

因电气-机械转换器的形式和受控对象不同,配用控制放大器的构成、原理和参数也有所不同。伺服/比例控制放大器的典型构成如图 2-48 所示。它通常包括:电源变换电路;输入接口电路(如模拟量输入接口、数字量输入接口、遥控接口等);信号处理电路(如斜坡、阶跃发生器,初始电流设定电路、平衡电路等);控制调节器(如比例-积分(PI)、比例-微分(PD)、比例-积分-微分(PID)等形式调节器);颤振电路,以及测量放大电路和功率放大电路等。不同类型的控制放大器在结构上也有一定差别,尤其是信号处理电路,往往需要根据系统要求进行专门设计;对不同的应用场合与要求,也常省略某些部分,以简化结构、降低成本和提高工作可靠性。下面简要介绍控制放大器主要电路的构成及原理。

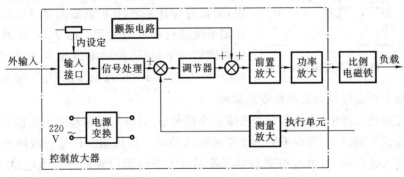

图 2-48　控制放大器的典型构成

1. 电源变换电路

电源变换电路的主要作用是从标准电源中获得和分离出控制放大器各电路正常工作所需的各种直流稳压电源,并且当电网电压、负载电流及环境温度在允许范围内变化时,保证输出直流电压的稳定性。同时,还兼有电源电压极性反接、过流、短路自保护、自恢复等非熔断式保护功能,以保证控制放大器的工作可靠性。

电源电路一般包括整流、滤波、稳压和过载保护等部分。电源可用 220 V、50 Hz交流电源,或者 24 V 标准全波整流电源,或者 24 V 直流电源。控制放大器将输入电压进行滤波、稳压，并通过选择新的参考点，得到以新参考点为基准零点，能满足控制放大器中运算放大器等器件正常工作所需的稳定电源（±U_c）。

图 2-49 为采用三端稳压的典型电源变换电路。它具有结构简单、性能优良的特点。

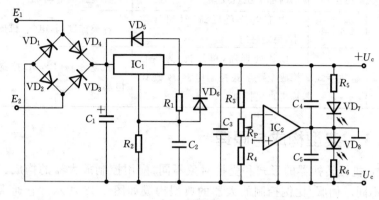

图 2-49　电源变换电路示例

2. 输入接口电路

它是输入接口单元。控制放大器一般具有多种输入接口，如模拟量输入接口、数字量输入接口、遥控接口等，以满足各种外设需要，增强适应性。

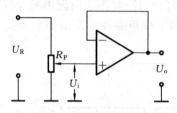

图 2-50　带电压跟随器的电位器

（1）模拟量输入接口　模拟量输入接口有多种形式，最简单的就是利用手调电位器输入控制电信号。常用安装在面板上的多圈电位器来实现，而且通常有多个，在控制放大器对控制阀及其控制系统进行调试时使用。图 2-50 所示为带电压跟随器的电位器，扭动电位器 R_P 的触头，便可取出 0～U_R 之间的任意电压值 U_o。接入电压跟随器可减小负载效应对其线性度的影响。

在控制放大器中，往往有多个模拟指令信号输入接口，包括输入电压信号接口和输入电流信号接口，以适应不同的模拟量输入信号。模拟指令信号一般由外设通过模拟量输入接口输入，也可根据需要在控制放大器内部设置信号发生电路来实现。常用的信号发生器有周期性函数（如正弦函数、三角函数、方波函数及锯齿波函数等）发生器和非周期性函数发生器，以满足不同工况的要求。

此外，带电反馈功能的控制放大器还有反馈信号输入接口，接收来自位移、压力和流量等传感器的反馈检测信号，以便构成位移、压力、流量等电反馈闭环控制回路。

（2）数字量输入接口　考虑到计算控制的需要，有些控制放大器还设有数字接口。图 2-51 所示为不采用 D/A 芯片的简化的四位数字输入接口单元，图中 D_1～D_4 为四位数字输入口，R_{P1}～R_{P4} 用来调定数字量转换后对应的模拟量值。

（3）遥控接口　一些特殊用途的控制放大器还具有遥控接口。控制放大器内

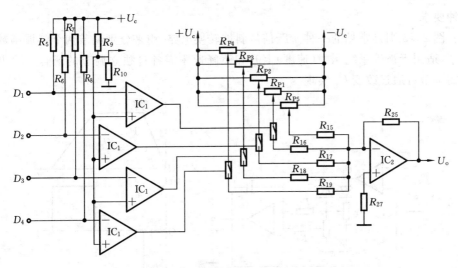

图 2-51　四位数字输入接口单元

含超高频调频接收单元(遥控接口),可接收来自发射器的无线电控制命令,经处理后去控制电气-机械转换器,以实现无线遥控。

3. 信号处理电路

为适应各种不同控制对象和工况的要求,控制放大器中还有各种信号处理电路,用于对输入指令信号进行相应的处理。最常见的信号处理电路有以下四种。

(1)斜坡信号发生器　图 2-52 所示为斜坡信号发生器的电路图和输入输出波形图。当输入阶跃信号时,由于电容 C 充电的阻滞作用,可使输出电压缓慢而连续地变化,即输出一个缓慢上升或下降的信号。调节可变电阻 R_P 能改变输出电压的斜率,斜坡预调时间与 100% 额定输入电信号对应的设定值相关,当输入信号设定值仅为额定值的某个比值时,其斜坡调整时间也为相应预调最大斜坡时间的相应比值。斜坡信号发生器能实现被控系统工作压力或运动速度等的无冲击过渡,满足系统的

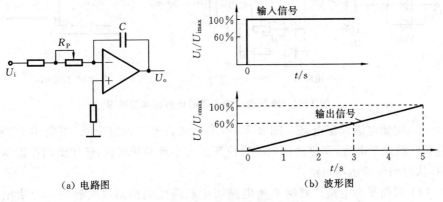

(a)电路图　　　　　　　　　　　(b)波形图

图 2-52　斜坡信号发生器的电路图和输入输出波形图

缓冲要求。

　　图 2-53 则是常见的一种阶跃信号斜坡转换电路,用来分别调节两个斜坡函数的速率,适用于被控系统压力(速度)上升和下降速率需各自独立调节的场合。输出幅值的调节可通过改变 U_i 实现。

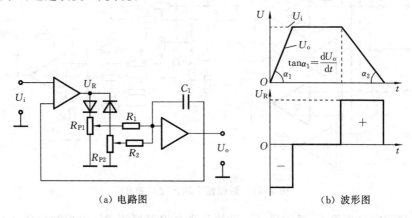

(a) 电路图　　　　　　　　　　　(b) 波形图

图 2-53　阶跃信号斜坡转换电路

　　(2) 阶跃函数发生器　图 2-54 所示为阶跃函数发生器的电路图和波形图。在设定值电压大于较小的始动电压 U_i 时,产生一个恒定的输出信号,其大小可由 R_{P_1}、R_{P_2} 调定。当设定值电压小于 U_i 时,输出信号为零。图 2-54(b)所示为阶跃函数发生器的输入输出特性,其输出信号经放大后,给比例电磁铁一个阶跃电流,使比例阀阀芯快速跃过零位死区,即削弱或排除比例阀阀芯正遮盖的影响,适应零区控制特性的要求。在控制三位型比例方向阀的比例控制放大器中,一般都设有阶跃函数发生器。

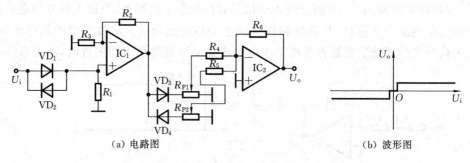

(a) 电路图　　　　　　　　　　　(b) 波形图

图 2-54　阶跃函数发生器的电路图和波形图

　　(3) 初始电流设定电路　图 2-55 所示为初始电流设定电路,主要用于产生比例电磁铁的预激电流,调整比例阀的零位死区大小或避开死区,使比例阀在设定值输入时,从起始位置迅速启动。

　　(4) 双路平衡电路　双路平衡电路用于双路比例控制放大器中。为使比例方向阀的两个比例电磁铁分别正常工作,且在两个比例电磁铁参数有所不同的情况下,

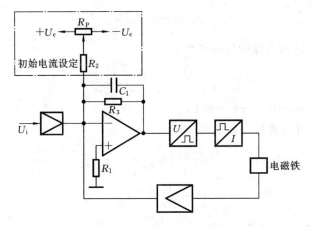

图 2-55　初始电流设定电路

仍能得到对称的控制特性,常采用双路平衡电路,如图 2-56 所示。调节电位器 R_P,
使 B 路比例电磁铁控制通道的增益与 A 路比例电磁铁控制通道的增益相同,同时使
B 路控制信号反相,保证比例电磁铁 A 和 B 实现差动工作。

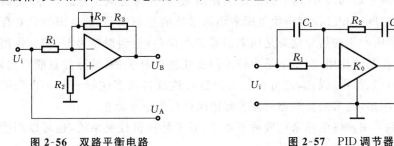

图 2-56　双路平衡电路　　　　　　　　图 2-57　PID 调节器

4. 调节器

调节器是电反馈控制放大器中的一个组成单元,用于改善电反馈控制阀或控制
系统的稳态和动态品质,使控制阀或系统稳定并达到一定的控制精度,对干扰起抑制
作用,使其动态特性得到改善。

调节器常按使用要求构成不同的调节特性,常用的调节器有 P(比例)、I(积分)、
D(微分)及其组合,它们的作用、电路特性及特点在一般论及控制系统校正的书中都
有论述,这里仅介绍最常用的 PID 调节器。PID 调节器是比例(P)、积分(I)和微分
(D)三种调节作用的综合。由单运算放大器构成的 PID 调节器的电路如图 2-57
所示。

由阻抗变换法求得

输入阻抗
$$Z_i(s) = \frac{R_1 \cdot \dfrac{1}{C_1 s}}{R_1 + \dfrac{1}{C_1 s}}$$

反馈阻抗　　　　　　　　　　$Z_\mathrm{f}(s) = R_2 + \dfrac{1}{C_2 s}$

进而求出 PID 调节器的传递函数为

$$G_\mathrm{c}(s) = \frac{U_\mathrm{o}(s)}{U_\mathrm{i}(s)} = -\frac{(\tau_1 s + 1)(\tau_2 s + 1)}{T_\mathrm{i} s} \tag{2.10}$$

式中　$\tau_1 = R_1 C_1$；$\tau_2 = R_2 C_2$；$T_\mathrm{i} = R_1 C_2$。

式(2.10)也可写成另一种形式，即

$$G_\mathrm{c}(s) = -\frac{\tau_1 + \tau_2}{T_\mathrm{i}} \left[1 + \frac{1}{(\tau_1 + \tau_2)s} + \frac{\tau_1 \tau_2}{\tau_1 + \tau_2} s \right]$$

$$= -k_\mathrm{p} \left(1 + \frac{1}{T_\mathrm{i} s} + T_\mathrm{d} s \right) \tag{2.11}$$

式中　$k_\mathrm{p} = \dfrac{\tau_1 + \tau_2}{T_\mathrm{i}} = \dfrac{C_1}{C_2} + \dfrac{R_2}{R_1}$，为比例增益；$T_\mathrm{i} = \tau_1 + \tau_2 = R_1 C_1 + R_2 C_2$，为积分时间常数；$T_\mathrm{d} = \dfrac{\tau_1 \tau_2}{\tau_1 + \tau_2} = \dfrac{R_1 R_2 C_1 C_2}{R_1 C_1 + R_2 C_2}$，为微分时间常数。

从控制理论可知，PID 调节器的比例作用 k_p 加大将会减少稳态误差，提高系统的动态响应速度。积分控制作用可用来消除系统的稳态误差，这是因为只要存在偏差，它的积分所产生的信号就总是用来消除稳态误差，直到误差为零，积分作用才停止。而微分控制的作用，实质上是跟偏差的变化速度有关的，微分控制能预测偏差，产生超前的校正作用，因此，微分控制可以较好地改善动态性能。但 PID 调节器的参数调整较困难，通常需要根据对象实际情况进行整定和修正。

当然，除了用硬件电路来构成调节器外，对于计算机控制系统，也可以用控制软件实现调节器功能，而且更加灵活。

5. 颤振电路

为提高系统的灵敏度，减少电气-机械转换器乃至整个电液控制阀的滞环，可采用在控制信号上叠加颤振信号的方法。工程上，由于受机械加工工艺水平的限制，造成性能不一致，往往还要求控制放大器能够提供颤振分量频率和幅值可独立调节的颤振信号。图 2-58 所示为三角波颤振信号发生器电路，它可实现频率和幅值的分别调整。调节 R_{P_1} 可改变颤振信号频率，调节 R_{P_2} 可改变颤振信号的幅值。此外，常见的颤振信号波形还有频率固定(200 Hz 左右)、幅值可调(通常为阀额定控制电流的 10%～20%)的方波等。

6. 测量放大电路

在具有位移电反馈的控制放大器中，为了通过装在控制阀上的位移传感器构成电反馈闭环，往往带有与位移传感器匹配的测量放大电路。同时，为保证电反馈控制阀工作的可靠性，还常常设有传感器电缆故障识别装置。常用的差动变压器式和电感式位移传感器多采用调制-解调测量放大电路，一般为调幅型，由振荡器、放大器、相敏检波和低通滤波器(解调器)等部分组成。振荡器提供频率和幅值稳定的载波激

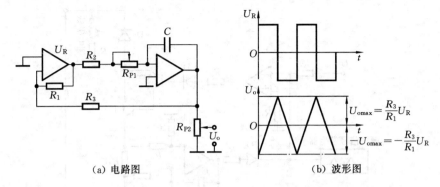

(a) 电路图　　　　　　　　　　　(b) 波形图

图 2-58　三角波颤振信号发生器电路及波形图

励高频电压,调制过程常通过传感器自身实现。被调制于高频载波信号上的被测信号经解调器解调(相敏检波和低通滤波器)后放大输出。调制-解调型测量放大电路的优点是漂移小,抗干扰能力强。

7. 功率放大器电路

功率放大器的输出接负载,除了必须有足够的输出功率外,还必须具有良好的动、静态特性。要求其输出的控制电流有足够的稳定性,能抵抗温度变化、电源电压波动的干扰,并具有一些附加功能,如能叠加颤振信号,输出电流能被采样和监视等。

功率放大器的典型结构如图 2-59 所示。它主要由信号放大和功率驱动电路组成。对于功率放大器,一般应在保证功率放大器工作稳定的前提下,尽量提高前向通道的电压放大倍数,以提高输出电流抵抗电源电压波动和负载阻抗变化的能力,改善电流动态特性。

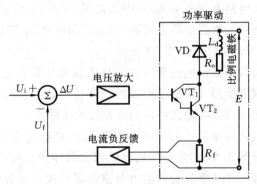

图 2-59　功率放大器的典型结构

根据功率放大器工作原理的不同,功率放大器有模拟式和开关式之分。两者的结构大同小异,但它们有一个明显的特征,都是带电流负反馈的恒流型放大电路。当然,两者的工作原理及特性也有差异,都是因功放管工作状态的不同造成的。目前使用较普遍的功率放大器多为模拟式的。

(1) 模拟式功率放大电路　模拟式功率放大器的电路如图 2-60 所示,其本质上

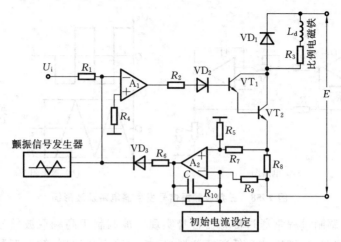

图 2-60　模拟式功率放大电路

是线性放大电路。颤振信号由一频率和幅值可独立调节的颤振信号发生器产生,经功率放大器放大可得到频率和幅值单独可调的颤振电流,叠加到控制信号上。

　　模拟式功率放大器技术比较成熟,结构简单,稳态控制性能好,但因在非额定电流工况下功放管的功耗很大,故效率较低,所需散热装置体积大,高温下工作可靠性低。其适用于对控制性能要求较高的系统。

　　(2) 开关式功率放大电路　　开关式功率放大器电路利用了开关放大的特点,使功放管始终工作在饱和区(开)或截止区(关),功放管的功耗大为降低,电路板的热负荷相应减小,使散热装置的体积减小,这不仅可提高了效率,降低成本,还可增加可靠性。开关式功率放大电路有多种形式,其中最常用的为脉宽调制(PWM)式的。

　　脉宽调制式功率放大电路由脉宽调制、功率驱动电路、电流负反馈单元和电流调节器等部分组成,其原理简图如图 2-61 所示。

　　开关式功率放大器的输出电流带有频率与调制波相同的交流纹波分量,这是开关式功率放大器区别于模拟式功率放大器的重要特征之一;稳态输出电流的纹波特性也是衡量开关式功率放大器稳态特性的重要技术指标之一。

　　由于传统的开关式功率放大器通常为低频脉宽调制式的,开关频率较低(小于200 Hz),与颤振信号频率接近,因而无法像模拟式那样用独立的波形发生器产生颤振电流。低频脉宽调制式功率放大器输出电流的固有纹波虽有颤振效果,但由于其频率与调制波频率相同,其幅值与负载时间常数、调制波频率、电源电压及输入信号大小等都有关,频率与幅值相互牵连,不可独立调节,故稳态控制性能较差,一般仅用在环境温度较高、控制性能要求较低的场合。

　　为解决低频脉宽调制式颤振分量频率与幅值不可独立调节的问题,目前开关式功率放大器采用了高频脉宽调制技术,调制波频率可达 1 000 Hz 数量级。提高开关频率还可以减小线圈电流纹波幅值及开关特性的延迟时间对线圈电流的影响。但开

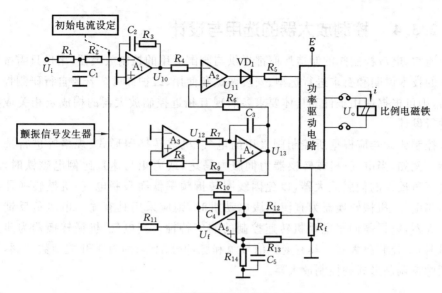

图 2-61　脉宽调制(PWM)式功率放大电路

关频率的提高受到一定限制,当频率太高,开关管的开关过渡过程时间占开关周期的分量显著时,功放管的动态功耗较大,不利于发挥开关式功率放大器功耗低这一特有的优势。

(3) 快速型功率驱动电路　在传统模拟式和开关式功率驱动电路中,线圈电流的衰减速度较缓慢,影响了负载的动态频宽,不能满足控制系统的高动态性能需求。图 2-62 所示为反接卸荷式快速型功率放大器电路。这种驱动电路用反接卸荷式功率驱动电路代替传统的功率驱动电路,其基本原理是,在电流衰减时控制电路将供电电源反接到负载线圈两端,加快电流衰减速度。这种反接卸荷式功率驱动电路在未对供电电源、大功率整流元件及大功率功放管提出特殊要求的前提下,明显加快了负载线圈电流的衰减速度,从而提高了负载的动态频宽。

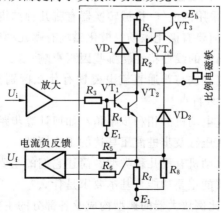

图 2-62　反接卸荷式快速型功率驱动电路

2.3.4　控制放大器的选用与设计

通常,电液控制阀的制造厂商都提供与阀配套用的控制放大器,用户只需按产品样本的技术说明和要求进行选型、安装调试和使用、维护即可。若要自行研制控制放大器,则可根据使用条件和具体要求参照现有相近控制放大器的构成及相关成熟电路进行设计。

控制放大器应根据所控制阀采用的电气-机械转换器形式、规格等进行选用与设计。例如,当电气-机械转换器为伺服力马达(或力矩马达)、比例电磁铁时,应采用电流负反馈的伺服放大器,以免因线圈转折频率低而限制电气-机械转换器的频宽。当电气-机械转换器为直流伺服电动机时,则应采用具有输出电压负反馈的功率放大器,以提高伺服电动机转速控制的响应特性。当电气-机械转换器为步进电动机时,则控制放大器应具有变频信号源和脉冲分配器;而对于开关型数字阀,则应采用脉宽调制形式的控制放大器。

思考题及习题

2-1　液位检测可否转化为压力检测? 为什么?

2-2　使用直流测速发电机时为什么有最高转速和最小负载电阻的限制?

2-3　直流测速发电机的输出特性产生误差的原因有哪些? 有什么改进措施?

2-4　为什么说压电式压力传感器不适用于静态压力测量,而适用于动态压力测量?

2-5　压电式传感器对测量电路有何要求? 其电荷放大器电路有何特点?

2-6　涡轮流量计主要由哪几部分组成? 简述各部分的功能。

2-7　已知涡轮流量计的流量转换系数为 20 000 脉冲数/m^3。若在 5 min 内累计的脉冲数为 3 000 次,试求流体的瞬时流量和 5 min 内的累计流量。

2-8　电液伺服阀采用的电气-机械转换器有哪几种结构形式? 各有什么特点?

2-9　力矩马达为何要有极化磁场? 极化磁场有哪几种产生方式?

2-10　永磁力矩马达的线性特性受哪些因素影响?

2-11　直流比例电磁铁与普通直流电磁铁有什么区别? 直流比例电磁铁有哪几种基本类型? 各有什么特点?

2-12　什么是步进电动机的相和步距角? 如何计算步距角?

2-13　试述步进液压缸及步进液压马达的工作原理。

2-14　直流伺服电动机有哪几种类型? 简述它们的主要结构特点。

2-15　控制放大器的主要功能与基本要求是什么?

2-16　简述伺服、比例放大器的典型构成及各部分的主要作用。

2-17　PID 调节器为什么能改善控制系统的静、动态特性? 调节它的比例、积分和微分参数各有什么作用？

　　2-18　控制放大器颤振电路的主要作用是什么？颤振信号的频率和幅值一般取多少较为适宜？

　　2-19　控制放大器的功率放大电路常见的有哪几种形式？各有什么特点？

第3章

液压控制阀

3.1 概　　述

　　液压控制阀是以机械运动来控制液体动力的元件。它可以将输入的较小功率的机械信号（位移或转角）转换为较大功率的可连续控制的液压信号（流量、压力）输出，因此也称为液压放大元件或液压放大器。它既是能量转换元件，也是功率放大元件。液压控制阀是液压伺服系统中的一种重要控制元件，它们的性能对液压伺服系统的控制品质有直接影响，因此必须对它们的特性和设计准则进行仔细研究。

　　液压控制阀的特性因液压能源不同而不同，液压能源分为恒压油源（输出压力由溢流阀调定）和恒流油源（输出流量不变），除特别指出外，一般均指恒压油源。

　　液压控制阀按其结构形式和工作原理不同可分为三类：圆柱滑阀、喷嘴挡板阀、射流管阀，如图 3-1 所示。其中滑阀的控制性能良好，在液压伺服系统中应用最为广泛。有时为了实现控制的需求，还可以用它们的组合形式，如喷嘴挡板与滑阀组成的两级液压控制阀。

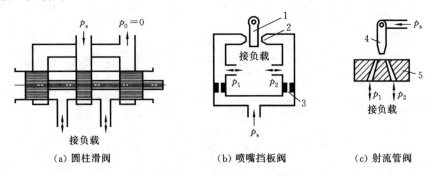

图 3-1　液压控制阀的结构分类

1—挡板　2—喷嘴　3—固定节流孔　4—射流管　5—接收器

3.1.1 圆柱滑阀

圆柱滑阀是节流式元件,利用阀芯在阀套中滑动来控制通过阀口的流量,并实现流量与阀芯位移成正比。

在液压系统中,圆柱滑阀是应用最广的元件之一,根据使用场合的不同,其常见结构形式如图 3-2 所示。圆柱滑阀的分类方式如下。

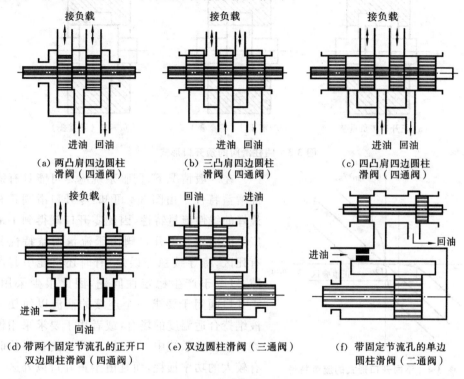

(a) 两凸肩四边圆柱
滑阀（四通阀）

(b) 三凸肩四边圆柱
滑阀（四通阀）

(c) 四凸肩四边圆柱
滑阀（四通阀）

(d) 带两个固定节流孔的正开口
双边圆柱滑阀（四通阀）

(e) 双边圆柱滑阀（三通阀）

(f) 带固定节流孔的单边
圆柱滑阀（二通阀）

图 3-2 圆柱滑阀结构

(1) 按进出阀通道数,圆柱滑阀分为二通阀、三通阀和四通阀等。四通阀有两个控制口,可用来控制双作用液压缸或液压马达的往复运动,如图 3-2(a)、(b)、(c)、(d) 所示。二通阀和三通阀都只有一个控制口,故只能控制差动液压缸的一个方向移动,为实现反向运动,须在液压缸有活塞杆侧设置固定偏压,如弹簧等,如图 3-2(e)、(f) 所示。

(2) 按节流阀工作边数,圆柱滑阀分为单边、双边、四边圆柱滑阀,如图 3-2 所示。就控制性能而言,四边圆柱滑阀最好,双边圆柱滑阀次之,单边圆柱滑阀最差;就制造工艺性而言,单边圆柱滑阀无关键性的轴向尺寸,双边圆柱滑阀有一个关键性的轴向尺寸,而四边圆柱滑阀有三个关键性的轴向尺寸,即四边圆柱滑阀结构最复杂,成本最高,单边圆柱滑阀结构最简单,成本最低,双边圆柱滑阀居中。

(3) 按阀芯的凸肩数,双边圆柱滑阀和四边圆柱滑阀都可以由两个或两个以上阀芯凸肩组成。凸肩数目越多,阀的轴向尺寸越多,加工难度越大。但三凸肩和四凸肩阀定心性较好,并可以将回油通道与阀端部分开,故可用于具有较高的回油压力处,并可减少外部泄漏。

(4) 按圆柱滑阀的预开口形式,分为正开口(负重叠)、零开口(零重叠)、负开口(正重叠)圆柱滑阀,如图 3-3 所示。它们的流量增益特性各不相同,如图 3-4 所示。

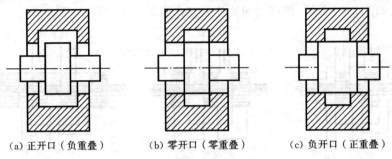

(a) 正开口(负重叠)　　　(b) 零开口(零重叠)　　　(c) 负开口(正重叠)

图 3-3　圆柱滑阀的预开口形式

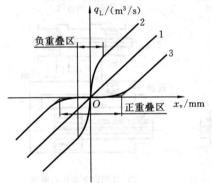

图 3-4　不同开口形式的流量特性

1—零开口　2—正开口　3—负开口

在一般情况下,伺服系统应尽可能具有线性增益特性。由图 3-4 可知:零开口滑阀具有最好的线性流量特性,因此零开口阀得到了最广泛的应用。负开口阀由于流量增益特性具有死区,将导致稳态误差,有时还可能引起游隙,以至于产生稳定性问题,因此很少采用。正开口阀用于要求一个连续的液流以便使油液维持合适温度的场合,或者用于要求采用恒流量能源的系统中。不过,正开口阀在零位时有较大的功率损耗,而且由于正开口以外区域有增益降低和压力灵敏度低等缺点,因此正开口阀一般用于某些特殊场合,如被动式电液伺服加载系统中。

3.1.2　喷嘴挡板阀

喷嘴挡板阀也是节流式元件,由喷嘴、挡板和固定节流口组成。挡板绕支轴摆动,利用挡板位移来调节喷嘴与挡板之间的环状节流面积,从而改变喷嘴腔两边的压力。喷嘴两边的压力差与挡板位移成正比。喷嘴挡板阀有单喷嘴挡板阀和双喷嘴挡板阀两种,如图 3-5 所示,其中双喷嘴挡板阀具有较高的功率放大倍数,应用较多。

喷嘴挡板阀与圆柱滑阀相比,结构简单,也不需要有严格的制造公差,挡板惯量小,所需控制力小,响应快,抗污染能力强。但它零位泄漏大,功率小,通常用在小功率液压控制系统中或多级控制阀的前置级。

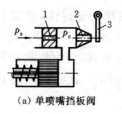
（a）单喷嘴挡板阀

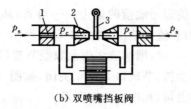
（b）双喷嘴挡板阀

图 3-5　喷嘴挡板阀

1—固定节流孔　2—喷嘴　3—挡板

3.1.3　射流管阀

射流管阀是分流式元件，它主要由射流管和接收器组成。射流管可绕支轴偏转，如图 3-1(c)所示。从射流管的喷嘴处高速喷出的液体，在扩散形的接收器内恢复成压力能。两接收嘴内的压力差与射流管位移成正比。

射流管阀的优点是结构简单，加工精度低，抗污染能力强；缺点是惯性大、响应速度低、工作性能较差、零位功率损耗大。因此，这种阀适用于低压、小功率的场合，和喷嘴挡板阀一样，通常用在小功率液压控制系统中或多级控制阀的前置级。

3.2　零开口四通圆柱滑阀的特性分析

圆柱滑阀的压力-流量特性对液压伺服系统的静态特性、动态特性的计算具有重要的意义，它表示圆柱滑阀的工作能力和性能，因此称为圆柱滑阀的静特性。圆柱滑阀的静特性是指稳态情况下，阀的负载流量 q_L、负载压力 p_L 和圆柱滑阀位移 x_v 三者之间的关系，即 $q_L = f(p_L, x_v)$。本节以零开口四通圆柱滑阀为例讨论圆柱滑阀静特性和阀系数。

3.2.1　圆柱滑阀压力-流量方程的一般表达式

由流体力学可知：通过阀口的流量应满足伯努利方程，即

$$q = C_d A \sqrt{\frac{2}{\rho} \Delta p} = C_d W x_v \sqrt{\frac{2}{\rho} \Delta p} \qquad (3.1)$$

式中　A 为阀口（节流口）的面积，对于理想的矩形阀口，有 $A = W x_v$；W 为阀口沿圆周方向的宽度，称为阀的面积梯度；x_v 为阀的开度；Δp 为同一节流口两边的压力差；ρ 为液体的密度，一般油液可取 $\rho \approx 870\ \mathrm{kg/m^3}$；$C_d$ 为流量系数，随节流口结构形状及液流状态等因素的不同而在 $0.6 \sim 1.0$ 之间变化，一般估算时，可认为是一个无因次常数，取 $C_d \approx 0.62$ 或 $C_d \approx 5/8$。

3.2.2　零开口四通滑阀的特性

设有一个零开口三凸肩四通圆柱滑阀如图 3-6 所示。当阀芯处于中间位置时，

由于凸肩的棱边与油槽的棱边一一对齐,从而把油槽完全封住,即四个节流口都关闭,故无压力和流量输出,如图 3-6(a)所示。当圆柱滑阀在外力 F_L 的作用下有一正向位移($x_v>0$)时,则油液将由油源经节流口 1 通往负载,而由负载流回的油液经节流口 3 流回油箱,节流口 2 及 4 关闭,如图 3-6(b)所示。此时的液流通道可用等效的液压桥路表示,如图 3-6(c)所示。

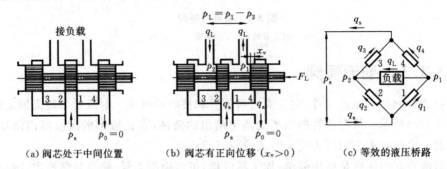

(a) 阀芯处于中间位置　　(b) 阀芯有正向位移 ($x_v>0$)　　(c) 等效的液压桥路

图 3-6　零开口三凸肩四通圆柱滑阀及等效桥路

根据力的平衡,参考图 3-6(b),可知:

$$F_L=(p_1-p_2)A_p=p_LA_p \tag{3.2}$$

$$p_L=p_1-p_2 \tag{3.3}$$

式中　F_L 为负载;A_p 为负载液压缸活塞的有效面积;p_1、p_2 分别为负载液压缸活塞两边的压力;p_L 为负载压力。

为了简化分析,作以下假定:① 液压能源是理想的——油源压力 p_s 恒定不变,回油压力 $p_0=0$;② 阀是理想的——阀是绝对的零开口阀、阀的几何尺寸绝对正确、对称,它没有任何径向间隙,也没有泄漏,各节流口的流量系数相等,均为 C_d,阀口(节流口)的面积均为 A;③ 液体是理想的——液体无黏性、不可压缩。液体在管道中流动会有压力损失,但这种损失比起节流口处的节流损失要小得多,可忽略;液体的压缩性极小,静态时密度的变化很小,也可忽略;④液压执行元件为对称结构。

由以上四条假设可知,在理想状态下,流过节流口 1 及 3 的流量必然相等,都为流入及流出负载的负载流量 q_L,节流口 2 及 4 关闭。即

$$q_1=q_3=q_L \tag{3.4}$$

$$q_1=C_dA\sqrt{\frac{2}{\rho}(p_s-p_1)} \tag{3.5}$$

$$q_3=C_dA\sqrt{\frac{2}{\rho}(p_2-p_0)} \tag{3.6}$$

将式(3.3)至式(3.6)联解,并将 $A=Wx_v$,$p_0=0$ 代入,则得

$$p_1=\frac{1}{2}(p_s+p_L)$$

$$p_2=\frac{1}{2}(p_s-p_L)$$

$$q_L = C_d W x_v \sqrt{\frac{1}{\rho}(p_s - p_L)} \qquad (3.7)$$

当圆柱滑阀在外力 F 的作用下有一负向位移($x_v < 0$)时,则油液将由油源经节流口 2 通往负载,而由负载流回的油液经节流口 4 流回油箱,节流口 1 及 3 关闭,同样可得

$$q_L = C_d W x_v \sqrt{\frac{1}{\rho}(p_s + p_L)} \qquad (3.8)$$

也可以将 $x_v > 0$、$x_v < 0$ 的负载流量用下述方程表达

$$q_L = C_d W x_v \sqrt{\frac{1}{\rho}\left(p_s - \frac{x_v}{|x_v|}p_L\right)} \qquad (3.9)$$

这就是零开口四通圆柱滑阀的压力-流量特性,也是综合特性方程,它表示了阀的负载流量 q_L、负载压力 p_L 和圆柱滑阀位移 x_v 三者之间的函数关系,即 $q_L = f(p_L, x_v)$。

为讨论及对比方便,设 x_v 达到最大值 x_{vmax}、$p_L = 0$ 时的流量为最大空载流量 q_{Lmax},即

$$q_{Lmax} = C_d W x_{vmax} \sqrt{\frac{1}{\rho}p_s} \qquad (3.10)$$

将式(3.10)与式(3.9)相除,变换成无量纲方程

$$\frac{q_L}{q_{Lmax}} = \frac{x_v}{x_{vmax}} \sqrt{1 - \frac{x_v}{|x_v|}\frac{p_L}{p_s}} \qquad (3.11)$$

这是一组抛物线方程,其图形如图 3-7 所示。图 3-7 所示为零开口四通圆柱滑

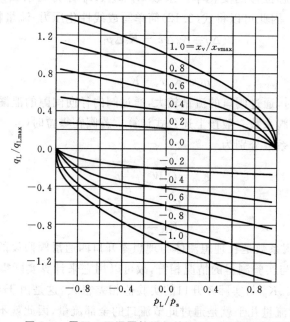

图 3-7 零开口四通圆柱滑阀的"压力-流量"特性曲线

阀的"压力-流量"特性曲线,其中上半部是零开口四通圆柱滑阀正向位移时的情况,下半部是零开口四通圆柱滑阀负向位移时的情况,在零点是对称的,亦即阀的控制性能在两个方向上是一样的。同时,p_s 在一定的条件下$\left(\left|\dfrac{p_L}{p_s}\right| \leqslant \dfrac{2}{3}\right)$,"压力-流量"特性曲线的线性度最好,通常希望阀工作在该区域内。

3.2.3　零开口四通滑阀的阀系数

由式(3.9)可知:阀的压力-流量特性是非线性的。对系统进行动态分析时又必须采用线性化理论。将流量方程式(3.9)在某一工作点(q_{L1}、x_{v1}、p_{L1})附近全微分,可得在此工作点处的压力-流量特性方程

$$\Delta q_L = \frac{\partial q_L}{\partial x_v}\Delta x_v + \frac{\partial q_L}{\partial p_L}\Delta p_L \tag{3.12}$$

定义 $K_q = \dfrac{\partial q_L}{\partial x_v} = C_d W \sqrt{\dfrac{1}{\rho}(p_s - p_L)}$,$K_q$ 称为滑阀流量增益,表示负载压力不变时,负载流量对阀芯位移的变化率,该值总为正值;定义 $K_c = -\dfrac{\partial q_L}{\partial p_L} = \dfrac{C_d W x_v \sqrt{\dfrac{1}{\rho}(p_s - p_L)}}{2(p_s - p_L)}$,$K_c$ 称为滑阀流量-压力系数,表示当阀芯位移不变时,负载流量对负载压降的变化率;定义 $K_p = \dfrac{\partial p_L}{\partial x_v} = \dfrac{2(p_s - p_L)}{x_v} = \dfrac{K_q}{K_c}$,$K_p$ 称为压力增益,表示当负载流量不变或为 0 时,负载压力降对阀芯位移的变化率。系数 K_q、K_c、K_p 称为阀系数,它们的值随工作点的变化而变化。因此可以将式(3.12)简单写成线性化压力-流量特性方程:

$$\Delta q = K_q \Delta x_v - K_c \Delta p_L \tag{3.13}$$

去掉增量符号得

$$q_L = K_q x_v - K_c p_L \tag{3.14}$$

当阀不在零位时,通过阀口的流量较大,通过阀的径向间隙的泄漏量甚小而可忽略不计,因此非零位阀系数一般按上述公式计算。若阀在零位时($q_L = 0$,$x_v = 0$,$p_L = 0$),此时阀的零位阀系数分别为

$$K_{q0} = C_d W \sqrt{\frac{1}{\rho}p_s} \tag{3.15}$$

$$K_{p0} = \infty \tag{3.16}$$

$$K_{c0} = 0 \tag{3.17}$$

上述三个零位阀系数是在理想流体与理想零开口四通滑阀假设的基础上分析得到的结果,其中 K_{q0} 与实验测得的情况相符,故可以用它来计算实际零开口四通滑阀的流量增益。但 K_{c0}、K_{p0} 与实际零开口的实验值相差很大,这是由于当阀在零位时,阀口关死,间隙泄漏流量几乎就是通过此节流口的全部流量,因此就不能忽略了。既然零位时的阀口流量并不为零,故 K_{c0} 也不可能为零,通常以下面两个近似公式来

估算：

$$K_{c0} = \frac{\pi W \delta^2}{32\mu} \qquad (3.18)$$

$$K_{p0} = \frac{K_{q0}}{K_{c0}} = \frac{32\mu C_d}{\pi \delta^2} \sqrt{\frac{1}{\rho} p_s} \qquad (3.19)$$

式中 δ 为阀芯和阀套间的径向间隙；μ 为液体动力黏度系数。

为了对上述两个系数有一个量的概念，取典型的数值：$\mu = 137 \times 10^{-4}$ Pa・s，$\rho \approx 870$ kg/m³，$\delta = 5 \times 10^{-6}$ m，$C_d \approx 0.62$，$W = \pi/4$，$p_s = 70$ MPa，代入式（3.18）和式（3.19）中可得

$$K_{c0} = 1.4 \times 10^{-10} \ (\text{m}^3/\text{s})/\text{Pa}$$

$$K_{p0} = 3 \times 10^{11} \ (\text{N/m})^3$$

由此可知：阀的零位流量-压力系数 K_{c0} 是一个很小的值，与面积梯度 W 和径向间隙 δ 有关，并随 W 和 δ 的增大而增大；而阀的零位压力增益 K_{p0} 是一个较大的值，说明动力机构克服摩擦负载和惯性负载的能力强，与面积梯度 W 无关，主要取决于阀芯和阀套间的径向间隙 δ，当 δ 加大时 K_{p0} 急剧下降。

3.2.4 零开口四通滑阀的泄漏量

当阀芯在零位时，即 $x_v = 0$，四通滑阀的四个工作棱边处都没有阀开口，但都有径向间隙 δ。由 δ 形成四个相同的矩形节流缝隙，此缝隙的节流面积为 $A = W\delta$。由于 $W \gg \delta$，且通过此节流口的流量甚小，雷诺数 Re 也甚小，流动状态为层流，故通过此节流口的流量为

$$q_c = \frac{\pi W \delta^2}{32\mu} p_s \qquad (3.20)$$

3.3 正开口四通圆柱滑阀的特性分析

3.3.1 正开口四通圆柱滑阀的特性

设有一个正开口四凸肩四通圆柱滑阀如图 3-8 所示。假设液压能源、阀和液体都为理想状态，且液压能源的流量为 q_s、压力为 p_s。当阀芯处于中间位置时，四个节流口全开，各节流口的预开口量均为 U，且负载压力 p_L 也为零，四个节流口的节流作用相同，因此各节流口的流量也相等，即 $q_1 = q_2 = q_3 = q_4$，$q_L = 0$，且 $q_s = q_1 + q_2 = q_3 + q_4$，各节流口处的箭头标出了液流的方向，如图 3-8(a) 所示。

当圆柱滑阀在外力 F 的作用下有一正向位移（$|x_v| < U$）时，如图 3-8(b) 所示，液流通道可用等效的液压桥路表示，如图 3-8(c) 所示。根据式（3.1）可知通过各节流口的流量分别为

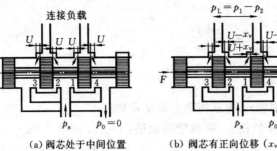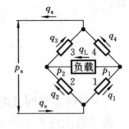

(a) 阀芯处于中间位置　　(b) 阀芯有正向位移 ($x_v > 0$)　　(c) 等效的液压桥路

图 3-8　正开口四凸肩四通圆柱滑阀及等效桥路

$$q_1 = C_d W(U + x_v)\sqrt{\frac{2}{\rho}(p_s - p_1)} \tag{3.21}$$

$$q_2 = C_d W(U - x_v)\sqrt{\frac{2}{\rho}(p_s - p_2)} \tag{3.22}$$

$$q_3 = C_d W(U + x_v)\sqrt{\frac{2}{\rho}p_2} \tag{3.23}$$

$$q_4 = C_d W(U - x_v)\sqrt{\frac{2}{\rho}p_1} \tag{3.24}$$

利用 3.2.2 小节得到的 $p_1 = \frac{1}{2}(p_s + p_L)$ 和 $p_2 = \frac{1}{2}(p_s - p_L)$，并考虑到负载流量 $q_L = q_1 - q_4 = q_3 - q_2$，可得

$$q_L = q_1 - q_4$$
$$= C_d W\sqrt{\frac{1}{\rho}}\left[(U + x_v)\sqrt{p_s - p_L} - (U - x_v)\sqrt{p_s + p_L}\right]$$
$$= C_d W U\sqrt{\frac{p_s}{\rho}}\left[\left(1 + \frac{x_v}{U}\right)\sqrt{1 - \frac{p_L}{p_s}} - \left(1 - \frac{x_v}{U}\right)\sqrt{1 + \frac{p_L}{p_s}}\right] \tag{3.25}$$

或写成

$$\frac{q_L}{C_d W U\sqrt{\frac{p_s}{\rho}}} = \left(1 + \frac{x_v}{U}\right)\sqrt{1 - \frac{p_L}{p_s}} - \left(1 - \frac{x_v}{U}\right)\sqrt{1 + \frac{p_L}{p_s}} \tag{3.26}$$

式(3.26)称为正开口四凸肩四通滑阀的无量纲压力-流量特性方程。利用该方程，画出以 x_v/U 为参变量的正开口四通滑阀的压力-流量曲线，如图 3-9 所示。对比图 3-7 可知：正开口四通滑阀的曲线的线性度要好得多，特别是在原点附近，曲线近似直线；曲线之间相互平行，且间隔均匀。但当正开口四通滑阀工作在正开口区域以外(即 $|x_v| > U$)时，由于同一时间只有两个窗口起控制作用，正开口四通滑阀的压力-流量曲线就和零开口四通滑阀的压力-流量曲线形状相似了。

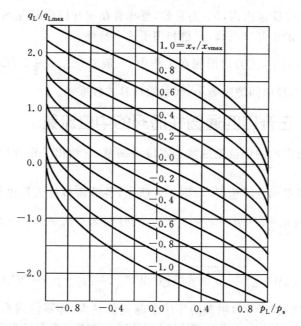

图 3-9　正开口四通滑阀的压力-流量曲线

3.3.2　正开口四通圆柱滑阀的阀系数

正开口四通圆柱滑阀的零位阀系数可通过对式(3.25)进行微分,并在 $x_v = q_L = p_L = 0$ 处求导数值来确定,即

$$K_{q0} = 2C_d W \sqrt{\frac{1}{\rho} p_s} \qquad (3.27)$$

$$K_{c0} = \frac{C_d W U \sqrt{\frac{1}{\rho} p_s}}{p_s} \qquad (3.28)$$

$$K_{p0} = \frac{K_{q0}}{K_{c0}} = \frac{2 p_s}{U} \qquad (3.29)$$

与零开口四通滑阀比较可知:

(1) 当 $|x_v| < U$ 时,正开口阀的流量增益为零开口阀的两倍,这是因为 q_L 由两个节流口一起调节的缘故,方程(3.25)的右边有两项就说明这一点。另一方面,对正开口阀来说,阀口常开,总有流量通过,径向间隙引起的泄漏量总是远小于阀口流量,可以略去,故理论推导的三个零位阀系数都是正确可用的,而且正开口阀的零位阀系数 K_{q0}、K_{c0} 与非零位的阀系数 K_q、K_c 非常近似。从图 3-9 也可以看出正开口阀的特性。但当 $|x_v| > U$ 时,K_{q0} 减半,与零开口阀相同。

(2) K_{c0} 与 W 有关,K_{p0} 与 W 无关,进一步证明并加强了零开口阀分析中所得的结论。

（3）在$|x_v|<U$范围内，K_{p0}为常数，意味着在正开口范围内p_L与x_v成正比，用作控制阀前置级的正开口滑阀，正是利用了这一特性。

需特别说明的是，正开口滑阀在工作中，一般取$x_{vmax}\leq\frac{1}{2}U$，由于四个节流口处于常开状态，因而径向间隙影响小，阀系数计算式较准确。

3.3.3　正开口四通圆柱滑阀的中位流量

正开口四通滑阀的中位流量就是零位泄漏量，它给出了正开口四通滑阀在零位时的功率损耗。

正开口四通滑阀在零位时，如图3-8所示，各节流口的流量也相等，即$q_1=q_2=q_3=q_4$，$q_L=0$，且$q_s=q_c=q_1+q_2=q_3+q_4$，同时有$x_v=p_L=0$，$p_1=p_2=\frac{1}{2}p_s$，$A_1=A_2=WU$，此时

$$q_c=q_1+q_2=C_dWU\sqrt{\frac{2}{\rho}(p_s-p_1)}+C_dWU\sqrt{\frac{2}{\rho}(p_s-p_2)}=2C_dWU\sqrt{\frac{p_s}{\rho}}\quad(3.30)$$

可见U值越大，正开口滑阀的零位泄漏量就越大，即零位阀系数K_{q0}的提高，压力增益与压力-流量特性的线性度的增加，是以大的零位泄漏量为代价的。

3.4　三通圆柱滑阀的特性分析

3.4.1　三通圆柱滑阀的工作原理和设计原则

三通圆柱滑阀有三条外接油路，其中只有一条油路连接负载，必须借助外力才能回程，因此不能控制液压马达，只能控制差动液压缸(不对称液压缸)，其工作原理如图3-10所示。其有杆腔与油源相通，腔内压力不变，恒为油源压力p_s，有杆腔的有效面积为A_r；无杆腔的压力为控制压力p_c，$p_{cmax}=p_s$，无杆腔的有效面积为A_c。设计时，应使得滑阀上升和下降的行程、速度和最大作用力相同。

当滑阀阀芯向下时，阀口1增大，阀口2关小，使控制压力p_c增大，活塞下降，活塞向下的最大作用力为$F_1=p_{cmax}A_c-p_sA_r=p_sA_c-p_sA_r$。反之，当滑阀阀芯向上时，阀口1关小，阀口2增大，使控制压力p_c减小，活塞上升，活塞向上的最大作用力为$F_2=p_sA_r$，此时$p_c=0$。一般希望液压缸双向运动时，最大输出力在两个方向上相等，即$F_1=F_2$，也就是$p_sA_c-p_sA_r=p_sA_r$，则有

$$A_c=2A_r\quad(3.31)$$

滑阀在零位时，阀口1和阀口2面积相同，压降相同，即$p_s-p_{c0}=p_{c0}-p_0$，则

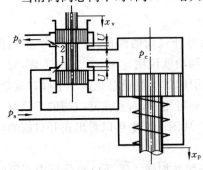

图3-10　三通阀控差动液压缸工作原理

$$p_{c0} = \frac{1}{2}(p_s + p_0) \tag{3.32}$$

这样的设计关系允许控制压力 p_c 升高或下降的范围相等,否则,流量增益呈非线性。

3.4.2　零开口三通圆柱滑阀分析

如图 3-10 所示,当 $U=0$ 时该阀为零开口三通滑阀,只有一个节流窗口 1 或 2 起作用。它的压力-流量方程如下:

(1) 当 $x_v \geqslant 0$ 时,

$$q_L = C_d A_1 \sqrt{\frac{2}{\rho}(p_s - p_c)} = C_d W x_v \sqrt{\frac{2}{\rho}(p_s - p_c)} \tag{3.33}$$

(2) 当 $x_v \leqslant 0$ 时,

$$q_L = -C_d A_2 \sqrt{\frac{2}{\rho} p_c} = C_d W x_v \sqrt{\frac{2}{\rho} p_c} \tag{3.34}$$

写成无量纲形式为

(1) 当 $x_v \geqslant 0$ 时,

$$\frac{q_L}{C_d W x_{vmax} \sqrt{\frac{2}{\rho} p_s}} = \frac{x_v}{x_{vmax}} \sqrt{1 - \frac{p_c}{p_s}} \tag{3.35}$$

(2) 当 $x_v \leqslant 0$ 时,

$$\frac{q_L}{C_d W x_{vmax} \sqrt{\frac{2}{\rho} p_s}} = \frac{x_v}{x_{vmax}} \sqrt{\frac{p_c}{p_s}} \tag{3.36}$$

由式(3.35)和式(3.36)可作出零开口三通滑阀的压力-流量特性曲线,如图 3-11 所示。

零开口三通滑阀的零位工作点可由 $x_v = 0$、$q_L = 0$、$p_{c0} = p_s/2$ 来确定,在这一点求式(3.33)和式(3.34)的导数,就可以得到零开口三通滑阀的零位阀系数:

$$K_{q0} = \frac{\partial q_L}{\partial x_v} = C_d W \sqrt{\frac{p_s}{\rho}} \tag{3.37}$$

$$K_{c0} = -\frac{\partial q_L}{\partial p_L} = C_d W x_v \sqrt{\frac{1}{\rho p_s}} = 0 \tag{3.38}$$

$$K_{p0} = \frac{K_{q0}}{K_{c0}} = \infty \tag{3.39}$$

由此可见:与零开口四通滑阀相比,它们的流量增益相同,零位阀系数的理论值是一样的;而实际上,由于三通阀只有一个阀口泄漏,所以零位泄漏量为实际零开口四通滑阀的一半,它的压力增益也只有实际零开口四通滑阀的一半。反过来说,零开口三通滑阀的常值负载力和摩擦力在系统中引起的稳态误差也是零开口四通滑阀的两倍,这正是零开口三通滑阀的最主要的缺点。因此,零开口三通滑阀最适用于负载

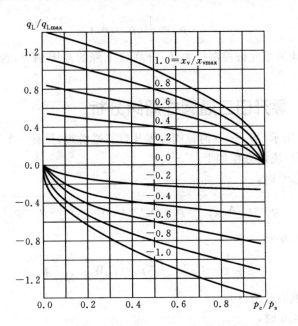

图 3-11　零开口三通滑阀的压力-流量特性曲线

小或允许误差较大的系统。

3.4.3　正开口三通圆柱滑阀分析

如图 3-10 所示，当 $U>0$ 时，流向阀口 1 和阀口 2 的流量分别为

$$q_1 = C_d W(U + x_v)\sqrt{\frac{2}{\rho}(p_s - p_c)} \tag{3.40}$$

$$q_2 = C_d W(U - x_v)\sqrt{\frac{2}{\rho}p_c} \tag{3.41}$$

$$q_L = q_1 - q_2 = C_d W\sqrt{\frac{2}{\rho}}\left[(U + x_v)\sqrt{p_s - p_c} - (U - x_v)\sqrt{p_c}\right]$$

$$= C_d W U\sqrt{\frac{2p_s}{\rho}}\left[\left(1 + \frac{x_v}{U}\right)\sqrt{1 - \frac{p_c}{p_s}} - \left(1 - \frac{x_v}{U}\right)\sqrt{\frac{p_c}{p_s}}\right] \tag{3.42}$$

式（3.42）为正开口三通滑阀压力-流量方程。写成无量纲的形式，有

$$\frac{q_L}{C_d W U\sqrt{\frac{2p_s}{\rho}}} = \left(1 + \frac{x_v}{U}\right)\sqrt{1 - \frac{p_c}{p_s}} - \left(1 - \frac{x_v}{U}\right)\sqrt{\frac{p_c}{p_s}} \tag{3.43}$$

正开口三通滑阀的零位工作点可由 $x_v = 0$、$q_L = 0$、$p_{c0} = p_s/2$ 来确定，在这一点求式（3.33）和式（3.34）的导数值，就可以得到正开口三通滑阀的零位阀系数为

$$K_{q0} = \frac{\partial q_L}{\partial x_v} = 2C_d W\sqrt{\frac{p_s}{\rho}} \tag{3.44}$$

$$K_{c0} = -\frac{\partial q_L}{\partial p_L} = 2C_d WU \sqrt{\frac{1}{\rho p_s}} \qquad (3.45)$$

$$K_{p0} = \frac{K_{q0}}{K_{c0}} = \frac{p_s}{U} \qquad (3.46)$$

由以上分析可知：

（1）只要是正开口滑阀，不论是三通阀还是四通阀，它们的流量增益都相同，均为零开口阀的两倍；

（2）正开口三通阀的压力增益只有正开口四通阀的一半，因为三通阀只有一个阀口受控；

（3）正开口三通阀的流量-压力系数是正开口四通阀的二倍。

另一方面，正开口三通滑阀在零位（$x_v = 0$、$q_L = 0$、$p_{c0} = p_s/2$）时，其泄漏流量为 $q_c = q_s = q_1 = q_2 = C_d WU \sqrt{\frac{2}{\rho}(p_s - p_c)} = C_d WU \sqrt{\frac{p_s}{\rho}}$，虽然只有正开口四通滑阀的一半，但比零开口三通阀大得多。

3.5　滑阀的功率输出及效率

在液压伺服系统中，控制滑阀的效率不是太重要，首要的是系统的性能指标要求，如稳定性、响应速度、精度、线性度等。为满足这些性能指标，往往要牺牲一部分效率指标，例如采用正开口四通滑阀，可提高其线性度和灵敏度，但会导致泄漏增加而降低效率。另外，只有在恒定负载下，效率才可能保持在高值。但在伺服系统中，负载常常是变动的，因而效率也是变化的，故效率不易保持高值。当负载为恒值时除考虑系统性能指标外，也要考虑其经济性。下面就以应用最多的零开口四通滑阀为例，介绍效率的计算方法。

设阀的供油压力为 p_s，供油流量为 q_s，负载压力为 p_L，负载液量为 q_L。则控制滑阀输出功率（负载功率）为

$$P_L = p_L q_L \qquad (3.47)$$

输入功率为

$$P_s = p_s q_s \qquad (3.48)$$

所以，其效率为

$$\eta = \frac{p_L q_L}{p_s q_s} \qquad (3.49)$$

当零开口四通滑阀（图 3-6(b)）给阀芯一个正位移 x_v 时，其流量方程用下式表示，即

$$q_L = C_d W x_v \sqrt{\frac{1}{\rho}(p_s - p_L)} \qquad (3.50)$$

滑阀输出功率为

$$P_L = p_L q_L = p_L C_d W x_v \sqrt{\frac{1}{\rho}(p_s - p_L)} = C_d W x_v p_s \sqrt{\frac{p_s}{\rho}} \cdot \left(\frac{p_L}{p_s}\right) \sqrt{1 - \frac{p_L}{p_s}} \quad (3.51)$$

两边除以 $C_d W x_v p_s \sqrt{\frac{p_s}{\rho}}$ 将方程变为无量纲的形式,所绘出的曲线如图 3-12 所示。可以看出,当 $p_s = p_L$ 时,输出功率 $P_L = 0$,因为这时滑阀的控制窗口两边无剩余压差产生的流量去推动执行元件运动,所以执行元件不会动。当 $p_L = 0$ 时,负载并不要求功率输出,所以功率也为零。在 $p_L = p_s$ 和 $p_L = 0$ 之间应有一个最大功率值。求取方法如下。

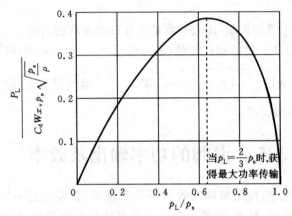

图 3-12 负载功率随负载压力变化的无量纲曲线

将式(3.51)对 p_L 求导数,再令其为零,得

$$\frac{\partial P_L}{\partial p_L} = \frac{\partial}{\partial p_L}\left[C_d W x_v p_L \sqrt{\frac{1}{\rho}(p_s - p_L)}\right] = C_d W x_v \left[\frac{2(p_s - p_L) - p_L}{2\sqrt{\frac{1}{\rho}(p_s - p_L)}}\right] = 0$$

即分子为零,$2(p_s - p_L) - p_L = 0$,则

$$p_L = \frac{2}{3}p_s \quad (3.52)$$

这和无量纲曲线极值是一致的,即当加于负载两端压力差为供油压力 2/3 时,阀输出最大功率。但由于 p_L 是经常变化的,在整个过程中只有一段时间 $p_L = \frac{2}{3}p_s$。因此,传送给负载的功率通常不是最大值。所以上述关系式的应用是有条件的,即在工作过程中外负载要基本不变。这时可把它作为一般设计准则。当 $p_L = \frac{2}{3}p_s$ 时,阀最大输出功率为

$$P_{Lmax} = \frac{C_d W x_{vmax}}{\sqrt{\rho}}\sqrt{\frac{4}{27}p_s^3} \quad (3.53)$$

整个系数的效率与能源形式及管道损失有关。下面分析一下当功率输出最大时,采用定量泵能源和变量泵能源的伺服系统的效率。

1. 采用定量泵-溢流阀恒压能源

当忽略管道压力损失时,则供油压力 p_s 和供油量 q_s 是不变的。q_s 最小不得小于控制阀最大输出负载流量 q_{Lmax},即

$$q_s \geqslant q_{Lmax} = C_d W x_{vmax} \sqrt{\frac{p_s}{\rho}} \qquad (3.54)$$

这样,液压伺服系统输入功率 $P_s = p_s q_s$ 为恒值。故当输出 P_L 最大时,整个伺服系统的效率最高,即

$$\eta = \frac{p_L q_L}{p_s q_s} = \frac{\frac{2}{3} p_s C_d W x_{vmax} \sqrt{\frac{1}{\rho}\left(p_s - \frac{2}{3}p_s\right)}}{p_s C_d W x_{vmax} \sqrt{p_s/\rho}} = \frac{2}{3} \times 57.7\% = 38\%$$

2. 采用变量泵恒压能源

采用变量泵恒压能源,可以把它输出的流量 q_s 调整成正好满足要求的负载流量 q_s,即 $q_s = q_L$。对于零开口四通滑阀,输出功率最大时的效率为

$$\eta = \frac{p_L q_L}{p_s q_s} = \frac{\frac{2}{3} p_s q_s}{p_s q_s} = \frac{2}{3} \approx 66.7\% \qquad (3.55)$$

比较式(3.54)和式(3.55)可知,定量泵-溢流阀能源效率虽低,但由于其结构简单,成本低,维护方便,故仍得到了广泛应用。

因当 $p_L = \frac{2}{3}p_s$ 时,整个伺服系统效率最高,阀输出功率最大,故通常把 $p_L = \frac{2}{3}p_s$ 作为设计控制阀负载压力的一个准则。

从计算结果来看,两种能源系统的效率都不高,尤其是定量泵-溢流阀恒压能源系统。效率低即能源损失大,温度升高幅度大,这一点必须考虑。但效率毕竟不是液压伺服系统设计和工作的主要考虑因素。对液压控制阀来说,我们非常希望它有抵抗干扰影响而保持给定位置的能力。正如前面说到的:稳定性、响应速度、精度、刚度等比起效率来更为重要。这是控制系统中的一般规律。通常控制过程中所包含的功率,要比为达到控制目的所需的功率大得多。

3.6　喷嘴挡板阀的特性分析

喷嘴挡板阀是另一类液压控制阀。单喷嘴挡板阀相当于一个三通阀,可以控制差动液压缸;双喷嘴挡板阀相当于一个四通阀,可以控制双作用液压缸。本节将分析喷嘴挡板阀的流量-压力特性、阀系数等。

3.6.1　单喷嘴挡板阀的分析

1. 单喷嘴挡板阀的工作原理

图 3-13 所示为单喷嘴挡板阀及其等效桥路。单喷嘴挡板阀相当于一个三通阀,

和三通滑阀一样有三个通油口：一个接通能源 p_s；一个是回油溢流口，通油箱；第三个是控制口，通液压缸。只是三通滑阀的两个节流口都是可变节流口，喷嘴挡板阀的节流口一个是节流面积不变的固定节流口，另一个是喷嘴可变的节流口。

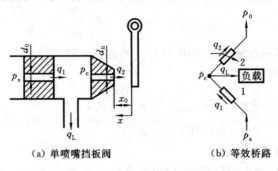

（a）单喷嘴挡板阀　　　　　　　（b）等效桥路

图 3-13　单喷嘴挡板阀及其等效桥路

由图 3-13 可知：压力为 p_s 的油源通过直径为 d_0 的固定节流口进入控制腔，q_1 为流入控制腔的流量，控制腔的压力为 p_c；然后再经过喷嘴尖端部与挡板之间的间隙流至溢流空间，由喷嘴流出的流量为 q_2，同时从控制腔输出到负载中的流量为 q_L。

2. 单喷嘴挡板阀切断负载时的压力特性

假定喷嘴与挡板的间距的初始值为 x_0，当挡板按图 3-13(a)所示方向移动 x 后，喷嘴与挡板间的距离为 $x_0 - x$，此距离是很小的。喷嘴喷口直径为 d_n，喷口圆周与距离 $(x_0 - x)$ 所形成的圆柱面积 $\pi d_n x_0 - x$ 就是喷嘴节流面积。改变 x，即改变喷嘴节流面积，就可以调节由喷嘴流出的流量 q_2，从而改变控制腔的控制压力 p_c 和负载流量 q_L。

根据流量连续方程有

$$q_L = q_1 - q_2 \tag{3.56}$$

$$q_1 = C_{d0} A_0 \sqrt{\frac{2}{\rho}(p_s - p_c)} \tag{3.57}$$

$$q_2 = C_{df} \pi d_n (x_0 - x) \sqrt{\frac{2}{\rho} p_c} \tag{3.58}$$

式中　A_0 为固定节流口面积，$A_0 = \frac{\pi}{4} d_0^2$；$C_{d0}$ 为固定节流口的流量系数；C_{df} 为喷嘴挡板口的流量系数。

把式(3.57)和式(3.58)代入式(3.56)中，得单喷嘴挡板阀的压力-流量特性方程为

$$q_L = C_{d0} A_0 \sqrt{\frac{2}{\rho}(p_s - p_c)} - C_{df} \pi d_n (x_0 - x) \sqrt{\frac{2}{\rho} p_c} \tag{3.59}$$

令 $q_L = 0$，由式(3.59)得：$C_{d0} A_0 \sqrt{\frac{2}{\rho}(p_s - p_c)} = C_{df} \pi d_n (x_0 - x) \sqrt{\frac{2}{\rho} p_c}$，即

$$\frac{p_c}{p_s} = \frac{1}{1 + \left(\dfrac{C_{df} \pi d_n x_0}{C_{d0} A_0}\right)^2 \left(1 - \dfrac{x}{x_0}\right)^2} \tag{3.60}$$

由于 $x \ll x_0$，对式(3.60)进一步简化，可得

$$\frac{p_c}{p_s} = \frac{1}{1 + \left(\dfrac{C_{df} \pi d_n x_0}{C_{d0} A_0} \right)^2}$$　　　　　(3.61)

式(3.61)称为单喷嘴挡板阀切断负载时的压力特性方程。它是负载流量为零时，控制压力 p_c 与油源压力 p_s 之比与喷嘴挡板间缝隙的节流面积与固定节流孔的面积之比的关系方程。单喷嘴挡板阀切断负载时的压力特性曲线如图 3-14 所示。

由图 3-14 可知，单喷嘴挡板阀具有良好的压力灵敏度，一般要求控制压力 $p_c = \frac{1}{2} p_s$，即要求单喷嘴挡板阀应满足条件 $\dfrac{C_{df} \pi d_n x_0}{C_{d0} A_0} = 1$，通常以这个条件作为设计原则。

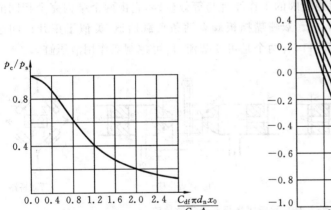

图 3-14　单喷嘴挡板阀切断负载时的特性曲线　　　图 3-15　单喷嘴挡板阀的压力-流量曲线

3. 单喷嘴挡板阀的压力-流量特性

将式(3.59)除以因数 $C_{d0} A_0 \sqrt{\dfrac{2}{\rho} p_s}$，可得

$$\frac{q_L}{C_{d0} A_0 \sqrt{\dfrac{2}{\rho} p_s}} = \frac{C_{d0} A_0 \sqrt{\dfrac{2}{\rho}(p_s - p_c)} - C_{df} \pi d_n (x_0 - x) \sqrt{\dfrac{2}{\rho} p_c}}{C_{d0} A_0 \sqrt{\dfrac{2}{\rho} p_s}}$$

$$= \sqrt{1 - \frac{p_c}{p_s}} - \left(1 - \frac{x}{x_0} \right) \sqrt{\frac{p_c}{p_s}}$$　　　　　(3.62)

式(3.62)就是单喷嘴挡板阀的压力-流量曲线无量纲方程，对应的曲线如图 3-15 所示。

4. 单喷嘴挡板阀的阀系数

对负载流量方程取导数,在零位($x=0$,$q_L=0$,$p_c=\dfrac{1}{2}p_s$)时各系数的值为

$$K_{q0}=C_{df}\pi d_n\sqrt{\frac{1}{\rho}p_s} \tag{3.63}$$

$$K_{c0}=\frac{2C_{df}\pi d_n x_0}{\sqrt{\rho p_s}}=\frac{2x_0 K_{q0}}{p_s} \tag{3.64}$$

$$K_{p0}=\frac{K_{q0}}{K_{c0}}=\frac{p_s}{2x_0} \tag{3.65}$$

单喷嘴挡板阀的零位泄漏流量为

$$q_c=C_{df}\pi d_n x_0\sqrt{\frac{1}{\rho}p_c} \tag{3.66}$$

3.6.2 双喷嘴挡板阀的分析

1. 双喷嘴挡板阀的工作原理

图 3-16 所示为双喷嘴挡板阀的工作原理与等效桥路,它由两个结构完全相同的单喷嘴共用一个挡板组合而成。双喷嘴挡板阀有两条负载通道,类似于正开口四通阀,有两个节流口为固定节流口,有两个是可变节流口,可控制双作用液压缸。

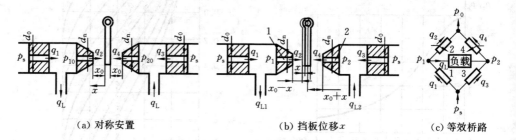

(a) 对称安置   (b) 挡板位移 x (c) 等效桥路

图 3-16 双喷嘴挡板阀及等效桥路

1—节流口 1   2—节流口 2

当挡板正好位于两喷嘴间的中心位置时,挡板与两个喷嘴口的距离都是 x_0。这时两喷嘴控制腔的压力 $p_1=p_2$,称为零位压力,可写成 $p_{10}=p_{20}$,此时相当于两个同样的单喷嘴挡板阀对称安置,如图 3-16(a)所示。

当挡板偏离零位后,设挡板位移 x,如图 3-16(b)所示,则节流口 1 的节流面积减小,左喷嘴控制腔的压力 p_1 升高,而节流口 2 的节流面积增大,右喷嘴控制腔的压力 p_2 降低,这样就有负载压力 p_L 输出,为了简化起见,假设负载的有效作用面积相同,即 $p_L=p_1-p_2$。同时左喷嘴控制腔输出流量 q_{L1},右喷嘴控制腔输入流量 q_{L2},称为回油流量,也经节流口 2 流出,且 $q_{L1}=q_{L2}$。

2. 双喷嘴挡板阀切断负载时的压力特性

将通负载液压缸的控制口堵死,即取 $q_L=q_{L1}=q_{L2}=0$,那么当输入挡板位移 x

后,只有压力 p_L 输出,就可得到 $p_L = f(x)$ 的压力特性。此时双喷嘴挡板阀即为两个完全相同的单喷嘴挡板阀,为简便起见,取 $p_{10} = p_{20} = \dfrac{1}{2} p_s$,$\dfrac{C_{df} \pi d_n x_0}{C_{d0} A_0} = 1$,利用式 (3.59) 得

$$\frac{p_1}{p_s} = \frac{1}{1 + \left(1 - \dfrac{x}{x_0}\right)^2} \tag{3.67}$$

$$\frac{p_2}{p_s} = \frac{1}{1 + \left(1 + \dfrac{x}{x_0}\right)^2} \tag{3.68}$$

两式相减得

$$\frac{p_L}{p_s} = \frac{p_1 - p_2}{p_s} = \frac{1}{1 + \left(1 - \dfrac{x}{x_0}\right)^2} - \frac{1}{1 + \left(1 + \dfrac{x}{x_0}\right)^2} \tag{3.69}$$

　　式 (3.69) 就是双喷嘴挡板阀的压力特性方程。根据此方程作出图 3-17 所示的压力特性曲线。

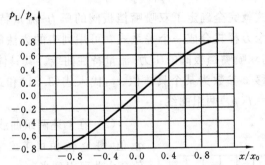

图 3-17　双喷嘴挡板阀的压力特性曲线

　　从图 3-17 可见,在零位附近线性度较好,而且特性曲线的斜率也较大,这意味着灵敏度高。

3. 双喷嘴挡板阀的压力-流量特性

根据图 3-16 所示各流量的流向关系,可写出各流量方程

$$q_{L1} = q_1 - q_2$$

$$q_{L2} = q_4 - q_3$$

$$q_{L1} = q_{L2} = q_L$$

$$q_1 = C_{d0} A_0 \sqrt{\frac{2}{\rho} (p_s - p_1)}$$

$$q_2 = C_{df} \pi d_n (x_0 - x) \sqrt{\frac{2}{\rho} p_1}$$

$$q_3 = C_{d0} A_0 \sqrt{\frac{2}{\rho} (p_s - p_2)}$$

$$q_4 = C_{df}\pi d_n(x_0+x)\sqrt{\frac{2}{\rho}p_2}$$

这七个方程可合并为

$$q_L = C_{d0}A_0\sqrt{\frac{2}{\rho}(p_s-p_1)} - C_{df}\pi d_n(x_0-x)\sqrt{\frac{2}{\rho}p_1} \tag{3.70}$$

$$q_L = C_{df}\pi d_n(x_0+x)\sqrt{\frac{2}{\rho}p_2} - C_{d0}A_0\sqrt{\frac{2}{\rho}(p_s-p_2)} \tag{3.71}$$

为了使阀在零位时有最大的压力灵敏度，使 $\frac{C_{df}\pi d_n x_0}{C_{d0}A_0}=1$，代入式（3.70）和式（3.71），并将所得方程化为无量纲方程式，即

$$\frac{q_L}{C_{d0}A_0\sqrt{2p_s/\rho}} = \sqrt{1-\frac{p_1}{p_s}} - \frac{C_{df}\pi d_n x_0}{C_{d0}A_0}\left(1-\frac{x}{x_0}\right)\sqrt{\frac{p_1}{p_s}} \tag{3.72}$$

$$\frac{q_L}{C_{d0}A_0\sqrt{2p_s/\rho}} = \frac{C_{df}\pi d_n x_0}{C_{d0}A_0}\left(1+\frac{x}{x_0}\right)\sqrt{\frac{p_2}{p_s}} - \sqrt{1-\frac{p_2}{p_s}} \tag{3.73}$$

$$p_L = p_1 - p_2 \tag{3.74}$$

上述三个方程式就完全确定了双喷嘴挡板阀的压力-流量特性曲线。但不能用简单方法将以上三个方程式合成一个关系式。可用列表的方法解这三个方程，从而得到图 3-18 所示的双喷嘴挡板阀的压力-流量特性曲线。其具体方法可以是：

（1）先设定位移 x 参数为某个具体值 x_1，代入式（3.71）和式（3.72）中，分别求得 $q_L=f(p_1)$ 及 $q_L=f(p_2)$ 两组曲线；

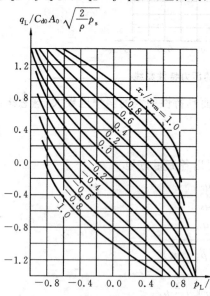

图 3-18　双喷嘴挡板阀的压力-流量特性曲线

（2）在上述两组曲线上取一系列不同的 q_L 值，每个 q_L 值可求出 p_1 及 p_2 值，即得 p_L 值。由此可得到当 $x=x_1$ 时的 q_L-p_L 曲线；

（3）再取 x 为另一个具体值 x_2，重复上述两个步骤，可得 $x=x_2$ 时的 q_L-p_L 曲线。

4. 双喷嘴挡板阀的阀系数

为了求得零位阀系数，可将式（3.70）和式（3.71）在零位附近线性化，并考虑零位条件 $x=0$，$p_1=p_2=\frac{1}{2}p_s$，$q_L=0$，可得

$$\Delta q_L = C_{df}\pi d_n\sqrt{\frac{p_s}{\rho}}\Delta x - \frac{2C_{df}\pi d_n x_0}{\sqrt{\rho p_s}}\Delta p_1 \tag{3.75}$$

$$\Delta q_L = C_{df}\pi d_n\sqrt{\frac{p_s}{\rho}}\Delta x + \frac{2C_{df}\pi d_n x_0}{\sqrt{\rho p_s}}\Delta p_2 \tag{3.76}$$

两式相加后除以 2,并考虑 $\Delta p_{\mathrm{L}} = \Delta p_1 - \Delta p_2$,得

$$\Delta q_{\mathrm{L}} = C_{\mathrm{df}} \pi d_{\mathrm{n}} \sqrt{\frac{p_{\mathrm{s}}}{\rho}} \Delta x - \frac{C_{\mathrm{df}} \pi d_{\mathrm{n}} x_0}{\sqrt{\rho p_{\mathrm{s}}}} \Delta p_{\mathrm{L}} \tag{3.77}$$

式(3.77)称为双喷嘴挡板阀的线性化稳态方程。因此双喷嘴挡板阀的零位阀系数分别为

$$K_{\mathrm{q}0} = C_{\mathrm{df}} \pi d_{\mathrm{n}} \sqrt{\frac{1}{\rho} p_{\mathrm{s}}} \tag{3.78}$$

$$K_{\mathrm{c}0} = \frac{C_{\mathrm{df}} \pi d_{\mathrm{n}} x_0}{\sqrt{\rho p_{\mathrm{s}}}} \tag{3.79}$$

$$K_{\mathrm{p}0} = \frac{K_{\mathrm{q}0}}{K_{\mathrm{c}0}} = \frac{p_{\mathrm{s}}}{x_0} \tag{3.80}$$

将双喷嘴挡板阀的三个零位阀系数与单喷嘴挡板阀的相比较,可知两者的流量增益是相同的,而双喷嘴挡板阀的压力增益比单喷嘴挡板阀的高一倍。当然,压力增益的增大是以零位泄漏量的增大为代价的。同时双喷嘴挡板阀的两个喷嘴是对称设置的,在零位时作用在挡板上的压力也是平衡的,因此使得因温度和供油压力变化而产生的零漂移减小了。

双喷嘴挡板阀的三个零位阀系数与正开口滑阀的阀系数相比较,其形式是相同的,不同的是 πd_{n} 相当于 W,x_0 相当于 U,且正开口滑阀的 $K_{\mathrm{q}0}$ 和 $K_{\mathrm{p}0}$ 均为双喷嘴挡板阀的两倍。

需要注意,以上推导采用了 $p_{10} = p_{20} = p_{\mathrm{s}}/2$ 这一条件,所以式子比较简单。如果不符合这个条件,阀系数的值也会有所变化。不过零位压力一般在 $0.5 p_{\mathrm{s}} \sim 0.6 p_{\mathrm{s}}$ 附近,初步估算时可以运用这些公式计算零位阀系数。

喷嘴挡板阀的输入量都是挡板位移 x,它由前一级元件直接带动挡板移动。挡板一般都悬挂于溢流腔中,体积极小,故挡板移动时没有或几乎没有摩擦,因而动作灵敏。

又由于喷嘴节流口及固定节流口都是常开的,相当于正开口阀,故损失大,只适用于作前置放大元件或功率极小的功率放大元件。

3.7 射流管阀的特性分析

3.7.1 射流管阀的工作原理

图 3-19 所示为射流管阀的工作原理图,其主要组成有射流管 1 和接收器 3。射流管 1 可以绕支承中心 O 转动。接收器 3 上有两个圆形斜孔,分别与液压缸两腔连接。油源的压力和流量均为恒值,液压油通过支承中心 O 处进入射流管 1,经管口向接收器 3 喷射。由于能源压力不变,液体稳定地从射流管高速喷出,高压液体的压力

能转化为高速液体的动能。高速液体喷射进接收小孔后,小孔中的压力升高,这时射流的动能又转化为压力能。

　　无信号输入时,对中弹簧使得射流管喷口对准两接收小孔的正中,两接收小孔接收到的喷射能量相等,两小孔中的压力也相等,接收器两孔的输出的压力也相等,即 $p_{10}=p_{20}$。图 3-20 中的两个大圆表示接收器表面上的两个接收小孔,中间的虚线圆表示射流管在零位时的喷口位置。当有信号输入时,射流管偏转 θ_i 后,喷口偏移 x_v。这时喷口喷射出来的流体,进入接收器左小孔的能量大于右小孔的能量,因此左小孔的压力 p_1 升高,右小孔的压力 p_2 降低。p_1 大于 p_2 使负载压力 p_L 产生,推动液压缸向右运动。

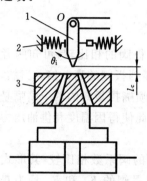
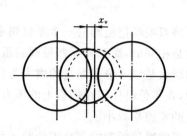

图 3-19　射流管阀的原理图　　　　　图 3-20　接收器小孔与喷口面积重叠示意图
1—射流器　2—对中弹簧　3—接收器

　　从射流管喷出射流有非淹没射流和淹没射流两种。非淹没射流是指从射流管喷出的液体先穿过空气,并分裂成含气的雾状射流,再到达接收器的表面。淹没射流是指从射流管喷出的液体通过充满同密度的液体的空间到达接收器的表面。淹没射流不会出现雾状现象,也不会有空气进入运动的液体中,因此淹没射流具有最佳的流动条件,广泛应用于射流管阀中。

　　无论是淹没射流还是非淹没射流,一般都是紊流。流束质点除有轴向运动外,还有横向运动。流束与其周围介质的接触表面有能量交换,有些介质分子会吸附进流束而随流束一起运动,从而使得流束的质量增加而速度降低。介质分子掺杂进流束的现象是从流束表面开始逐渐向中心渗透的,所以,当流束刚离开喷口时,流束中有一个速度等于喷口速度的等速核心,等速核心区随喷射距离的增加而减小,如图3-21所示。根据圆形喷口紊流淹没射流理论可以计算出,当射流距离 $l_0 \geqslant 4.19 D_n$(D_n 为喷口直径)时,等速核心区消失。因此为了充分利用射流的动能,一般应使喷嘴端面与接收器表面之间的距离 $l_c \leqslant l_0$。

3.7.2　射流管阀的静特性

　　由于射流管阀中的射流速度很高且流动比较复杂,因此射流管阀的特性难以通

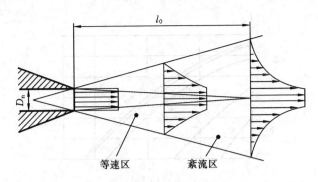

图 3-21　紊流淹没射流的速度变化

过设计来确定,多采用经验和实验的办法获得。

1. 流量特性

在负载压力 $p_L=0$ 时,负载流量 q_L 与射流管端面位移之间的关系称为流量特性,其实验曲线如图 3-22 所示。实验条件为:供油压力 $p_s=6\times10^5$ Pa,喷嘴直径 $D_n=1.2\times10^{-3}$ m。流量特性曲线在原点的斜率就是零位流量增益 K_{q0}。

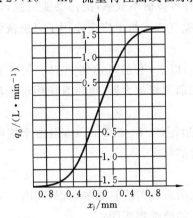

图 3-22　射流管阀的流量特性

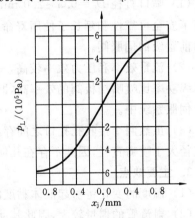

图 3-23　射流管阀的压力特性

2. 压力特性

切断负载时,即 $q_L=0$,两个接收孔的压力之差(负载压力)与射流管端面位移之间的关系称为压力特性,其实验曲线如图 3-23 所示。实验条件为:供油压力 $p_s=6\times10^5$ Pa,喷嘴直径 $D_n=1.2\times10^{-3}$ m。压力特性曲线在原点的斜率就是零位压力增益 K_{p0}。

3. 压力-流量特性

射流管阀的压力-流量特性是指在不同的射流管端面位移的情况下,负载流量与负载压力在稳态下的关系,其实验曲线如图 3-24 所示。实验条件是:供油压力 $p_s=5.8\times10^5$ Pa,喷嘴直径 $D_n=1.2\times10^{-3}$ m,接收孔直径 $D_0=1.5\times10^{-3}$ m。射流管阀的压力-流量特性曲线在原点的斜率就是零位流量-压力系数 K_{c0},其中 $K_{c0}=$

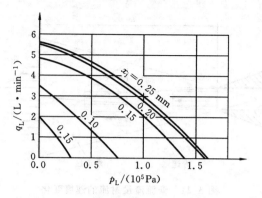

图 3-24　射流管阀的压力-流量特性

K_{q0}/K_{p0}。

3.7.3　射流管阀的特点及应用

1. 主要优点

（1）喷口直径 $D_0 = 0.5 \sim 2.0$ mm，对油液的污染很不敏感，抗污染能力强，因而提高了安全可靠性和延长了使用寿命。在许多喷气式飞机上广泛使用了以射流管阀作为前置级的伺服阀。

（2）流量效率和压力效率较高，一般在 70% 以上，有的可达到 90%。射流管阀的单级功率比喷嘴挡板阀的效率高，既可以作为前置级放大器，也可直接用于小功率液压伺服系统中。

（3）虽然两个接收孔孔口之间存在很小的边距（0.1~0.2 mm），但由于接收孔的直径大于喷嘴直径，因此不存在几何尺寸引起的死区。

2. 主要缺点

（1）温度的变化将引起液体黏度的变化，从而影响射流管阀的动态特性；

（2）射流管的惯量较大，因此其动态特性不如喷嘴挡板阀；

（3）特性不易预测，设计时需要借助于经验和实验来确定；

（4）零位泄漏流量大，零位功率损耗大。

思考题及习题

3-1　为什么把液压控制阀称为伺服阀或液压放大器？

3-2　试比较三通滑阀与四通滑阀，单喷嘴挡板阀与双喷嘴挡板阀，滑阀与喷嘴挡板阀的优缺点。

3-3　试比较零开口与正开口滑阀、三通与四通滑阀三个阀系数的异同，其原因为何？

3-4　为什么说滑阀中三凸肩四通零开口滑阀最好，又为什么不都采用这种阀？

3-5　试述阀系数的物理意义。阀系数对伺服系统有哪些影响?

3-6　伺服阀有精确的流量方程如 $q_L = C_d W x_v \sqrt{\dfrac{1}{\rho}(p_s - p_L)}$，为何又使之线性化为 $q_L = K_q x_v - K_c p_L$?

3-7　某零开口四通滑阀,全周开口,已知:供油压力 $p_s = 21 \times 10^6$ Pa,阀芯直径 $d = 10 \times 10^{-3}$ m,最大行程 $x_v = 0.9 \times 10^{-3}$ m,半径间隙 $\delta = 6 \times 10^{-6}$ m,油的动力黏度 $\mu = 174 \times 10^{-4}$ Pa·s,油的密度 $\rho \approx 870$ kg/m³,流量系数 $C_d \approx 0.61$,试计算空载流量 q_{L0} 及零位阀系数 K_{q0}、K_{c0}、K_{p0}。

(参考答案:$q_{L0} = 2.68 \times 10^{-3}$ m³/s;$K_{q0} = 2.98$ m²/s、$K_{c0} = 6.38 \times 10^{-12}$ m³/s·Pa、$K_{p0} = 4.67 \times 10^{11}$ Pa/m)

3-8　有一正开口量 $U = 0.015$ mm 的四通滑阀,非全周开口,$W = 10$ mm,油的密度 $\rho \approx 870$ kg/m³,流量系数 $C_d \approx 0.61$,供油压力 $p_s = 21 \times 10^6$ Pa,试求零位工作点的线性化流量方程。

(参考答案:$q_L = 1.895 x_v - 6.769 \times 10^{-3} p_L$)

3-9　全周开口的零开口四通滑阀的最大空载流量为 2.5×10^{-4} m³/s,供油压力 $p_s = 14 \times 10^6$ Pa,阀的流量增益为 2 m²/s,流量系数 $C_d \approx 0.62$,油的密度 $\rho \approx 900$ kg/m³,试求阀芯直径及最大开口量。

3-10　题 3-9 中滑阀,若其阀芯与阀套的径向间隙为 0.05 mm,油液的运动黏度为 $\nu = 30 \times 10^{-6}$ m²/s,试写出该阀在零位工作点的线性化流量方程。

液压动力机构

液压动力机构由液压控制元件、执行元件和负载组成,又称液压动力元件。它是液压伺服系统中不可缺少的组成部分,它的动态特性对大多液压伺服系统的性能有着决定性的影响,其传递函数是分析整个液压伺服系统的基础。

液压动力元件可以分为四种基本形式:阀控液压缸、阀控液压马达、泵控液压缸及泵控液压马达。其中阀控系统又称节流控制系统,它是通过液压控制阀来控制从油源流入执行元件的流量,从而改变执行元件的输出速度的。这种系统通常采用恒压油源,使供油压力恒定。泵控系统又称容积控制系统,它是靠改变伺服变量泵的排量来改变流入执行元件的流量,进而改变执行元件的输出速度的。这种系统的压力取决于负载。

以上四种液压动力元件虽然结构各不相同,但其特性是类似的。因此,本章着重分析四通阀控液压缸的特性,对其他各种动力元件都可以与四通阀控液压缸的特性类比,以掌握其各自的特性。

4.1   四通阀控液压缸

图 4-1 所示为阀控系统中最常见的动力机构,由零开口四通滑阀和对称液压缸组成。这种阀控系统的动态特性取决于控制阀和液压缸的动态特性,并与系统负载有关。假定系统负载由质量、弹簧和黏性阻尼组成,且系统为单自由度系统。

4.1.1   四通阀控液压缸的基本方程

1. 滑阀流量方程

根据第 3 章液压控制阀的分析,可直接给出图 4-1 所示四通滑阀的线性化流量方程为

$$q_L = K_q x_v - K_c p_L \tag{4.1}$$

式中 q_L 为负载流量。

$$q_L = \frac{1}{2}(q_1 + q_2) \quad (由于泄漏导致 q_1 \neq q_2) \tag{4.2}$$

式中　p_L 为负载压力，$p_L = p_1 - p_2$；x_v 为滑阀阀芯的位移；K_q 为流量增益；K_c 为压力-流量系数。

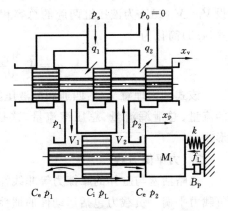

其中流量增益 K_q 及压力-流量系数 K_c 的计算参考第 3 章。液压控制系统动态分析经常是选在零位条件下进行分析，此时就采用零位阀系数 K_{q0} 及 K_{c0}。

2. 液压缸连续性方程

在液压缸连续性方程的分析中，假定阀与液压缸的连接管道对称，且所有连接管道短而粗，管道中的压力损失、流体质量

图 4-1　四通阀控液压缸原理图

影响和管道动态可以忽略；液压缸每个工作腔内压力处处相等，油温和体积弹性模量为常数；液压缸内、外泄漏均为层流流动。

由图 4-1 可知：从阀进入液压缸左腔的流量 q_1 除了推动活塞运动外，还要补偿液体的压缩和管道等的膨胀所需之流量，补偿液压缸的内、外泄漏所需之流量，即

$$q_1 = A_p \frac{\mathrm{d}x_p}{\mathrm{d}t} + \frac{V_1}{\beta_e} \frac{\mathrm{d}p_1}{\mathrm{d}t} + C_i(p_1 - p_2) + C_e p_1 \tag{4.3}$$

式中　A_p 为活塞面积；x_p 为活塞位移；$A_p \dfrac{\mathrm{d}x_p}{\mathrm{d}t}$ 为活塞运动所需之流量；$\dfrac{V_1}{\beta_e}\dfrac{\mathrm{d}p_1}{\mathrm{d}t}$ 为补偿液体的压缩和管道等的膨胀所需之流量；V_1 为进油腔容积；β_e 为油液弹性模量，一般设计中取 $\beta_e \approx 6.9 \times 10^8$ Pa；$C_i(p_1 - p_2)$ 为补偿液压缸的内泄漏所需之流量；C_i 为液压缸内泄漏系数；$C_e p_1$ 为补偿液压缸的外泄漏所需之流量；C_e 为液压缸外泄漏系数；p_1 为液压缸左腔压力；p_2 为液压缸右腔压力。

同理，从液压缸右腔流出的流量 q_2 为

$$q_2 = A_p \frac{\mathrm{d}x_p}{\mathrm{d}t} + C_i(p_1 - p_2) - \frac{V_2}{\beta_e}\frac{\mathrm{d}p_2}{\mathrm{d}t} - C_e p_2 \tag{4.4}$$

式中　V_2 为回油腔容积。

由式(4.2)至式(4.4)得

$$q_L = A_p \frac{\mathrm{d}x_p}{\mathrm{d}t} + \frac{1}{2\beta_e}\left(V_1 \frac{\mathrm{d}p_1}{\mathrm{d}t} - V_2 \frac{\mathrm{d}p_2}{\mathrm{d}t}\right) + C_i(p_1 - p_2) + \frac{C_e}{2}(p_1 - p_2) \tag{4.5}$$

由第 3 章可知

$$p_2 = \frac{1}{2}(p_s - p_L), \quad p_1 = \frac{1}{2}(p_s + p_L), \quad \frac{\mathrm{d}p_1}{\mathrm{d}t} = \frac{1}{2}\frac{\mathrm{d}p_L}{\mathrm{d}t} = -\frac{\mathrm{d}p_2}{\mathrm{d}t}$$

则

$$V_1 \frac{\mathrm{d}p_1}{\mathrm{d}t} - V_2 \frac{\mathrm{d}p_2}{\mathrm{d}t} = \frac{1}{2}(V_1 + V_2)\frac{\mathrm{d}p_L}{\mathrm{d}t} = \frac{V_t}{2}\frac{\mathrm{d}p_L}{\mathrm{d}t}$$

设 $V_t=V_1+V_2$ 为液压缸两腔的总容积,是常数;$C_t=C_i+C_e/2$ 为总泄漏系数,可将式(4.5)简化为

$$q_L=A_p\frac{\mathrm{d}x_p}{\mathrm{d}t}+\frac{V_t}{4\beta_e}\frac{\mathrm{d}p_L}{\mathrm{d}t}+C_t p_L \tag{4.6}$$

　　该式的物理意义是:四通阀控液压缸的负载流量包含推动液压缸活塞运动所需的流量、总泄漏流量、总压缩流量,这是所有液压动力元件流量连续性方程的基本形式。

3. 力平衡方程

　　忽略活塞与缸体的摩擦力等非线性负载及油液质量的影响,液压缸的输出力与负载力平衡。负载力包括运动件的惯性力、运动件的黏性摩擦力、弹性负载力及其他负载力。由图 4-1 得

$$A_p p_L=M_t\frac{\mathrm{d}^2 x_p}{\mathrm{d}t^2}+B_p\frac{\mathrm{d}x_p}{\mathrm{d}t}+kx_p+f_L \tag{4.7}$$

式中　M_t 为活塞及由负载折算至活塞上的总质量;B_p 为活塞及负载等运动件的黏性阻尼系数;k 为负载运动时的弹簧刚度;f_L 为作用在活塞上的其他负载力。

　　式(4.1)、式(4.6)和式(4.7)称为四通阀控液压动力机构的基本方程,它们确定了系统的动态特性。注意,式中各随时间变化的物理量表示在初始状态下的增量。可以证明:在初始状态下,液体压缩性影响最大、液压刚度最小、动力元件固有频率最低、阻尼比最小,系统稳定性最差。即初始状态点是一个最不利的工作点。

4.1.2　四通阀控液压缸的方框图与传递函数

1. 四通阀控液压缸的方框图

将式(4.6)和式(4.7)经拉普拉斯变换得

$$Q_L=A_p s X_p+\left(\frac{V_t}{4\beta_e}s+C_t\right)P_L \tag{4.8}$$

$$P_L=\frac{1}{A_p}(M_t s^2+B_p s+k)X_p+\frac{1}{A_p}F_L \tag{4.9}$$

　　由式(4.8)、式(4.9)及式(4.1)可直接绘出阀控液压缸动力机构方框图如图 4-2 所示。

　　图 4-2(a)表示液压缸活塞位移由流量算出,它适合于计算负载惯性较小、动态过程较快的场合,由式(4.1)可得相加点 1,由式(4.8)可得相加点 2,由式(4.9)可得相加点 3;图 4-2(b)表示液压缸活塞位移由压力算出,它适合于计算负载惯性和泄漏系数都较大、动态过程缓慢的场合,可将式(4.1)和式(4.8)合并得相加点 1,由式(4.9)可得相加点 2。

　　图 4-2 中的两个方框图都以阀的位移为输入量,以液压缸活塞位移为输出量,都反映了在阀的位移及干扰力作用下,液压缸的输出响应。

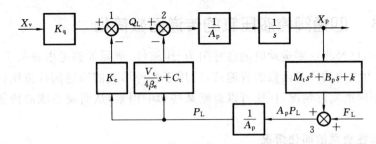

(a) 由负载流量获得液压缸活塞位移的方框图

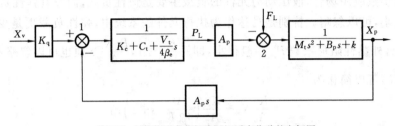

(b) 由负载压力获得液压缸活塞位移的方框图

图 4-2　四通阀控液压缸活塞位移的方框图

2. 四通阀控液压缸的传递函数

合并式(4.1)的拉氏变换方程、式(4.8)和式(4.9)三式,消去中间变量 Q_L 及 P_L,很容易得到传递函数式,即

$$X_p = \frac{\dfrac{K_q}{A_p}X_v - \dfrac{K_{ce}}{A_p^2}\left(\dfrac{V_t}{4\beta_e K_{ce}}s+1\right)F_L}{\dfrac{V_t M_t}{4\beta_e A_p^2}s^3 + \left(\dfrac{K_{ce}M_t}{A_p^2} + \dfrac{B_p V_t}{4\beta_e A_p^2}\right)s^2 + \left(\dfrac{k V_t}{4\beta_e A_p^2} + \dfrac{B_p K_{ce}}{A_p^2} + 1\right)s + \dfrac{K_{ce}k}{A_p^2}} \tag{4.10}$$

式中　$K_{ce}=K_c+C_t$ 是包括泄漏在内的总的压力流量系数。阀芯位移 X_v 是指令信号,负载力 F_L 是干扰信号,也是一种输入信号,只是它的作用与指令信号相反。

式(4.10)中各项所代表的物理意义如下:分子的第一项是液压缸活塞的空载速度,第二项是负载作用引起的速度降低。将分母特征多项式与 X_p 相乘,其第一项 $\dfrac{V_t M_t}{4\beta_e A_p^2}s^3 X_p$ 是因惯性力变化引起的压缩流量而产生的活塞速度;第二项 $\dfrac{K_{ce}M_t}{A_p^2}s^2 X_p$ 是因惯性力引起的泄漏流量而产生的活塞速度;第三项 $\dfrac{B_p V_t}{4\beta_e A_p^2}s^2 X_p$ 是因黏性力变化引起的压缩流量而产生的活塞速度;第四项 $\dfrac{k V_t}{4\beta_e A_p^2}s X_p$ 是因弹性力引起的压缩流量而产生的活塞速度;第五项 $\dfrac{B_p K_{ce}}{A_p^2}s X_p$ 是因黏性力引起的泄漏流量而产生的活塞速度;第六项 $s X_p$ 是活塞的运动速度;第七项 $\dfrac{K_{ce}k}{A_p^2}X_p$ 是因弹性力引起的泄漏流量而产生的活塞速度。了解特征方程各项所代表的物理意义,有利于以后简化传递函数。

4.1.3　四通阀控液压缸的传递函数简化

式(4.10)已经将活塞运动时的各种阻力、压缩性、泄漏等都考虑进去了,因此该式是液压动力机构的传递函数的普遍式,适用于各种形式的四通阀控液压缸。在设计中,根据不同的实际情况,往往可以忽略某些影响因素,从而使系统的传递函数大大简化。

1. 无弹性负载的简化情况

在大多数应用场合,液压动力元件的负载主要是惯性负载,而没有弹性负载或弹性负载很小,可以忽略。特别是马达作为执行元件的系统中,弹性负载更是少见。此时 $k=0$,另外黏性阻尼系数 B_p 一般很小,即 $\dfrac{B_p K_{ce}}{A_p^2} \ll 1$,$\dfrac{B_p K_{ce}}{A_p^2}s$ 项也可以忽略不计,因此式(4.10)可以简化为

$$X_p = \frac{\dfrac{K_q}{A_p}X_v - \dfrac{K_{ce}}{A_p^2}\left(\dfrac{V_t}{4\beta_e K_{ce}}s+1\right)F_L}{s\left[\dfrac{V_t M_t}{4\beta_e A_p^2}s^2 + \left(\dfrac{K_{ce}M_t}{A_p^2}+\dfrac{B_p V_t}{4\beta_e A_p^2}\right)s+1\right]} \tag{4.11}$$

$$X_p = \frac{\dfrac{K_q}{A_p}X_v - \dfrac{K_{ce}}{A_p^2}\left(\dfrac{V_t}{4\beta_e K_{ce}}s+1\right)F_L}{s\left(\dfrac{s^2}{\omega_h^2}+\dfrac{2\zeta_h}{\omega_h}s+1\right)} \tag{4.12}$$

式中　ω_h 为液压固有频率

$$\omega_h = \sqrt{\frac{4\beta_e A_p^2}{M_t V_t}} \tag{4.13}$$

ζ_h 为液压阻尼比

$$\zeta_h = \frac{K_{ce}}{A_p}\sqrt{\frac{\beta_e M_t}{V_t}}+\frac{B_p}{4A_p}\sqrt{\frac{V_t}{\beta_e M_t}} \tag{4.14}$$

而 B_p 一般很小可以忽略,ζ_h 可近似写成

$$\zeta_h = \frac{K_{ce}}{A_p}\sqrt{\frac{\beta_e M_t}{V_t}} \tag{4.15}$$

如果只有指令信号 X_v,传递函数可简化为

$$\frac{X_p}{X_v} = \frac{K_q/A_p}{s\left(\dfrac{s^2}{\omega_h^2}+\dfrac{2\zeta_h}{\omega_h}s+1\right)} \tag{4.16}$$

如果只有干扰信号 F_L,传递函数可简化为

$$\frac{X_p}{F_L} = \frac{-\dfrac{K_{ce}}{A_p^2}\left(\dfrac{V_t}{4\beta_e K_{ce}}s+1\right)}{s\left(\dfrac{s^2}{\omega_h^2}+\dfrac{2\zeta_h}{\omega_h}s+1\right)} \tag{4.17}$$

传递函数式(4.16)是阀控液压缸常见的传递函数形式,在液压控制系统的分析

和设计中经常用到它。它表明稳态时液压缸活塞位移没有确定的值,但液压缸活塞速度与阀芯位移之间有确定的稳态关系。

2. 有弹性负载的简化情况

有些两级液压放大器采用了对中弹簧反馈定位,前置级放大元件控制功率级放大,由于功率级阀芯有对中弹簧,此时的弹性负载较大,不能忽略,所以,还是有不少使用场合具有弹性负载,即 $k \neq 0$。同样负载黏性摩擦因数 B_p 一般都较小,$\dfrac{B_p V_t}{4\beta_e A_p^2}s^2$、

$\dfrac{B_p K_{ce}}{A_p^2}s$ 项也可以忽略。因此式(4.10)可简化为

$$X_p = \frac{\dfrac{K_q}{A_p}X_v - \dfrac{K_{ce}}{A_p^2}\left(\dfrac{V_t}{4\beta_e K_{ce}}s+1\right)F_L}{\dfrac{V_t M_t}{4\beta_e A_p^2}s^3 + \dfrac{K_{ce}M_t}{A_p^2}s^2 + \left(\dfrac{kV_t}{4\beta_e A_p^2}+1\right)s + \dfrac{K_{ce}k}{A_p^2}} \tag{4.18}$$

将式(4.13)和式(4.15)代入式(4.18)中,且令 $K_h = \dfrac{4\beta_e A_p^2}{V_t}$,$K_h$ 称为液压弹簧刚度,它是液压缸两腔完全封闭时由液体的压缩性所形成的液压弹簧的刚度,往往比弹性负载刚度 k 大得多,即 $\dfrac{k}{K_h} \ll 1$,则(4.18)可改写成

$$X_p = \frac{\dfrac{K_q}{A_p}X_v - \dfrac{K_{ce}}{A_p^2}\left(\dfrac{V_t}{4\beta_e K_{ce}}s+1\right)F_L}{\dfrac{s^3}{\omega_h^2} + \dfrac{2\zeta_h}{\omega_h}s^2 + \left(\dfrac{k}{K_h}+1\right)s + \dfrac{K_{ce}k}{A_p^2}} \tag{4.19}$$

$$X_p = \frac{\dfrac{K_q}{A_p}X_v - \dfrac{K_{ce}}{A_p^2}\left(\dfrac{V_t}{4\beta_e K_{ce}}s+1\right)F_L}{\dfrac{s^3}{\omega_h^2} + \dfrac{2\zeta_h}{\omega_h}s^2 + s + \dfrac{K_{ce}k}{A_p^2}} \tag{4.20}$$

假定能将式(4.20)改写成

$$X_p = \frac{\dfrac{K_q}{A_p}X_v - \dfrac{K_{ce}}{A_p^2}\left(\dfrac{V_t}{4\beta_e K_{ce}}s+1\right)F_L}{\left(s + \dfrac{K_{ce}k}{A_p^2}\right)\left(\dfrac{s^2}{\omega_h^2} + \dfrac{2\zeta_h}{\omega_h}s+1\right)} \tag{4.21}$$

比较上述两式的分母,要使两式相等,则必须满足

$$\frac{2\zeta_h}{\omega_h} = \frac{2\zeta_h}{\omega_h} + \frac{K_{ce}k}{A_p^2\omega_h^2} \tag{4.22}$$

$$1 = \frac{2\zeta_h K_{ce}k}{A_p^2\omega_h} + 1 \tag{4.23}$$

而 $\dfrac{2\zeta_h}{\omega_h} + \dfrac{K_{ce}k}{A_p^2\omega_h^2} = \dfrac{2\zeta_h}{\omega_h}\left(1 + \dfrac{K_{ce}k}{2\zeta_h A_p^2\omega_h}\right) = \dfrac{2\zeta_h}{\omega_h}\left(1 + \dfrac{k}{K_h}\right) \approx \dfrac{2\zeta_h}{\omega_h}$ 这一条件成立;又 $\dfrac{2\zeta_h K_{ce}k}{A_p^2\omega_h} =$

$2\zeta_h K_{ce}k\dfrac{4\beta_e}{K_h V_t}\sqrt{\dfrac{M_t V_t}{4\beta_e A_p^2}} = 4\zeta_h\dfrac{k}{K_h}\dfrac{K_{ce}}{A_p}\sqrt{\dfrac{\beta_e M_t}{V_t}} = 4\zeta_h^2\dfrac{k}{K_h}$,因为 ζ_h 一般为 $0.1 \sim 0.2$,因此

$\dfrac{2\zeta_h K_{ce}k}{A_p^2 \omega_h}\leqslant 1$ 这一条件也成立。所以,传递函数式(4.21)成立,它表示弹性负载刚度远小于液压弹簧刚度时的传递函数。

3. 其他的简化情况

根据实际应用的负载条件和忽略的因素不同,传递函数还有以下简化形式。

(1) 考虑负载质量 M_t,$\beta_e=\infty$,$B_p=0$,$k=0$ 的情况,于是式(4.10)可简化为

$$X_p=\frac{\dfrac{K_q}{A_p}X_v-\dfrac{K_{ce}}{A_p^2}F_L}{s\left(\dfrac{K_{ce}M_t}{A_p^2}s+1\right)}=\frac{\dfrac{K_q}{A_p}X_v-\dfrac{K_{ce}}{A_p^2}F_L}{s\left(\dfrac{s}{\omega_1}+1\right)} \tag{4.24}$$

式中　ω_1 为惯性环节的转折频率,$\omega_1=\dfrac{A_p^2}{K_{ce}M_t}$。

(2) 考虑弹性负载刚度 k,$M_t=0$,$\beta_e=\infty$,$B_p=0$ 的情况,于是式(4.10)可简化为

$$X_p=\frac{\dfrac{K_q}{A_p}X_v-\dfrac{K_{ce}}{A_p^2}F_L}{s+\dfrac{K_{ce}k}{A_p^2}} \tag{4.25}$$

(3) 空载的情况,即 $M_t=0$,$k=0$,$B_p=0$,$F_L=0$ 的情况,于是式(4.10)可简化为

$$X_p=\frac{K_q/A_p}{s}X_v \tag{4.26}$$

4.1.4　频率响应分析

频率响应分析是分析和设计液压控制系统的最常用方法之一。下面按负载情况加以讨论。

1. 无弹性负载时的频率响应分析

1) 对指令信号 X_v 的频率响应分析

由传递函数式(4.16)可以看出:指令信号 X_v 的频率特性由速度放大系数 K_q/A_p、液压固有频率 ω_h 和液压阻尼比 ζ_h 三个参数决定。

(1) 速度放大系数 K_q/A_p(又称速度增益)　它表示阀对液压缸速度控制的灵敏度,能直接影响闭环系统的响应速度、响应精度和稳定性。提高速度增益可以提高系统的响应速度、响应精度,但会使系统的稳定性变差。对于一个动力元件,A_p 通常是根据负载确定的,速度增益将随阀的流量增益 K_q 变化而变化,而流量增益 K_q 又随阀的结构形式及工况的不同而不同。在零位工作点,阀的流量增益 K_{q0} 最大,系统的稳定性最差;当 $p_L=\dfrac{2}{3}p_s$ 时,K_q 下降到 K_{q0} 的 57.7%,同时 ω_c 也下降,从而使得系统的响应速度和响应精度也下降,但不会对稳定性不利。所以在计算系统的稳定性时,应取零位流量增益 K_{q0},而在计算系统的静态精度时,应取最小流量增益,即取 $p_L=\dfrac{2}{3}p_s$ 时流量增益。

（2）液压固有频率 ω_h　　在封闭容器中的液体，由于液体的可压缩性会呈现如弹簧一样的性质。液压固有频率 ω_h 是负载质量与液压缸工作腔中的压缩液体所形成的液压弹簧相互作用的结果。

如图 4-3 所示，突然将液压缸的进、出油道堵死，液压缸处于封闭状态。由于 M_t 有惯性，仍沿 x_p 方向前冲，V_2 腔液体压缩，p_2 急剧升高 Δp_2。V_1 腔液体膨胀，p_1 下降 Δp_1。此时液压缸两腔的液体压缩量及膨胀量 ΔV 为

$$\Delta V = \frac{V_2}{\beta_e}\Delta p_2 = A_p \Delta x_p$$

$$\Delta V = -\frac{V_1}{\beta_e}\Delta p_1 = A_p \Delta x_p$$

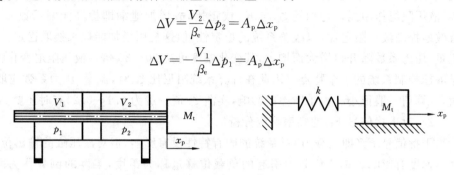

图 4-3　液压弹簧原理图

而作用在液压缸活塞上的作用力为

$$F = A_p(\Delta p_2 - \Delta p_1) = \beta_e A_p^2 \left(\frac{1}{V_2} + \frac{1}{V_1}\right)\Delta x_p \tag{4.27}$$

式（4.27）表明，被压缩液体产生的复位力与活塞位移成比例，因此被压缩液体的作用相当于一个线性液压弹簧，其刚度称为液压弹簧刚度。由式（4.27）得总液压弹簧刚度为

$$K_h = \beta_e A_p^2 \left(\frac{1}{V_1} + \frac{1}{V_2}\right) \tag{4.28}$$

式（4.28）为液压缸两腔被压缩液体形成的两个液压弹簧刚度之和，当活塞处于中间位置时，若 $V_1 = V_2 = \dfrac{V_t}{2}$，则有

$$K_h = \frac{4\beta_e A_p^2}{V_t} \tag{4.29}$$

此时液压弹簧刚度最小。当活塞处在液压缸两端时，V_1 或 V_2 接近于零，液压弹簧刚度最大。液压弹簧与负载质量相互作用，构成一个液压弹簧-质量系统，其固有频率（液压缸活塞在中间位置）为

$$\omega_h = \sqrt{\frac{K_h}{M_t}} = \sqrt{\frac{4\beta_e A_p^2}{M_t V_t}} \tag{4.30}$$

实际上，液压缸两腔并不是完全封闭的，但在动态过程中，液压缸在一定频率范围内，泄漏来不及起作用，因此仍然可以认为以上分析是正确的。

液压固有频率表示液压执行元件响应的快速性，固有频率高，响应速度快。通常

液压固有频率是系统各环节中最低的频率,成为液压控制系统响应速度的上限。由式(4.30)知:提高 ω_h 的方法有增加液压缸活塞面积 A_p、减小总压缩容积 V_t、减小负载质量 M_t 和提高 β_e,其中最难确定的是 β_e,它受油液的压缩性、管道及缸体机械柔性和混入油液的空气的影响,一般取 $\beta_e = 700$ MPa,可以得到与实际较相符的结果。

(3) 液压阻尼比 ζ_h　由式(4.14)可见,影响液压阻尼比 ζ_h 的因素很多,如阀的流量-压力系数、系统的泄漏、摩擦损失以及负载情况等。泄漏大、摩擦大、消耗能量大,液压阻尼作用强。特别是 ζ_h 与 K_{ce} 成正比,故增加泄漏即提高泄漏系数 C_t 可以有效地提高液压阻尼比,以改善系统的稳定性,但这是用增加能耗来换取稳定。同时流量-压力系数随开口增大而增大,其变化幅度可达 20～30 倍。液压阻尼变化大,这是液压控制系统的一个特点。因此在计算系统阻尼比 ζ_h 时,流量-压力系数应取 K_{c0} 值,计算值一般很小。由于摩擦的影响,实测 ζ_h 值一般为 0.1～0.2,有时还要高些。

2) 对干扰信号 F_L 的频率响应分析

干扰信号 F_L(即负载力)对系统的固有特性没有影响,但对液压缸的输出位移和输出速度有影响。单位负载力引起的负载位移量称为柔度,柔度的倒数称为刚度。下面分别研究阀控液压缸的动态位置刚度和动态速度刚度。

式(4.17)表示阀控液压缸的动态位置柔度,其倒数即为动态位置刚度,可写为

$$\frac{F_L}{X_p} = \frac{-\dfrac{A_p^2}{K_{ce}}s\left(\dfrac{s^2}{\omega_h^2} + \dfrac{2\zeta_h s}{\omega_h} + 1\right)}{\left(\dfrac{V_t}{4\beta_e K_{ce}}s + 1\right)} \tag{4.31}$$

当 $B_p = 0$ 时,令 $\omega_1 = \dfrac{4\beta_e K_{ce}}{V_t} = 2\zeta_h \omega_h$,$\omega_1$ 称为转折频率,则式(4.31)可变为

$$\frac{F_L}{X_p} = \frac{-\dfrac{A_p^2}{K_{ce}}s\left(\dfrac{s^2}{\omega_h^2} + \dfrac{2\zeta_h s}{\omega_h} + 1\right)}{\dfrac{s}{\omega_1} + 1} \tag{4.32}$$

由于 ζ_h 很小,因此 ω_1 通常小于液压固有频率 ω_h。事实上,式(4.32)可以看成三个环节串联而成:微分环节 $\dfrac{A_p^2}{K_{ce}}s$、惯性环节 $\dfrac{s}{\omega_1} + 1$ 和二阶微分环节 $\dfrac{s^2}{\omega_h^2} + \dfrac{2\zeta_h s}{\omega_h} + 1$。式中负号表示负载力增加使输出减小。动态位置刚度随负载频率变化曲线如图 4-4 所示。

图 4-4 表明阀控液压缸的动态位置刚度与负载干扰力 F_L 的变化频率 ω 有关。在 $\omega < \omega_1 = 2\zeta_h \omega_h$ 的低频段,惯性环节和二阶微分环节不起作用,由式(4.32)可得

$$\left| -\frac{F_L}{X_p} \right| = \frac{A_p^2}{K_{ce}}s \tag{4.33}$$

或

$$\left| -\frac{F_L}{X_p s} \right| = \frac{A_p^2}{K_{ce}} \tag{4.34}$$

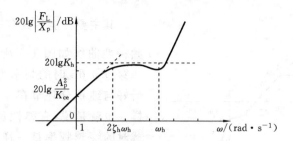

图 4-4　阀控液压缸的动态位置刚度的幅频特性

当 $\omega=0$ 时,由式(4.32)得 $\left|-\dfrac{F_L}{X_p}\right|=0$,表示静态位置刚度为零。这是因为在恒定的外力作用下,泄漏使液压缸活塞连续运动,没有确定的位置。随着频率的增加,泄漏的影响越来越小,动态位置刚度随频率成比例增大;当 $\omega=0$ 时,由式(4.34)得静态速度刚度 $\left|-\dfrac{F_L}{X_p s}\right|=\dfrac{A_p^2}{K_{ce}}$,表明负载干扰力 F_L 的幅值变化与液压缸活塞的输出速度 sX_p 的幅值变化成正比,这时阀控液压缸相当于一个阻尼系数为 $\dfrac{A_p^2}{K_{ce}}$ 的黏性阻尼器。从物理意义上看,在低频时,因负载压差而产生的泄漏量被很小的泄漏通道所阻碍,从而产生黏性阻尼作用。静态速度刚度的倒数为静态速度柔度。

　　在 $\omega_1=2\zeta_h\omega_h<\omega<\omega_h$ 的中频段,微分环节和惯性环节同时起作用,而二阶微分环节可以忽略,则

$$\left|-\frac{F_L}{X_p}\right|\approx\frac{A_p^2}{K_{ce}}\omega_1=\frac{A_p^2}{K_{ce}}2\zeta_h\omega_h=K_h \tag{4.35}$$

　　式(4.35)表明在中频段范围内,由于负载干扰力 F_L 的频率较高,没有足够的时间让泄漏量通过,活塞几乎处于两个封闭空间之间,其动态位置刚度即为液压弹簧刚度 K_h。

　　在 $\omega>\omega_h$ 的高频段,二阶微分环节起主要作用,其动态位置刚度随频率的二次方增加,但因为工作频率远低于这一频段的频率,所以此时的动态位置刚度也就无实际意义。

　　2. 有弹性负载时的频率响应分析

　　有弹性负载时,对指令信号 X_v 的频率响应传递函数式由式(4.21)变为

$$\frac{X_p}{X_v}=\frac{\dfrac{K_q}{A_p}}{\left(s+\dfrac{K_{ce}k}{A_p^2}\right)\left(\dfrac{s^2}{\omega_h^2}+\dfrac{2\zeta_h}{\omega_h}s+1\right)} \tag{4.36}$$

　　令惯性环节的转折频率 $\omega_k=\dfrac{K_{ce}k}{A_p^2}$,则式(4.36)可变为

$$\frac{X_p}{X_v}=\frac{\dfrac{K_q}{A_p}}{\omega_k\left(\dfrac{s}{\omega_k}+1\right)\left(\dfrac{s^2}{\omega_h^2}+\dfrac{2\zeta_h}{\omega_h}s+1\right)}$$

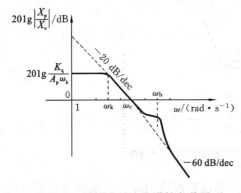

图 4-5　阀控液压缸有弹性负载时的幅频特性曲线

其主要性能参数有 $\dfrac{K_q}{A_p}$、ω_k、ω_h、ζ_h,其幅频特性曲线如图 4-5 所示。图中 -20 dB 线穿过 0 dB 时的频率为穿越频率 $\omega_c = 1$,恰好与纯积分环节在 0 dB 线时的频率一样。也就是说,有弹性负载与没有弹性负载时的穿越频率是一样的。当 $\omega > \omega_k$ 时,两种负载状态的幅频特性图是完全一样的。系统有了弹性负载后对系统的稳定性和频宽没有影响,只是少了一个积分环节而使系统误差增加。如果 ω_k 很小,也就是弹性负载刚度 k 很小,可以近似地认为无弹性负载。

4.2　四通阀控液压马达

阀控液压马达也是一种常用的液压动力元件,其分析方法与阀控液压缸相同。只是用阀控液压缸做直线往复运动,行程是有限的。要得到较大的行程,就必须采用阀控液压马达,下面简要加以介绍。

图 4-6 所示为阀控液压马达原理图,θ_m 为液压马达的输出角位移,x_v 为阀芯输入位移,两控制腔压力分别为 p_1 和 p_2,包括马达容积及管道容积在内的控制腔容积分别为 V_1 和 V_2;阀口流量为 q_1 和 q_2,G 为负载扭转弹簧刚度;T_L 为作用于马达轴上的负载力矩。和阀控液压缸一样,可得到如下三个基本方程的拉氏变换式,即

$$Q_L = K_q X_v - K_c P_L \tag{4.37}$$

$$Q_L = D_m s \Theta_m + \left(\frac{V_t}{4\beta_e} s + C_t \right) P_L \tag{4.38}$$

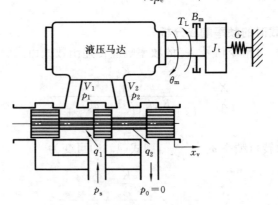

图 4-6　阀控液压马达原理图

$$D_{\mathrm{m}}P_{\mathrm{L}} = (J_{\mathrm{t}}s^2 + B_{\mathrm{m}}s + G)\Theta_{\mathrm{m}} + T_{\mathrm{L}} \tag{4.39}$$

式中　D_{m} 为液压马达每弧度排量；C_{t} 为马达及负载转动时的总泄漏系数，$C_{\mathrm{t}} = C_{\mathrm{i}} + C_{\mathrm{e}}/2$，$C_{\mathrm{i}}$ 和 C_{e} 分别为内、外泄漏系数；V_{t} 为马达两腔及连接管道总容积；J_{t} 为马达及负载的转动惯量折算到马达轴上的总等效马达转动惯量；B_{m} 为马达及负载转动时的总黏性阻尼系数。

在式(4.37)至式(4.39)中消去 P_{L}，就可以求出 X_{v} 和 T_{L} 同时作用于系统的总输出方程，即

$$\Theta_{\mathrm{m}} = \frac{\dfrac{K_{\mathrm{q}}}{D_{\mathrm{m}}}X_{\mathrm{v}} - \dfrac{K_{\mathrm{ce}}}{D_{\mathrm{m}}^2}\left(\dfrac{V_{\mathrm{t}}}{4\beta_{\mathrm{e}}K_{\mathrm{ce}}}s + 1\right)T_{\mathrm{L}}}{\dfrac{V_{\mathrm{t}}J_{\mathrm{t}}}{4\beta_{\mathrm{e}}D_{\mathrm{m}}^2}s^3 + \left(\dfrac{K_{\mathrm{ce}}J_{\mathrm{t}}}{D_{\mathrm{m}}^2} + \dfrac{B_{\mathrm{m}}V_{\mathrm{t}}}{4\beta_{\mathrm{e}}D_{\mathrm{m}}^2}\right)s^2 + \left(\dfrac{GV_{\mathrm{t}}}{4\beta_{\mathrm{e}}D_{\mathrm{m}}^2} + \dfrac{B_{\mathrm{m}}K_{\mathrm{ce}}}{D_{\mathrm{m}}^2} + 1\right)s + \dfrac{K_{\mathrm{ce}}G}{D_{\mathrm{m}}^2}} \tag{4.40}$$

式中　K_{ce} 为总的流量-压力系数，$K_{\mathrm{ce}} = K_{\mathrm{c}} + C_{\mathrm{t}}$。

将式(4.40)与式(4.10)对比可知，形式完全一样，只是阀控液压缸及其负载的参数 A_{p}、X_{p}、B_{p}、M_{t}、k 和 F_{L} 等相应地改写成了阀控液压马达及其负载的参数 D_{m}、Θ_{m}、B_{m}、J_{t}、G 和 T_{L}。

因为阀控液压马达的弹性负载很少见，当 $G = 0$ 且 $\dfrac{B_{\mathrm{m}}K_{\mathrm{ce}}}{D_{\mathrm{m}}^2} \ll 1$ 时，式(4.40)可简化为

$$\Theta_{\mathrm{m}} = \frac{\dfrac{K_{\mathrm{q}}}{D_{\mathrm{m}}}X_{\mathrm{v}} - \dfrac{K_{\mathrm{ce}}}{D_{\mathrm{m}}^2}\left(\dfrac{V_{\mathrm{t}}}{4\beta_{\mathrm{e}}K_{\mathrm{ce}}}s + 1\right)T_{\mathrm{L}}}{s\left(\dfrac{s^2}{\omega_{\mathrm{h}}^2} + \dfrac{2\zeta_{\mathrm{h}}}{\omega_{\mathrm{h}}}s + 1\right)} \tag{4.41}$$

式中

$$\omega_{\mathrm{h}} = \sqrt{\frac{4\beta_{\mathrm{e}}D_{\mathrm{m}}^2}{J_{\mathrm{t}}V_{\mathrm{t}}}} \tag{4.42}$$

$$\zeta_{\mathrm{h}} = \frac{K_{\mathrm{ce}}}{D_{\mathrm{m}}}\sqrt{\frac{\beta_{\mathrm{e}}J_{\mathrm{t}}}{V_{\mathrm{t}}}} + \frac{B_{\mathrm{m}}}{4D_{\mathrm{m}}}\sqrt{\frac{V_{\mathrm{t}}}{\beta_{\mathrm{e}}J_{\mathrm{t}}}} \approx \frac{K_{\mathrm{ce}}}{D_{\mathrm{m}}}\sqrt{\frac{\beta_{\mathrm{e}}J_{\mathrm{t}}}{V_{\mathrm{t}}}} \quad (B_{\mathrm{m}} \text{ 通常很小}) \tag{4.43}$$

阀控液压马达的角位移 Θ_{m} 对阀芯位移 X_{v} 的传递函数为

$$\frac{\Theta_{\mathrm{m}}}{X_{\mathrm{v}}} = \frac{K_{\mathrm{q}}/D_{\mathrm{m}}}{s\left(\dfrac{s^2}{\omega_{\mathrm{h}}^2} + \dfrac{2\zeta_{\mathrm{h}}}{\omega_{\mathrm{h}}}s + 1\right)} \tag{4.44}$$

阀控液压马达的角位移 Θ_{m} 对外负载力矩 T_{L} 的传递函数为

$$\frac{\Theta_{\mathrm{m}}}{T_{\mathrm{L}}} = \frac{-\dfrac{K_{\mathrm{ce}}}{D_{\mathrm{m}}^2}\left(\dfrac{V_{\mathrm{t}}}{4\beta_{\mathrm{e}}K_{\mathrm{ce}}}s + 1\right)}{s\left(\dfrac{s^2}{\omega_{\mathrm{h}}^2} + \dfrac{2\zeta_{\mathrm{h}}}{\omega_{\mathrm{h}}}s + 1\right)} \tag{4.45}$$

有关阀控液压马达的方块图、传递函数简化和动态特性分析可参照阀控液压缸的相关研究方法进行，这里不再重复。

4.3　三通阀控差动液压缸

三通阀控制差动液压缸经常用作机液位置伺服系统的动力元件,例如飞机的舵机操纵系统和仿形机床的液压仿形刀架等。三通阀控制差动液压缸原理如图 4-7 所示。

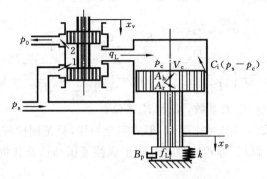

图 4-7　三通阀控制差动液压缸原理图

4.3.1　基本方程

在 3.4 节中已导出三通阀的流量方程,其线性化方程的通式为

$$q_{\mathrm{L}} = K_{\mathrm{q}} x_{\mathrm{v}} - K_{\mathrm{c}} p_{\mathrm{L}} \tag{4.46}$$

式中　x_{v} 为阀芯输入位移;q_{L} 为负载流量;p_{L} 为负载压力。

负载流量 q_{L} 进入液压缸后,一部分流量用于使活塞运动,一部分流量用于补偿容积为 V 的油液在压力 p_{c} 变化时所引起的压缩量,还有一部分流量用于补偿沿活塞周围的内泄漏量。由于控制腔压力 p_{c} 总小于油源压力 p_{s},所以内泄漏的部分总是流入控制腔的,因此,对液压缸控制腔应用流量连续方程,可得

$$q_{\mathrm{L}} = A_{\mathrm{h}} \frac{\mathrm{d} x_{\mathrm{p}}}{\mathrm{d} t} + \frac{V_{\mathrm{c}}}{\beta_{\mathrm{e}}} \frac{\mathrm{d} p_{\mathrm{c}}}{\mathrm{d} t} - C_{\mathrm{i}} (p_{\mathrm{s}} - p_{\mathrm{c}}) \tag{4.47}$$

式中　A_{h} 为液压缸控制腔的活塞面积;V_{c} 为液压缸控制腔的容积,$V_{\mathrm{c}} = V_0 + A_{\mathrm{h}} x_{\mathrm{p}}$;$V_0$ 为液压缸控制腔的初始容积;C_{i} 为液压缸内部泄漏系数。

由于活塞的位移很小,即 $|A_{\mathrm{h}} X_{\mathrm{p}}| \ll V_0$,则 $V_{\mathrm{c}} \approx V_0$。因此,式(4.47)可变为

$$q_{\mathrm{L}} = A_{\mathrm{h}} \frac{\mathrm{d} X_{\mathrm{p}}}{\mathrm{d} t} + \frac{V_0}{\beta_{\mathrm{e}}} \frac{\mathrm{d} p_{\mathrm{c}}}{\mathrm{d} t} - C_{\mathrm{i}} (p_{\mathrm{s}} - p_{\mathrm{c}}) \tag{4.48}$$

其增量的拉氏变换为

$$Q_{\mathrm{L}} = A_{\mathrm{h}} s X_{\mathrm{p}} + \frac{V_0}{\beta_{\mathrm{e}}} s P_{\mathrm{c}} + C_{\mathrm{i}} P_{\mathrm{c}} \tag{4.49}$$

活塞和负载的力平衡方程为

$$p_c A_h - p_s A_r = M_t \frac{d^2 x_p}{dt^2} + B_p \frac{dx_p}{dt} + k x_p + f_L$$

式中 A_r 为液压缸活塞杆侧的活塞有效面积;M_t 为活塞和负载的总质量;B_p 为黏性阻尼系数;k 为负载弹簧刚度;f_L 为任意外负载力。

其增量的拉氏变换为

$$P_c A_h = M_t s^2 X_p + B_p s X_p + k X_p + F_L \tag{4.50}$$

4.3.2 传递函数

将式(4.46)的拉氏变换方程、式(4.49)和式(4.50)消去中间变量 Q_L、P_c,可得 X_v 和 F_L 同时作用时活塞的总输出位移为

$$X_p = \frac{\dfrac{K_q}{A_h} X_v - \dfrac{K_{ce}}{A_h^2}\left(1 + \dfrac{V_0}{\beta_e K_{ce}} s\right) F_L}{\dfrac{V_0 M_t}{\beta_e A_h^2} s^3 + \left(\dfrac{M_t K_{ce}}{A_h^2} + \dfrac{B_p V_0}{\beta_e A_h^2}\right) s^2 + \left(\dfrac{k V_0}{\beta_e A_h^2} + \dfrac{B_p K_{ce}}{A_h^2} + 1\right) s + \dfrac{k K_{ce}}{A_h^2}} \tag{4.51}$$

式中 K_{ce} 为总流量压力系数,$K_{ce} = K_c + C_i$。

如前所述,$K_h = \dfrac{\beta_e A_h^2}{V_0}$、$\omega_h = \sqrt{\dfrac{K_h}{M_t}} = \sqrt{\dfrac{\beta_e A_h^2}{M_t V_0}}$,$\zeta_h = \dfrac{K_{ce}}{2 A_h}\sqrt{\dfrac{\beta_e M_t}{V_0}}$,在满足 $\dfrac{k}{K_h} \ll 1$,$\dfrac{K_{ce}^2 M_t k}{A_h^4} \ll 1$ 两个条件下,式(4.51)可近似表示为

$$X_p = \frac{\dfrac{K_q}{A_h} X_v - \dfrac{K_{ce}}{A_h^2}\left(1 + \dfrac{1}{2\xi_h \omega_h} s\right) F_L}{\left(s + \dfrac{K_{ce} k}{A_h^2}\right)\left(\dfrac{s^2}{\omega_h^2} + \dfrac{2\zeta_h}{\omega_h} s + 1\right)} \tag{4.52}$$

从式(4.51)、式(4.52)、式(4.18)和式(4.21)可以看出,三通阀控制差动缸和四通阀控制液压缸的输出方程以及传递函数的形式是一样的,但固有频率和阻尼比都低了 $\dfrac{\sqrt{2}}{2}$ 倍。这是因为三通阀控制差动缸只有一个控制腔,只形成一个液压弹簧,所以在其他参数相同的条件下,四通阀控制液压缸的动态响应要比三通阀控制差动缸的动态响应好。

4.4 泵控液压马达

泵控液压马达是通过调节液压泵的输出流量大小和方向,从而控制液压马达的输出转速和转向的动力机构,分为变量泵控制定量马达、定量泵控制变量马达及变量泵控制变量马达三种形式,但最常用的是变量泵控制定量马达,简称泵控马达,本节分析它的静态特性和动态特性。

图 4-8 所示为泵控马达的工作原理图,变量泵 1 以恒定的转速 ω_p 旋转,通过改变变量泵的排量来控制液压马达 2 的转速和旋转方向。补油泵 6 是小容量的恒压油

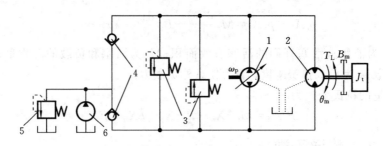

图 4-8　泵控马达工作原理图
1—变量泵　2—液压马达　3—安全阀　4—单向阀　5—溢流阀　6—补油泵

源,它的功能是补充管道中的泄漏损失以及使泵的吸油管道中能建立起最低的压力,防止出现气穴现象和空气渗入系统,并帮助系统散热,压力很低,以减小功率损失。两个安全阀 3 跨接在两根管道上,用于限制系统管道中的最高压力,其调整压力应在系统正常工作压力以上。在正常工作时,一根管道中的压力为补油压力,而另一根管道中的压力将取决于负载,且假定在同一时间只有一根管道中的压力发生变化,因为这种情况最常见。

4.4.1　基本方程

先做如下假设。

(1) 液压泵和液压马达的泄漏流动为层流,壳体回油压力为大气压,忽略低压腔向壳体内的泄漏。

(2) 连接管道较短,管道内的流体质量效应和管道动态忽略不计。且两根管道完全相同,与泵、马达组成的两个腔室的总容积相等;每个腔室内油液的温度和体积弹性模量为常数,每个腔室内油液的压力均匀相等。

(3) 补油系统工作无滞后,补油压力为常数。在工作中低压管道压力始终等于补油压力,只有高压管道中的压力变化。

(4) 输入信号较小,不会发生压力饱和现象。

(5) 液压马达和负载之间的连接构件的刚度很大,忽略结构柔度的影响。

(6) 液压泵的转速恒定。

1. 泵的流量方程

泵的流量方程可写为

$$q_p = D_p \omega_p \tag{4.53}$$

式中　q_p 为变量泵的输出流量;D_p 为变量泵的排量,即泵控马达的输入量;ω_p 为变量泵的角速度。

变量泵的排量为

$$D_p = K_p \gamma \tag{4.54}$$

式中　K_p 为变量泵的排量梯度;γ 为变量泵变量机构的摆角。

2. 流量连续方程

由于泵有泄漏以及高压管道中压力的变化将引起流量的变化,所以进入马达的流量为

$$q=q_p-C_p p_p-\frac{V}{\beta_e}\frac{\mathrm{d}p_p}{\mathrm{d}t} \tag{4.55}$$

式中 q 为进入马达的流量;C_p 为变量泵的泄漏系数;p_p 为变量泵的出口压力;V 为高压腔油液的总容积;β_e 为液体的弹性模量。

式(4.55)经拉氏变换,并代入式(4.53)和式(4.54),整理得

$$Q=K_p\Gamma\Omega_p-C_p\left(\frac{V}{C_p\beta_e}s+1\right)P_p \tag{4.56}$$

马达的流量为

$$q_m=D_m\frac{\mathrm{d}\theta_m}{\mathrm{d}t}=q-C_m p_m \tag{4.57}$$

式中 q_m 为马达的流量;D_m 为马达的排量,为常量;C_m 为马达的泄漏系数;θ_m 为马达的转角,也是系统的输出量;p_m 为马达进口处压力。

经拉氏变换,可得 $D_m s\Theta_m=Q-C_m P_m$

3. 管道压力损失

由于考虑管道压力损失,泵的出口压力 p_p 与马达的进口压力 p_m 不等,取阻力系数为 α,则有

$$p_p-p_m=\alpha q \tag{4.58}$$

4. 负载力矩方程

液压马达的输出力矩 T_m 与负载惯性力矩、负载黏性摩擦力及负载阻力矩等相平衡,即

$$T_m=D_m\eta_m p_m=J_t\frac{\mathrm{d}^2\theta_m}{\mathrm{d}t^2}+B_m\frac{\mathrm{d}\theta_m}{\mathrm{d}t}+T_L \tag{4.59}$$

式中 η_m 为马达的机械效率;J_t 为负载及马达的转动惯量;B_m 为负载及马达的黏性摩擦系数;T_L 为负载阻力矩,即与负载加速度、速度及位移等都无关的阻力矩。

将式(4.59)进行拉氏变换并整理,可得

$$D_m\eta_m P_m=B_m s\left(\frac{J_t}{B_m}s+1\right)\Theta_m+T_L \tag{4.60}$$

4.4.2 传递函数

将式(4.56)至式(4.60)五个方程消去中间变量,可得到输入参数 Γ、T_L 与输出参数 Θ_m 的传递函数

$$\Theta_m=\frac{K_1 K_p\Gamma-K_2\left[\dfrac{V(\alpha C_m+1)}{\beta_e(\alpha C_p C_m+C_t)}s+1\right]T_L}{s\left(\dfrac{s^2}{\omega_h^2}+\dfrac{2\zeta_h}{\omega_h}s+1\right)} \tag{4.61}$$

其中

$$K_1 = \frac{D_m \eta_m \omega_p}{B_m(\alpha C_p C_m + C_t) + D_m^2 \eta_m (\alpha C_p + 1)} \tag{4.62}$$

$$K_2 = \frac{(\alpha C_p C_m + C_t)}{B_m(\alpha C_p C_m + C_t) + D_m^2 \eta_m (\alpha C_p + 1)} \tag{4.63}$$

$$C_t = C_p + C_m \tag{4.64}$$

$$\omega_h = \left\{ \frac{\beta_e [B_m(\alpha C_p C_m + C_t) + D_m^2 \eta_m (\alpha C_p + 1)]}{J_t V(\alpha C_m + 1)} \right\}^{1/2} \tag{4.65}$$

$$\zeta_h = \frac{J_t \beta_e (\alpha C_p C_m + C_t) + B_m V(\alpha C_m + 1) + \alpha V D_m^2 \eta_m}{2\{J_t V \beta_e (\alpha C_m + 1)[D_m^2 \eta_m (\alpha C_p + 1) + B_m(\alpha C_p C_m + C_t)]\}^{1/2}} \tag{4.66}$$

当 $C_t B_m / D_m^2 \ll 1$ 时,同时忽略沿程阻力损失及马达机械效率 η_m 等,如果像以前讨论阀控的那样,令 $\alpha = 0$,$\eta_m = 1$,则式(4.61)可简化为

$$\Theta_m = \frac{\dfrac{\omega_p}{D_m} K_p \Gamma - \dfrac{C_t}{D_m^2}\left(\dfrac{V}{\beta_e C_t}s + 1\right)T_L}{s\left(\dfrac{s^2}{\omega_h^2} + \dfrac{2\zeta_h}{\omega_h}s + 1\right)} \tag{4.67}$$

式中 ω_h 为液压固有频率,其表达式为

$$\omega_h = \sqrt{\frac{\beta_e D_m^2}{J_t V}} \tag{4.68}$$

ζ_h 为液压阻尼比,其表达式为

$$\zeta_h = \frac{C_t}{2D_m}\sqrt{\frac{\beta_e J_t}{V}} + \frac{B_m}{2D_m}\sqrt{\frac{V}{\beta_e J_t}} \tag{4.69}$$

液压马达轴的转角 θ_m 对变量泵变量机构的摆角 γ 的传递函数为

$$\frac{\Theta_m}{\Gamma} = \frac{\dfrac{\omega_p}{D_m} K_p}{s\left(\dfrac{s^2}{\omega_h^2} + \dfrac{2\zeta_h}{\omega_h}s + 1\right)} \tag{4.70}$$

液压马达轴的转角 θ_m 对任意外负载力矩 T_L 传递函数为

$$\frac{\Theta_m}{T_L} = \frac{-\dfrac{C_t}{D_m^2}\left(\dfrac{V}{\beta_e C_t}s + 1\right)}{s\left(\dfrac{s^2}{\omega_h^2} + \dfrac{2\zeta_h}{\omega_h}s + 1\right)} \tag{4.71}$$

4.4.3　泵控液压马达与阀控液压马达的比较

阀控马达的式(4.41)至式(4.43)三式与泵控马达的式(4.67)至式(4.69)三式非常相似,唯一不同处是,泵控马达的容积弹性模数 β_e 没有常数4。这是因为阀控马达传递函数式中的 V_t 是包含高、低压管道的总容积,而泵控马达传递函数式中的 V 只是高压管道容积。

为了比较泵控和阀控这两种不同控制方式的异同,假设条件相似。应当在负载工作情况大致相同、马达参数大致相等的条件下进行比较,这样比较才有意义,所以可以认为 $V \approx 2V_t$。

(1) 泵控马达的液压固有频率 ω_h 要比阀控马达的液压固有频率 ω_h 低 $\sqrt{2}$ 倍,其根本原因是泵控系统只能控制一个油腔,而阀控系统能控制两个油腔。所以泵控系统的动态特性比阀控系统的动态特性要差。另外,泵控马达的工作腔容积较大,使得液压固有频率进一步降低。

(2) 泵控马达的阻尼系数 ζ_h 也比阀控马达的阻尼系数 ζ_h 小 $\sqrt{2}$ 倍,且较恒定,这是因为泵控马达的总泄漏系数 C_t 基本恒定,且比阀控马达的总流量压力系数 K_{ce} 小。泵控马达几乎总是欠阻尼的,ζ_h 通常在 $0.05 \sim 0.20$ 范围内。为了得到合适的阻尼比,往往需要有意设置旁路泄漏或内部压力反馈回路。

(3) 泵控马达的增益 $K_p \omega_p / D_m$ 和静态速度刚度 D_m^2 / C_t 值也比阀控马达相应的量更为恒定。

(4) 由式(4.71)可以确定泵控马达的动态柔度,由 $\dfrac{\Theta_m}{T_L}$ 的倒数可以确定泵控马达的动态刚度,可见其动态刚度不如阀控马达的好,但其静态刚度是很好的。

总之,泵控马达是相当线性的元件,其增益和阻尼比都恒定,固有频率的变化与阀控马达相似,所以泵控马达的动态特性比阀控马达的动态特性更加容易预测,计算出的性能与实验测得的性能基本是一致的,而且受工作点变化的影响也较小。但由于泵控马达的固有频率低,且还要附加一个变量控制伺服机构,因此总的响应特性不如阀控马达好。

4.5　液压动力机构的负载折算与最佳匹配

以满足负载力和负载运动速度的要求来设计液压动力元件称为负载匹配,同时使设计的液压动力元件的功耗最小或液压缸的有效面积最小,称为最佳匹配。驱使负载运动所需的力(或力矩)与负载位移、速度、加速度之间的关系称为负载特性,因此,应首先了解负载特性。

4.5.1　负载特性

负载特性不但与负载的类型有关,而且与负载的运动规律有关。可以用解析的形式来描述,也可以用曲线来描述,经常用负载力-负载速度图来表示,相应的曲线称为负载轨迹,其方程称为负载轨迹方程。当采用频率法设计时,可以认为负载是在作正弦运动。下面介绍几种典型的负载特性。

假设负载的位移 x_L 为正弦运动,即

$$x_L = x_{L0} \sin\omega t \tag{4.72}$$

式中　x_{L0}为正弦运动的振幅；ω为正弦运动的角频率。

则负载速度方程为

$$\dot{x}_L = x_{L0}\omega\cos\omega t \tag{4.73}$$

由式(4.73)可以看出，最大负载速度$\dot{x}_{Lmax} = x_{L0}\omega$，即与频率$\omega$成正比。

1. 惯性负载特性

惯性负载力可表示为

$$F_m = M_L\ddot{x}_L = -M_L x_{L0}\omega^2\sin\omega t \tag{4.74}$$

式中　M_L为负载质量。

联立式(4.73)和式(4.74)可得惯性负载轨迹方程

$$\frac{\dot{x}_L^2}{(x_{L0}\omega)^2} + \frac{F_m^2}{(x_{L0}M_L\omega^2)^2} = 1 \tag{4.75}$$

惯性负载轨迹曲线为一椭圆，如图4-9所示。随着ω的增加，负载轨迹曲线椭圆的长短轴之比的变化更为明显。

由式(4.74)可以看出，最大负载力为$F_{mmax} = M_L x_{L0}\omega^2$，与频率$\omega$的平方成正比。

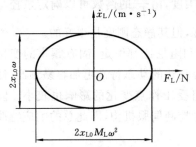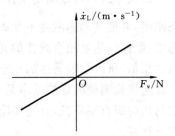

图4-9　惯性负载轨迹　　　　　图4-10　黏性阻尼负载轨迹

2. 黏性阻尼负载特性

黏性阻尼力为$F_v = B\dot{x}_L$或$\dot{x}_L = \dfrac{F_v}{B}$。负载轨迹为一直线，如图4-10所示，黏性阻尼负载力F_v与频率ω有关。代入式(4.72)，则有

$$F_v = Bx_{L0}\omega\cos\omega t \tag{4.76}$$

3. 弹性负载特性

弹性负载力为$F_p = Kx_L$，代入式(4.72)中，则有

$$F_p = Kx_{L0}\sin\omega t \tag{4.77}$$

联立式(4.73)和式(4.77)可得弹性负载轨迹方程

$$\left(\frac{F_p}{Kx_{L0}}\right)^2 + \left(\frac{\dot{x}_L}{x_{L0}\omega}\right)^2 = 1 \tag{4.78}$$

弹性负载轨迹曲线也为一椭圆，如图4-11所示。当ω增加时，负载轨迹曲线椭圆的横轴不变，纵轴与ω成比例增加。

由式(4.77)可以看出,最大弹性负载力为$F_{pmax}=Kx_{L0}$,与ω无关。

实际系统的负载常常是上述若干负载的组合,采用相同的方法可以得知组合负载随频率ω的增加而加大。当负载运动规律不是正弦运动,或存在外干扰力时,负载轨迹就要复杂得多,此时应考虑最大功率、最大速度、最大负载力的情况。一般对功率的要求最难满足,因此这也是最重要的要求。

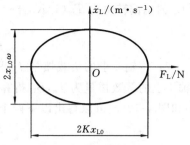

图 4-11 弹性负载轨迹

4.5.2 液压动力机构的负载折算

如果执行元件直接拖动负载运动,则执行元件的速度就是负载速度,执行元件的输出力就是负载力。但是执行元件所能达到的最高速度及最低稳定速度是有一定限度的,当负载所要求的最低速度低于执行元件所能达到的最低稳定速度时,就必须采用减速装置,此时执行元件的速度就不是负载速度,执行元件的输出力也不是负载力。为了分析计算方便,需要将负载质量、负载阻尼、负载弹性等折算到执行元件的输出端,或者相反,将执行元件的质量、阻尼等折算到负载端。

图 4-12 所示为液压马达通过一对齿轮驱动负载。假设齿轮是绝对刚性的,齿轮的惯量和游隙为零,齿轮传动比为n。现以液压马达拖动负载转动为例说明负载折算的方式。

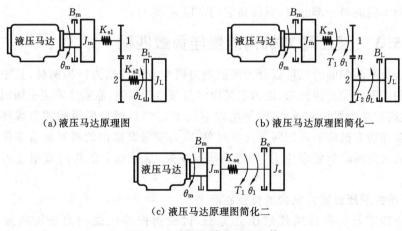

(a)液压马达原理图　　　　(b)液压马达原理图简化一

(c)液压马达原理图简化二

图 4-12 液压马达原理图折算

(1) 将图 4-12(a)中的挠性轴 2 换成绝对刚性轴,并改变轴 1 的刚度来等效原系统,如图 4-12(b)所示。即把负载惯量J_L刚性地固定起来,并对液压马达惯量J_m施加一个力矩T_m,由此大齿轮 2 上产生一个偏转角nT_m/K_{s2}。大齿轮 2 带动小齿轮 1 转过一个偏转角n^2T_m/K_{s2},同时力矩T_m使轴 1 转过角度T_m/K_{s1},则液压马达惯

量 J_m 的总偏转角为 $T_m(1/K_{s1}+n^2/K_{s2})$。假定轴 1 的等效刚度为 K_{se},则

$$\frac{1}{K_{se}}=\frac{1}{K_{s1}}+\frac{n^2}{K_{s2}} \tag{4.79}$$

(2) 将轴 2 上的负载惯量 J_L 和黏性阻尼系数 B_L 折算到轴 1 上。假设 J_L 折算到轴 1 上的等效惯量为 J_e,B_L 折算到轴 1 上的等效黏性阻尼系数为 B_e。由图 4-12 (b)和图 4-12(c)可以写出以下两个方程

$$T_1=J_e\ddot{\theta}_1+B_e\dot{\theta}_1 \tag{4.80}$$

$$T_2=J_L\ddot{\theta}_L+B_L\dot{\theta}_L \tag{4.81}$$

式中　T_1 为液压马达作用在轴 1 上的力矩;T_2 为齿轮 1 作用在轴 2 上的力矩;θ_1 为轴 1 上的转角;θ_2 为轴 2 上的转角。

考虑到 $T_2=nT_1$,$\theta_1=n\theta_L$,代入式(4.81)则有

$$T_1=\frac{J_L}{n^2}\ddot{\theta}_1+\frac{B_L}{n^2}\dot{\theta}_1 \tag{4.82}$$

比较式(4.80)和式(4.82)可得

$$J_e=\frac{J_L}{n^2} \tag{4.83}$$

$$B_e=\frac{B_L}{n^2} \tag{4.84}$$

式(4.83)和式(4.84)表明:将系统一部分惯量、黏性阻尼系数折算到转速高 n 倍的另一部分时,只需将它们除以 n^2 即可。所以当 n 很大时,由负载惯量 J_L 引起的动力矩项作用不大,而由液压马达惯量 J_{mL} 引起的动力矩项的作用更小。反过来折算到转速低 n 倍的另一部分时,只需将它们乘以 n^2 即可。

4.5.3　液压动力机构的最佳负载匹配

最佳负载匹配的研究可以分为阀控动力机构和泵控动力机构两种,其中阀控动力机构的匹配问题较为复杂,因为它是由定量泵恒压供油,靠溢流阀溢去瞬时多余的流量,故阀控动力机构的效率低(平均效率低于 27%),而且伺服阀的负载特性又很复杂。泵控动力机构的匹配问题比较简单,因为变量泵输出的瞬时流量和压力即是负载所需要的瞬时流量和压力,考虑到泄漏损失,泵控动力机构的效率也可以达到 90%以上。

1. 阀控液压缸动力机构的负载匹配

下面以零开口四通阀控液压缸为例,讨论阀控液压缸动力机构的最佳负载匹配。

假设零开口四通阀控液压缸拖动惯性负载及黏性阻尼负载,且负载作正弦运动,负载运动时所产生的阻力为 F,则有

$$F=F_m+F_v=M_L\ddot{x}_L+B\dot{x}_L=-M_Lx_{L0}\omega^2\sin\omega t+Bx_{L0}\omega\cos\omega t \tag{4.85}$$

而负载轨迹方程为

$$\left(\frac{F-B\dot{x}_{\mathrm{L}}}{M_{\mathrm{L}}x_{\mathrm{L0}}\omega^{2}}\right)^{2}+\left(\frac{\dot{x}_{\mathrm{L}}}{x_{\mathrm{L0}}\omega}\right)^{2}=1 \tag{4.86}$$

由于负载是由零开口四通阀控液压缸直接拖动的,设液压缸的有效面积为 A_{p},负载压力为 p_{L},负载流量为 q_{L},则负载力 F 及速度 $\dot{x}_{\mathrm{L}}$ 可用液压缸的参数分别表示为 $F=A_{\mathrm{p}}p_{\mathrm{L}}$ 和 $\dot{x}_{\mathrm{L}}=\dfrac{q_{\mathrm{L}}}{A_{\mathrm{p}}}$,代入式(4.86),则负载轨迹方程用 p_{L} 和 q_{L} 可表示为

$$\left(\frac{A_{\mathrm{p}}p_{\mathrm{L}}-B\dfrac{q_{\mathrm{L}}}{A_{\mathrm{p}}}}{M_{\mathrm{L}}x_{\mathrm{L0}}\omega^{2}}\right)^{2}+\left(\frac{q_{\mathrm{L}}}{A_{\mathrm{p}}x_{\mathrm{L0}}\omega}\right)^{2}=1 \tag{4.87}$$

适当选择坐标比例,作出 q_{L} 和 p_{L} 的负载轨迹曲线,如图 4-13 所示的曲线 7。

因为液压缸是由四通阀控制的,阀的负载压力及负载流量也就是缸的负载压力及负载流量。根据第 3 章知识,当油源压力 p_{s} 不变,而阀的开口量 x_{v} 不同时,可作出一簇压力-流量曲线,如图 4-13 中的曲线 2、4、6。而图 4-13 中的曲线 1、3、5 是油源压力为 p_{s}' 时画出的另一簇压力-流量曲线。

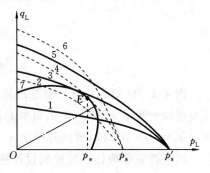

图 4-13　负载轨迹图

一般来说,只要使控制液压缸的阀的压力-流量曲线能够包围负载轨迹曲线,即表示该阀能够满足负载的需要。图 4-13 中曲线 1、2 穿过负载轨迹椭圆曲线 7,说明这种阀的流量及压力并不是任何时候都能满足负载的需要,阀特性曲线以外的一部分负载轨迹曲线区是不能工作的;而曲线 5、6 远在负载轨迹线 7 以外,说明阀所能提供的压力和流量远远超过负载的需要,阀的结构或油源压力必然过大而有浪费。曲线 3、4 切于负载轨迹曲线,说明阀的流量、压力既不大也不小,曲线 3、4 能满足负载要求。曲线 4 与负载轨迹曲线的切点 E 处的负载压力 $p_{\mathrm{e}}=(2/3)p_{\mathrm{s}}$,即点 E 是阀的功率最高点,功率利用最好,负载匹配最好,称为最佳负载匹配。

根据液压动力机构应当与负载运动规律相匹配的原则,可用解析法求出阀及缸的主要尺寸。

为了简便起见,假设零开口四通阀控液压缸仅拖动惯性负载,则负载轨迹方程(4.87)可简化为

$$\left(\frac{A_{\mathrm{p}}p_{\mathrm{L}}}{M_{\mathrm{L}}x_{\mathrm{L0}}\omega^{2}}\right)^{2}+\left(\frac{q_{\mathrm{L}}}{A_{\mathrm{p}}x_{\mathrm{L0}}\omega}\right)^{2}=1 \tag{4.88}$$

负载轨迹曲线在阀的功率最高点 E 处切线的斜率为

$$\frac{\mathrm{d}q_{\mathrm{L}}}{\mathrm{d}p_{\mathrm{L}}}=-\frac{A_{\mathrm{p}}^{4}p_{\mathrm{e}}}{M_{\mathrm{L}}^{2}\omega^{2}q_{\mathrm{e}}} \tag{4.89}$$

式中　p_{e} 为阀的功率最高点 E 处的负载压力;q_{e} 为阀的功率最高点 E 处的负载流量。

由阀的压力-流量特性方程式(3.9)，求得阀的压力-流量特性曲线在阀的功率最高点 E 处切线的斜率为

$$\frac{\mathrm{d}q_{\mathrm{L}}}{\mathrm{d}p_{\mathrm{L}}} = -\frac{C_{\mathrm{d}}Wx_{\mathrm{v}}}{2\sqrt{\rho(p_{\mathrm{s}}-p_{\mathrm{e}})}}$$

两曲线的切线的斜率相等，即

$$\frac{C_{\mathrm{d}}Wx_{\mathrm{v}}}{2\sqrt{\rho(p_{\mathrm{s}}-p_{\mathrm{e}})}} = \frac{A_{\mathrm{p}}^4 p_{\mathrm{e}}}{M_{\mathrm{L}}^2\omega^2 q_{\mathrm{e}}} \tag{4.90}$$

将 $q_{\mathrm{e}}=C_{\mathrm{d}}Wx_{\mathrm{v}}\sqrt{\dfrac{1}{\rho}(p_{\mathrm{s}}-p_{\mathrm{e}})}$ 和 $p_{\mathrm{e}}=\dfrac{2}{3}p_{\mathrm{s}}$ 代入式(4.90)，可得

$$Wx_{\mathrm{v}} = \frac{2A_{\mathrm{p}}^2\sqrt{\rho p_{\mathrm{s}}}}{\sqrt{3}C_{\mathrm{d}}M_{\mathrm{L}}\omega} \tag{4.91}$$

$$A_{\mathrm{p}} = \frac{3x_{\mathrm{L0}}M_{\mathrm{L}}\omega^2}{2\sqrt{2}p_{\mathrm{s}}} \tag{4.92}$$

例 4-1 已知阀控液压缸系统拖动纯惯性负载，负载按正弦规律作往复运动，其往复运动的频率 $\omega=5$ rad/s，负载总质量 $M_{\mathrm{L}}=500$ kg，负载总行程 $L=60$ cm，油源压力 $p_{\mathrm{s}}=60\times10^5$ Pa，滑阀开口量 $x_{\mathrm{v}}=0.53\times10^{-3}$ m。

试根据负载最佳匹配原则设计液压缸直径 D、活塞杆直径 d 和滑阀直径 d_{v}。

解 由于往复运动的总行程 $L=60$ cm，则往复运动的最大振幅为 $A=L/2=30$ cm。

根据正弦运动规律，液压缸活塞的输出位移为

$$x_{\mathrm{L}} = A\sin\omega t$$

活塞输出速度为

$$\dot{x}_{\mathrm{L}} = A\omega\cos\omega t$$

根据最佳负载匹配的计算公式(4.92)，可得

$$A_{\mathrm{p}} = \frac{3AM_{\mathrm{L}}\omega^2}{2\sqrt{2}p_{\mathrm{s}}} = \frac{3\times30\times10^{-2}\times500\times5^2}{2\sqrt{2}\times60\times10^5} \text{ m}^2 = 6.6\times10^{-4} \text{ m}^2$$

取液压缸直径 $D=4\times10^{-2}$ m，活塞杆直径 $d=2.8\times10^{-2}$ m，则实际的液压缸有效面积为

$$A_{\mathrm{p}} = \frac{\pi}{4}(D^2-d^2) = \frac{\pi}{4}[(4\times10^{-2})^2-(2.8\times10^{-2})^2] \text{ m}^2 = 6.4\times10^{-4} \text{ m}^2$$

而

$$Wx = \frac{2A_{\mathrm{p}}^2\sqrt{\rho p_{\mathrm{s}}}}{\sqrt{3}C_{\mathrm{d}}M_{\mathrm{L}}\omega} = \frac{2\times(6.4\times10^{-4})^2\sqrt{870\times60\times10^5}}{\sqrt{3}\times0.62\times500\times5} \text{ m}^2 = 2.49\times10^{-5} \text{ m}^2$$

则滑阀直径为

$$d_{\mathrm{v}} = \frac{2.49\times10^{-5}}{0.53\times10^{-3}\pi} \text{ m} = 1.5\times10^{-2} \text{ m}$$

2. 泵控液压马达动力机构的负载匹配

泵控液压马达动力机构与负载的匹配问题比较简单,因为泵的出口流量和压力就是马达和负载所需之流量和压力。

在一般没有弹性负载时,其负载力矩方程为

$$T = J\frac{\mathrm{d}^2\theta_{\mathrm{m}}}{\mathrm{d}t^2} + B\frac{\mathrm{d}\theta_{\mathrm{m}}}{\mathrm{d}t} + T_{\mathrm{f}} \tag{4.93}$$

式中　T_{f} 为包含总的静、动摩擦力矩,因负载力矩与液压马达力矩平衡,故有

$$D_{\mathrm{m}}p_{\mathrm{L}} = T = J\frac{\mathrm{d}^2\theta_{\mathrm{m}}}{\mathrm{d}t^2} + B\frac{\mathrm{d}\theta_{\mathrm{m}}}{\mathrm{d}t} + T_{\mathrm{f}} \tag{4.94}$$

当液压马达选定后,D_{m} 即为固定值,故负载压力 p_{L} 与负载力矩 T 成正比,但 $p_{\mathrm{L}} \leqslant p_{\mathrm{s}}$,$p_{\mathrm{s}}$ 为马达入口压力,故液压马达的选择应满足

$$D_{\mathrm{m}} \geqslant \frac{T_{\mathrm{M}}}{p_{\mathrm{s}}} \ (\mathrm{m}^3/\mathrm{rad}) \tag{4.95}$$

式中　T_{M} 为最大负载力矩。

现设系统要求液压马达转速为

$$\frac{\mathrm{d}\theta_{\mathrm{m}}}{\mathrm{d}t} = \frac{\mathrm{d}\theta_{\mathrm{mM}}}{\mathrm{d}t}\sin\omega t \tag{4.96}$$

式中　$\dfrac{\mathrm{d}\theta_{\mathrm{mM}}}{\mathrm{d}t}$ 为马达最大转速;ω 为待设计系统的频带宽度。

将式(4.96)代入式(4.93),并存在 $T = D_{\mathrm{m}}p_{\mathrm{L}}$,即

$$\begin{aligned} D_{\mathrm{m}}p_{\mathrm{L}} = T &= \frac{J\mathrm{d}\theta_{\mathrm{mM}}}{\mathrm{d}t}\omega\cos\omega t + B\frac{\mathrm{d}\theta_{\mathrm{mM}}}{\mathrm{d}t}\sin\omega t + T_{\mathrm{f}} \\ &= \frac{\mathrm{d}\theta_{\mathrm{mM}}}{\mathrm{d}t}\sqrt{J^2\omega^2 + B^2}\sin(\omega t + \varphi) + T_{\mathrm{f}} \end{aligned} \tag{4.97}$$

式中　$\varphi = \arctan\dfrac{J\omega}{B}$。

当负载干扰力矩 T_{f} 为常数时,最大负载力矩 T_{M}

$$T_{\mathrm{M}} = \sqrt{J^2\omega^2 + B^2}\frac{\mathrm{d}\theta_{\mathrm{mM}}}{\mathrm{d}t} + T_{\mathrm{f}} \tag{4.98}$$

当 B 很小时可忽略不计,则有

$$T_{\mathrm{M}} = J\omega\frac{\mathrm{d}\theta_{\mathrm{mM}}}{\mathrm{d}t} + T_{\mathrm{f}} \tag{4.99}$$

当负载干扰力矩 $T_{\mathrm{f}} = f(t)$ 时,可通过对式(4.97)求极值或利用式(4.97)直接作图求出 T_{M}。若 $\dfrac{\mathrm{d}\theta_{\mathrm{mM}}}{\mathrm{d}t}$ 是非正弦函数,也可用类似方法求出 T_{M}。将求出的 T_{M} 代入式(4.95),可求出液压马达的排量 D_{m}。下面求液压马达的最大进口流量 q_{LM}。

液压马达高压腔流量方程为

$$q_{\mathrm{L}} = D_{\mathrm{m}}\frac{\mathrm{d}\theta_{\mathrm{m}}}{\mathrm{d}t} + C_{\mathrm{im}}(p_1 - p_2) + C_{\mathrm{em}}p_1 + \frac{V_0}{\beta_{\mathrm{e}}}\frac{\mathrm{d}p_1}{\mathrm{d}t} \tag{4.100}$$

对泵控系统,p_2 为常数且很小,可略去不计。式(4.100)可写成

$$q_{\mathrm{L}} = D_{\mathrm{m}}\frac{\mathrm{d}\theta_{\mathrm{m}}}{\mathrm{d}t} + C_{\mathrm{m}}p_1 + \frac{V_0}{\beta_{\mathrm{e}}}\frac{\mathrm{d}p_1}{\mathrm{d}t}$$

则马达入口最大流量 q_{LM} 的表达式为

$$q_{\mathrm{LM}} = D_{\mathrm{m}}\frac{\mathrm{d}\theta_{\mathrm{mM}}}{\mathrm{d}t} + C_{\mathrm{m}}p_{\mathrm{s}} + \frac{V_0}{\beta_{\mathrm{e}}}\frac{\mathrm{d}p_{\mathrm{1M}}}{\mathrm{d}t} \tag{4.101}$$

即 θ_{m}、p_1、$\dfrac{\mathrm{d}p_{\mathrm{1M}}}{\mathrm{d}t}$ 均取最大值,p_1 为油源压力,p_{s} 为常数。

式(4.101)中的 $\dfrac{\mathrm{d}p_{\mathrm{1M}}}{\mathrm{d}t}$ 可通过对式(4.97)求导得到,即

$$\frac{\mathrm{d}p_1}{\mathrm{d}t} = \frac{\mathrm{d}\theta_{\mathrm{mM}}}{\mathrm{d}t}\frac{\omega}{D_{\mathrm{m}}}\sqrt{J^2\omega^2 + B^2}\cos(\omega t + d) + \frac{1}{D_{\mathrm{m}}}\frac{\mathrm{d}T_{\mathrm{f}}}{\mathrm{d}t} \tag{4.102}$$

当 T_{f} 为常数时

$$\frac{\mathrm{d}p_{\mathrm{1M}}}{\mathrm{d}t} = \frac{\omega\sqrt{J^2\omega^2 + B^2}}{D_{\mathrm{m}}}\frac{\mathrm{d}\theta_{\mathrm{mM}}}{\mathrm{d}t} \tag{4.103}$$

当 $T_{\mathrm{f}} = f(t)$ 时,亦可通过式(4.99)求出泵出口最高压力 p_{1M}。将式(4.103)代入式(4.101),得

$$q_{\mathrm{LM}} = D_{\mathrm{m}}\frac{\mathrm{d}\theta_{\mathrm{mM}}}{\mathrm{d}t} + C_{\mathrm{m}}p_{\mathrm{s}} + \frac{V_0\omega\sqrt{J^2\omega^2 + B^2}}{\beta_{\mathrm{e}}D_{\mathrm{m}}}\frac{\mathrm{d}\theta_{\mathrm{mM}}}{\mathrm{d}t} \tag{4.104}$$

式(4.104)右边参数均为已知,则由 D_{m}、p_{s}、q_{LM} 就可选出液压马达。如果 C_{m} 等参数不易找到也可以近似取 $q_{\mathrm{LM}} = D_{\mathrm{m}}\dfrac{\mathrm{d}\theta_{\mathrm{mM}}}{\mathrm{d}t}\Big/\eta_{\mathrm{mv}}$,式中 η_{mv} 为液压马达的容积效率,一般取 $\eta_{\mathrm{mv}} = 0.9$,则

$$q_{\mathrm{LM}} = 1.11D_{\mathrm{m}}\frac{\mathrm{d}\theta_{\mathrm{mM}}}{\mathrm{d}t} \tag{4.105}$$

下面求变量泵的参数。

如不考虑压缩性,则变量泵的流量(见式(4.53))和流入马达的流量(见式(4.55))相等,即

$$q_{\mathrm{L}} = D_{\mathrm{p}}\frac{\mathrm{d}\theta_{\mathrm{p}}}{\mathrm{d}t} - C_{\mathrm{tp}}p_1$$

故

$$D_{\mathrm{p}}\frac{\mathrm{d}\theta_{\mathrm{p}}}{\mathrm{d}t} = q_{\mathrm{L}} + C_{\mathrm{tp}}p_1$$

取

$$D_{\mathrm{pM}}\frac{\mathrm{d}\theta_{\mathrm{p}}}{\mathrm{d}t} = q_{\mathrm{LM}} + C_{\mathrm{tp}}p_{\mathrm{s}} \tag{4.106}$$

或

$$D_{\mathrm{pM}}\frac{\mathrm{d}\theta_{\mathrm{p}}}{\mathrm{d}t} = \frac{q_{\mathrm{LM}}}{\eta_{\mathrm{pv}}}$$

式中　q_{LM} 为液压马达入口最大流量;D_{pM} 为液压泵最大单位排量;p_{s} 为油源限定最

高压力；η_{pv} 为泵的容积效率，取 $\eta_{pv}=0.9$。

故泵的最大流量为

$$q_{pM}=D_{pM}\frac{\mathrm{d}\theta_p}{\mathrm{d}t}=\frac{q_{LM}}{\eta_{pv}}=\frac{D_m}{\eta_{pv}\eta_{mv}}\cdot\frac{\mathrm{d}\theta_{mM}}{\mathrm{d}t}=1.23D_m\frac{\mathrm{d}\theta_{mM}}{\mathrm{d}t} \tag{4.107}$$

由式(4.107)求得 q_{pM}，就可以在泵的产品目录中初选出转速 $\frac{\mathrm{d}\theta_p}{\mathrm{d}t}$(r/min)，再代式(4.107)，得

$$D_{pM}=1.23D_m\frac{\mathrm{d}\theta_{mM}/\mathrm{d}t}{\mathrm{d}\theta_p/\mathrm{d}t} \tag{4.108}$$

由式(4.54)可求出泵排量梯度 $K_p=D_{pM}/\gamma_m$。

对容积式变量泵控制系统来说，变量泵的流量及压力都反映了负载瞬时流量及瞬时压力，在进行变量泵结构设计时，应按瞬时最大流量及瞬时最大压力来设计，而拖动变量泵的电动机的功率，应按均方根值功率选择。

思考题及习题

4-1　推导阀控液压缸传递函数时需要哪三个基本方程？

4-2　怎样理解液压动力元件——阀控液压缸的传递函数中的积分环节和振荡环节？

4-3　怎样理解液压弹簧刚度 K_h？

4-4　为什么在分析设计阀控液压缸时，取活塞在中位时的液压固有频率 ω_h 值？四边阀控液压缸与双边阀控液压缸的液压固有频率有何区别？并说明为什么。

4-5　为什么在设计液压控制系统时要采用零位阀系数 K_{q0} 和 K_{c0}？

4-6　提高液压动力元件阻尼系数 ξ_h 用什么方法最简单？

4-7　在阀控液压缸系统中，若阀的输入频率超过了液压固有频率 ω_h 时能否响应？

4-8　为什么把 K_v 称为速度放大系数或速度常数？

4-9　速度放大系数 K_v 是由哪些参数组成的？其中哪个参数在工作过程中是变量？速度放大系数的量纲是什么？

4-10　何谓动态刚度？如何理解在低频段阀控液压缸相当于一个黏性阻尼器，在中频段的动态刚度等于液压弹簧刚度 K_h？

4-11　试比较泵控液压马达与阀控液压马达的动态特性。

4-12　试比较阀控系统和泵控系统的效率，并说明原因。

4-13　什么叫负载匹配？何谓最佳负载匹配？

4-14　为什么泵控液压马达适用于大功率控制系统？

4-15　质量 $M=1\,000$ kg 的物体由液压缸直接拖动，油源压力 $p_s=1.40\times10^7$ Pa，液压缸最大输出力 $F=42\,000$ N，液压缸行程 $L=1$ m，取液压缸有效容积 $V=LA$，A

为液压缸有效作用面积,油的等效弹性模数 $\beta_e = 10 \times 10^8$ N/m²。如果用四通阀控制双作用液压缸,液压固有频率 ω_h 是多少? 如果用三通阀控制差动液压缸,其最小液压固有频率 ω_h 又是多少?(提示:液压缸面积比为2)

4-16 有一阀控液压马达系统,已知:液压马达排量为 $D_m = 6 \times 10^{-6}$ m³/rad,马达容积效率为 95%,额定流量为 $q_n = 6.66 \times 10^{-4}$ m³/s,额定压力 $p_n = 140 \times 10^5$ Pa,高低压腔总容积 $V_t = 3 \times 10^{-4}$ m³。拖动纯惯性负载,负载转动惯量为 $J_t = 0.2$ kg·m²,阀的流量增益 $K_q = 4$ m²/s,流量-压力系数 $K_c = 1.5 \times 10^{-16}$ (m³/s)/Pa。液体的等效弹性模数 $\beta_e = 7 \times 10^8$ N/m²,试写出阀控液压马达的传递函数 Θ_m / X_v。 $\left(\text{参考答案:} \dfrac{\Theta_m}{X_v} \right.$
$\left. = \dfrac{6.67 \times 10^2}{s(5.95 \times 10^{-4} s^2 + 0.0132 s + 1)} \right)$

4-17 阀控缸系统拖动纯惯性负载作往复运动,往复运动的频率为 $\omega = 5$ rad/s,负载总质量为 $M = 500$ kg,负载总行程 $L = 0.06$ m,油源压力 $p_s = 6 \times 10^6$ Pa。试根据负载匹配最佳原则设计液压缸的直径 D、活塞杆直径 d 和滑阀直径 d_v。如果液压缸有效容积 V 为行程与活塞有效面积的乘积的 1.5 倍,计算液压缸的液压固有频率 ω_h。(提示:液压缸活塞及活塞杆直径是系列标准值,如 $D = 3.8$ cm 则 $d = 2.4$ cm,$D = 4$ cm 则 $d = 2.8$ cm)

第 5 章

电液伺服阀

电液伺服阀是电液伺服控制系统的核心元件,它将系统的电气部分与液压部分连接起来,起着电液转换和功率放大的作用。它能根据输入的微弱电信号输出具有相应极性和一定功率的液压信号(如流量与压力等),控制液压执行机构带动负载运动。电液伺服阀是电液伺服系统中引人注目的关键元件,它的性能及正确使用直接影响系统的控制精度和动态特性,也直接影响系统工作的可靠性和寿命。

由于电液伺服阀控制精度高、响应速度快,在液压伺服系统中得到了广泛的应用。本章围绕这种高性能的电液控制元件,介绍电液伺服阀的基本组成、分类及电液伺服阀的典型结构、原理、主要性能参数,以及电液伺服阀的选择与使用要点等问题。

5.1 电液伺服阀的基本组成及分类

5.1.1 电液伺服阀的基本组成

电液伺服阀通常由电气-机械转换器、液压放大器(先导级阀和功率级主阀)和反馈机构(或平衡机构)三大部分组成。电液伺服阀的基本组成框图如图 5-1 所示。

电气-机械转换器的作用是把输入电信号的电能转换成机械运动的机械能,进而驱动液压放大器的控制元件,使之转换成液压能。在第 2 章已经介绍,这一功能由力矩马达(输出转角)或力马达(输出直线位移)实现。用于电液伺服阀的力矩马达或

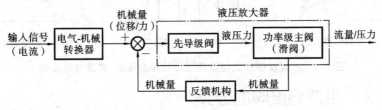

图 5-1　电液伺服阀的基本组成框图

力马达的输出力矩或力很小,在阀的流量比较大时,无法直接驱动功率级阀运动,此时需要增加一级液压先导放大(亦称前置级),将力矩马达或力马达的输出放大,再去推动功率级阀,这就构成多级电液伺服阀。多级阀由于前置放大器的作用,可克服较大的液动力、黏性阻力和质量惯性力。因此,其输出流量大、工作稳定。应用最广泛的是两级伺服阀,为了输出更大的功率,带动需要更大流量的负载,又出现了所谓三级电液伺服阀。三级伺服阀通常只用在 200 L/min 以上大流量的场合,在其功率放大级主阀前有两级液压放大器。先导级放大器的结构形式通常有单喷嘴挡板阀、双喷嘴挡板阀、滑阀和射流管等。而功率放大级几乎都采用滑阀。

当液压放大器为两级或三级时,因为含有积分环节,对于给定的输入电流信号,滑阀没有确定的位置。为解决滑阀的定位问题,可采用各种形式的级间反馈来消除积分环节作用。常用的反馈机构是将输出级(功率级)的阀芯位移、输出流量或输出压力以位移、力或电信号的形式反馈到第一级或第二级的输入端,也有反馈到力矩马达铁芯组件或力矩马达输入端的。反馈机构的存在,使伺服阀本身就构成一个闭环控制系统。伺服阀通过反馈机构实现输入输出的比较,用偏差纠偏,解决了功率级主阀的定位问题,使伺服阀的输出流量或压力与输入电信号之间成比例变化,从而获得所需要的压力-流量特性,提高伺服阀的控制性能。

伺服阀的输出级通常采用的反馈机构有机械反馈(如位移、力反馈等)、液压反馈(如压力反馈、动压反馈等)和电反馈等多种形式。例如滑阀位置反馈、负载流量反馈和负载压力反馈等。

需要指出的是,伺服阀的用途不同,采用的反馈形式也会有所不同。因为采用不同的反馈形式,伺服阀的稳态压力-流量特性是不同的。图 5-2 所示为不同反馈形式伺服阀的稳态压力-流量特性曲线。利用滑阀位置反馈和负载流量反馈得到的是流量控制伺服阀,阀的输出流量与输入电流成比例。利用负载压力反馈得到是压力控制伺服阀,阀的输出压力与输入电流成比例。由于负载流量与负载压力反馈伺服阀的结构比较复杂,使用得比较少,滑阀位置反馈伺服阀应用最多。

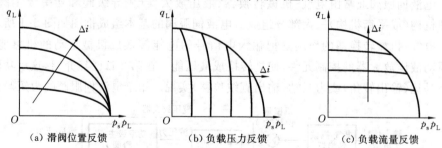

图 5-2　不同反馈形式电液伺服阀的稳态压力-流量特性曲线

5.1.2　电液伺服阀的分类

由于电液伺服系统的控制对象和应用环境千差万别,因此作为系统控制元件的电液伺服阀品种也就多种多样。电液伺服阀可从不同的角度进行分类,其主要类型如图 5-3 所示。

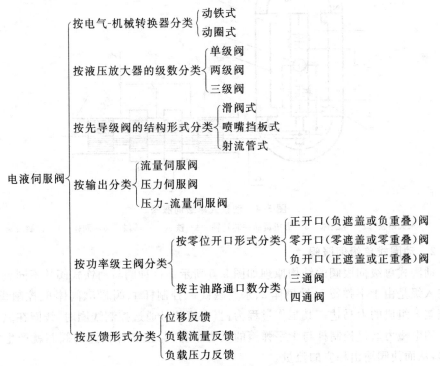

图 5-3 电液伺服阀的分类

5.2 常见电液伺服阀的典型结构和工作原理

从上面的分类可知,电液伺服阀的品种很多,它们有共性,也有个性。下面简要介绍几种常见电液伺服阀的结构原理和特点。

5.2.1 单级电液伺服阀

因电信号转换为机械量部分的形式不同,单级电液伺服阀又分为以下两种。

1. 动铁式单级电液伺服阀

这种阀的基本结构如图 5-4 所示。它由两部分组成:动铁式力矩马达部分,包括永久铁 1、导磁体 2、带扭簧的铁芯转轴 3、铁芯 4 及控制线圈 7;滑阀部分,包括阀体 6 及阀芯 5。其工作原理是:当输入电流信号通过控制线圈时,铁芯产生的力矩与扭簧的反力矩平衡,就会使铁芯偏转 θ 角,从而带动阀芯移动相应的位移 x_v,从而使阀输出相应的流量。

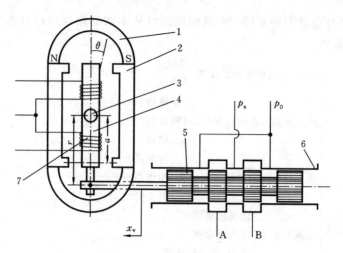

图 5-4　动铁式单级伺服阀

1—永久磁铁　2—导磁体　3—带扭簧的铁芯转轴　4—铁芯　5—阀芯　6—阀体　7—控制线圈

2.　动圈式单级伺服阀

动圈式单级伺服阀的结构原理如图 5-5 所示。这种阀与动铁式阀的不同点是它的输入级是由十字弹簧 1、导磁体 2、永久磁铁 3、控制杆 4、阀芯 5、阀体 6、控制线圈 7 及框架 8 组成的力马达。其工作过程为：当电流信号通过控制线圈时，线圈在磁场中产生的电磁力通过控制杆与十字弹簧的反力平衡，与控制杆相连的阀芯就产生相应位移，从而使阀输出相应的流量。

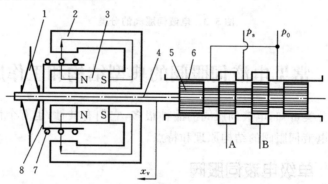

图 5-5　动圈式单级伺服阀

1—十字弹簧　2—导磁体　3—永久磁铁　4—控制杆　5—阀芯　6—阀体　7—控制线圈　8—框架

动铁式力矩马达与动圈式力马达相比：动铁式力矩马达因磁滞影响而引起的输出相位滞后比动圈式力马达的大；动圈式力马达的线性范围比动铁式力矩马达的宽，因此，动圈式力马达的工作行程比动铁式力矩马达的长；在同样的惯性下，动铁式力矩马达的输出力矩大，而动圈式力马达的输出力小；减小工作气隙的长度可提高动圈式力马达和动铁式力矩马达的灵敏度，但动圈式力马达受动圈尺寸的限制，而动铁式力矩马达受静不稳定的限制;在相同功率情况下,动圈式力马达比动铁式力矩马达的体积大,但造价较低。总之,在要求频率高、体积小、自重轻的场合多采用动铁式力矩马达,而在尺寸要求不严格,频率要求不高,又希望价格低的场合,往往采用动圈式力马达。

单级电液伺服阀的结构比较简单,价格低廉。但因力马达或力矩马达的功率有限,必须限制阀的行程和通径以减小稳态液动力,所以其输出流量不能太大;此外,这类阀的另一缺点是其稳定性在很大程度上取决于负载的特性,故它的应用受到限制。动圈式单级伺服阀比动铁式阀的滑阀行程大,故其使用流量范围也稍大些。

5.2.2　两级电液伺服阀

两级电液伺服阀比单级电液伺服阀多一级液压放大器和一个内部反馈元件。根据所采用的反馈形式,两级伺服阀可分为滑阀位置反馈、负载压力反馈和负载流量反馈三类。

1. 滑阀位置反馈两级伺服阀

滑阀位置反馈两级伺服阀是两级伺服阀中最常见的一种,根据滑阀阀芯位置感受方法的不同,这种阀又有以下五种形式。

1) 力反馈两级伺服阀

力反馈两级伺服阀的结构原理如图 5-6 所示。它的前置级液压放大器由挡板12、喷嘴 11 及固定节流孔 9 等组成,而内部反馈元件为反馈弹簧杆(简称反馈杆)10。挡板 12 与铁芯 4 相互垂直并固结在一起,由弹簧管 3 支承,弹簧管起扭簧作用,也起隔离作用,可防止液压油进入力矩马达。其工作原理如下。

当无控制电流输入时,铁芯由弹簧管支承在上、下导磁体 2 的中间位置,挡板也处于两个喷嘴的中间位置,喷嘴挡板阀输出的控制压力 $p_{c1}=p_{c2}$,阀芯 5 在反馈杆小球的约束下处于中位,此时阀口关闭,无流量输出。当有信号电流输入时,铁芯挡板组件在电磁力作用下一起绕弹簧管的转动中心偏转。弹簧管与反馈杆产生变形,挡板偏离中位。假设挡板向右偏离中位 x_f,则使喷嘴挡板阀右间隙小于左间隙,致使滑阀右腔控制压力 p_{c2} 大于左腔控制压力 p_{c1},从而推动阀芯 5 左移,同时也带动反馈杆端部小球左移,使反馈杆进一步变形。

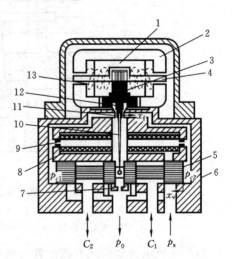

图 5-6　力反馈两级伺服阀

1—永久磁铁　2—导磁体　3—弹簧管　4—铁芯
5—阀芯　6—阀体　7—回油节流孔　8—过滤器
9—固定节流孔　10—反馈弹簧杆　11—喷嘴
12—挡板　13—控制线圈

当反馈杆和弹簧管变形产生的反力矩与电磁力矩平衡时,铁芯挡板组件便处于一个平衡位置。在反馈杆端部小球随阀芯左移时,挡板的偏移减少,趋向中位。这又使p_{c2}降低、p_{c1}升高,当阀芯两端的液压力与反馈杆变形对阀芯产生的反作用力以及滑阀的液动力相平衡时,阀芯停止移动,其位移与控制电流成比例。在负载压差一定时,阀的输出流量与信号电流成比例。由于反馈杆的恢复力矩直接参与了力矩马达的输入力矩和弹簧管的反力矩之间的平衡,使挡板大致回到两喷嘴的中间位置,即当$x_f \approx 0$时前置放大器停止工作,而阀芯5则移动了相应位移x_v,使阀输出相应流量。由此可见,这种阀是通过反馈杆10的力矩反馈来实现阀芯5的位置反馈作用的,故称它为位置力反馈两级伺服阀,简称力反馈两级伺服阀。

2) 直接位置反馈两级伺服阀

图5-7所示为喷嘴挡板式直接位置反馈两级伺服阀的结构简图,它与图5-6喷嘴挡板式力反馈两级伺服阀的不同点是将喷嘴9与阀芯5做成一体,并将喷嘴-挡板液压放大器的油路设置在阀芯的内部。当力矩马达输入信号电流时,假设挡板向右偏离中位x_f,喷嘴-挡板液压放大器便推动阀芯向右运动,直到挡板重新回到两喷嘴的中间位置,喷嘴-挡板液压放大器才停止工作,此时阀芯5已产生了相应位移x_v,使阀输出相应流量。

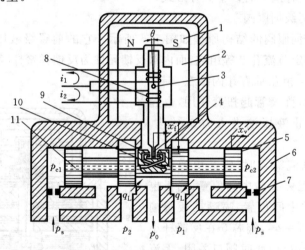

图5-7　直接位置反馈式两级伺服阀

1—永久磁铁　2—导磁体　3—铁芯转轴　4—挡板　5—阀芯　6—阀体
7—固定节流孔　8—控制线圈　9—喷嘴　10、11—内部通道

图5-8所示为动圈式直接位置反馈两级滑阀式电液伺服阀结构简图。该阀由动圈式力马达和两级滑阀式液压放大器组成。前置级为带两个固定节流孔的双边滑阀,功率级是零开口的四边滑阀。

在主阀芯4处于中位时,四个油口P、A、B、O均不通,进口压力油p经主阀芯上的固定节流孔3、5引到上、下控制腔a、b后被可变节流孔11、12封住,主阀芯上、下

两腔压力相等。若动圈式力马达的线圈
输入电流信号,线圈所产生的电磁力使控
制阀芯 6 向下运动,可变节流孔 12 开启,
主阀芯下端压力下降,主阀芯跟随控制阀
芯下移,油口 P 与 A 通、B 与 O 通。当主
阀芯下移行程与控制阀芯下移行程相等
时,可变节流孔 12 关闭,主阀芯停止位
移。此时,主阀开口大小与输入电流信号
成比例,阀输出相应流量。因功率级主阀
芯也是前置级控制阀芯的阀套,因此主阀
芯的位移对控制阀的位移构成位置反馈
作用。这种直接位置反馈的两级滑阀式
电液伺服阀对油液的过滤精度要求较低,
抗污染能力强,但其外形尺寸大,响应慢。

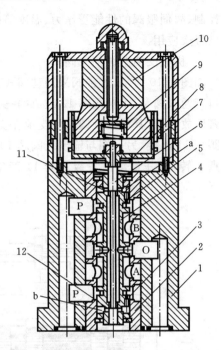

　　3) 弹簧对中两级伺服阀

　　图 5-9 所示为弹簧对中两级伺服阀,
其主阀的两端装设有对中弹簧 8。其一方
面可起零位对中作用,另一方面可用它产
生的弹簧力去平衡喷嘴-挡板液压放大器
的输出液压力,使阀芯 5 移动相应位移
x_v,从而使阀输出流量。这种伺服阀是最

图 5-8　直接位置反馈两级滑阀式电液伺服阀

1—阀体　2—阀套　3、5—固定节流孔　4—主阀芯
6—控制阀芯　7—控制线圈　8、9—弹簧
10—永久磁铁　11、12—可变节流孔
a、b—上、下控制腔

早采用的结构形式,但由于对中弹簧需平衡很大的液压力,要求弹簧刚度大、体积小,
且抗疲劳性能强,所以弹簧的设计制作很困难;另外,因它没有内部反馈回路,属于开

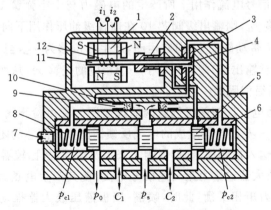

图 5-9　弹簧对中两级伺服阀

1—力矩马达　2—弹簧管　3—喷嘴　4—挡板　5—阀芯　6—阀套
7—调节螺钉　8—对中弹簧　9—固定节流孔　10—过滤器　11—铁芯　12—控制线圈

环控制,故伺服阀的性能受压力、温度等外界条件影响较大,容易引起零漂移,所以目前已很少应用。

4) 机械反馈两级伺服阀

如图 5-10 所示,这种阀采用动圈式力马达作为电气-机械转换器,前置级是由正开口三通阀阀套 11 与阀芯 12 组成的三通滑阀式液压放大器,输出级仍为四通滑阀式液压放大器,其位置反馈是由支承在支点 8 上的杠杆 7 来实现的,它的一端与前置级阀套 11 连接,另一端与输出级阀芯 10 相连。阀芯 10 在油压作用下推动杠杆 7 绕支点 8 转动,并带动前置级阀套 11 产生机械运动,故称机械反馈式。其工作过程如下。

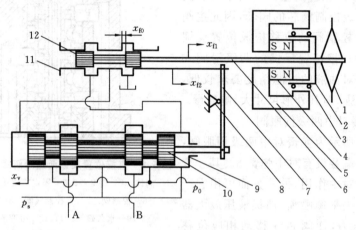

图 5-10　机械反馈两级伺服阀

1—十字弹簧　2—线圈架　3—控制线圈　4—永久磁铁　5—导磁体　6—控制杆
7—杠杆　8—支点　9—输出级阀体　10—输出级阀芯　11—前置级阀套　12—前置级阀芯

假设力马达在信号电流作用下所产生的电磁力与十字弹簧 1 平衡时,前置级阀芯 12 向右产生位移 x_{f1},则输出级阀芯 10 在前置级油压作用下向左运动产生的位移为 x_v,并通过杠杆 7 带动阀套 11 向右运动,产生的位移为 x_{f2},当 $x_{f2}=x_{f1}$ 时,前置级处于零位,而功率级(输出级)阀芯移动了一个相应的位移 x_v,从而使阀输出流量。

5) 电气反馈两级伺服阀

图 5-11 所示为电气反馈两级伺服阀原理简图。它由检测阀芯 5 位移的位移传感器 7、伺服放大器 4 及比较器组成的电气反馈回路实现阀芯的闭环位置控制。

当伺服阀线圈输入控制信号时,因阀芯来不及运动,故比较器输出的偏差信号不为零,它通过伺服放大器输给力矩马达信号电流,使其产生电磁力矩,带动挡板偏离中位并与扭簧的反力矩相平衡,此时,喷嘴-挡板液压放大器推动阀芯运动,并由位移传感器检测其位移 x_v 而产生反馈电信号。当阀芯移到一定位置时,输入信号与反馈信号相等,力矩马达中的信号电流为零,消除了电磁力矩,挡板在扭簧反力矩作用下回到两个喷嘴的中间位置,而阀芯则移动 x_v,使阀输出相应流量。

以上介绍了五种形式的位置反馈两级电液伺服阀,需要指出的是,这类阀的压力-流量特性曲线如图 5-2(a)所示。可以看出,它们的负载流量 q_L 受负载压力 p_L 变化的影响较大。

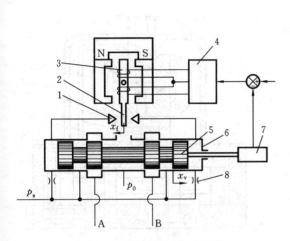

图 5-11　电气反馈两级伺服阀

1—喷嘴　2—挡板　3—铁芯
4—伺服放大器　5—阀芯　6—阀体
7—位移传感器　8—固定节流孔

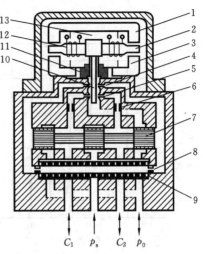

图 5-12　负载压力反馈两级伺服阀

1—上导磁体　2—铁芯　3—下导磁体
4—控制喷嘴　5—反馈喷嘴　6—反馈节流孔
7—阀芯　8—固定节流孔　9—过滤器　10—挡板
11—弹簧管　12—控制线圈　13—永久磁铁

2. 负载压力反馈两级伺服阀

负载压力反馈两级伺服阀的结构简图如图 5-12 所示。它与图 5-6 所示的力反馈两级伺服阀的区别是,它没有力反馈弹簧杆,而是由反馈喷嘴 5 和反馈节流孔 6 组成的反馈压力计代替,用反馈压力计感受负载压力并对挡板产生反馈力矩。由图 5-12 可知,在稳态情况下,如果忽略功率级阀芯的液动力,阀芯 5 的力平衡方程为

$$p_L A_e = p_{Lp} A_v \qquad\qquad (5.1)$$

式中　p_L 为负载压力;p_{Lp} 为控制压力;A_e 为反馈压力作用的阀芯面积;A_v 为控制压力作用的阀芯面积。

其工作原理是,当力矩马达有输入信号电流时,铁芯产生的电磁力矩使挡板偏离中位,喷嘴挡板先导阀输出的控制压差推动主阀芯运动,从而输出负载压力。与此同时,负载压力通过反馈喷嘴对挡板产生反馈力矩,使挡板回归到中位,先导级停止工作,阀芯停止运动。这时,与负载压力成比例的反馈力矩等于力矩马达输入电流产生的电磁力矩,输出的负载压力与输入电流的大小成正比。也应当指出,由于反馈喷嘴对挡板的作用力与反馈喷嘴腔感受的压力不是严格的线性关系,因此这种阀的压力特性线性度稍差,其压力-流量特性曲线如图 5-13 所示。图 5-13 中,纵轴是负载流量/空载流量,横轴是负载压力/供油压力。因其输出压力要受负载流量的影响,当负

载流量增大时,阀芯所受的液动力也增大,导致输出压力略有下降,反映到压力-流量特性曲线上就是呈现略微倾斜的形状。图中虚抛物线则对应于滑阀最大开度时的特性。

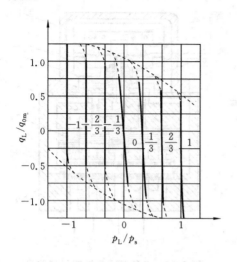

图 5-13　电液压力伺服阀的压力-流量
特性曲线

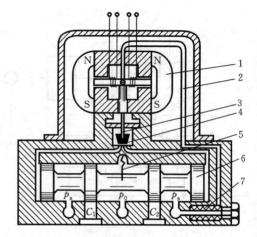

图 5-14　射流管式力反馈两级伺服阀
1—力矩马达　2—柔性供油管　3—射流管
4—射流接收器　5—反馈弹簧
6—阀芯　7—过滤器

3. 其他形式的两级电液伺服阀

1) 射流管式力反馈两级伺服阀

射流管式力反馈两级伺服阀结构如图 5-14 所示。射流管固联在铁芯上,由薄壁弹簧片支撑,射流管由力矩马达带动偏转。压力油经过柔性供油管 2 进入射流管 3,从射流管喷嘴射出的液压油进入与滑阀两端控制腔分别相通的两个射流接收孔中,由于射流管的偏转,两接收孔接收的射流不一样,因此就会造成阀芯 6 两端控制腔存在压差,从而推动阀芯移动。射流管的侧面装有弹簧板及反馈弹簧 5,且其末端插入阀芯中间的小槽内。阀芯移动时推动反馈弹簧,构成对力矩马达的力反馈控制。阀芯靠反馈弹簧定位,其位移与阀芯两端的压力差成比例。

由于射流管阀的最小通流尺寸(喷嘴口)为 0.2 mm,而喷嘴挡板阀一般为0.025～0.050 mm,因此,射流管阀最大特点就是抗污染能力强、可靠性高。缺点是频率响应低,零位泄漏流量大、受油液黏度变化的影响显著,低温特性差。因此,射流管伺服阀比较适合于要求频率响应不高,但需抗污染强、高可靠性的场合应用。

2) 压力-流量伺服阀

压力-流量伺服阀是在弹簧对中两级伺服阀的基础上,将主阀输出的压力油经反馈通道引入阀芯两端的弹簧腔,形成负载压力负反馈而构成的,其结构简图如图5-15 所示。

在稳态情况下,如果忽略阀芯所受的稳态液动力,作用在阀芯上的弹簧力加上反馈液压力与控制液压力相平衡,即

$$p_{Lp}A_v = p_L A_e + K_e x_v \qquad (5.2)$$

由此得到阀芯位移为

$$x_v = \frac{A_v}{K_e} p_{Lp} - \frac{A_e}{K_e} p_L \qquad (5.3)$$

式中　K_e 为对中弹簧刚度;其他符号意义同式(5.1)。

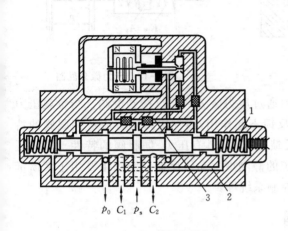

图 5-15　压力-流量伺服阀

1—平衡弹簧　2—压力反馈通道　3—固定节流孔

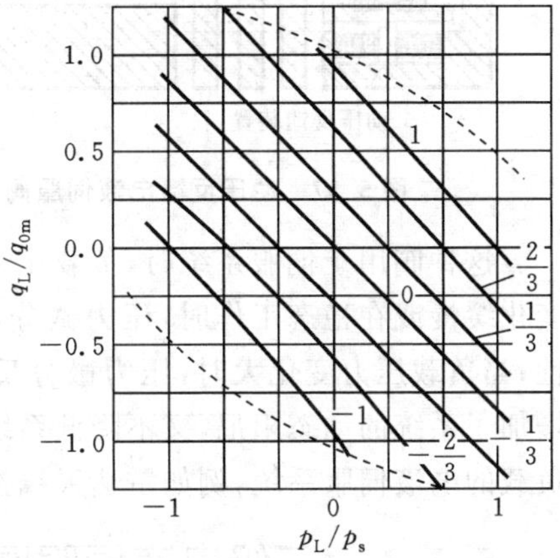

图 5-16　压力-流量伺服阀的压力-流量特性曲线

由式(5.3)可知,当负载压力 p_L 增大时,除阀口压降减小会使输出流量减小外,阀开口量 x_v 的减小也会使输出流量进一步减小。因此,其负载流量曲线的斜率比流量伺服阀的大,压力-流量特性曲线如图 5-16 所示。

由图 5-16 可见,压力-流量伺服阀的线性度很好。图中纵轴和横轴的意义同图 5-13,虚线是伺服阀最大开度时的压力-流量特性曲线。

需要说明的是,只要是在位置反馈伺服阀的基础上引入负载压力反馈,都可以构成压力-流量伺服阀。另外,负载压力除反馈到功率级主阀外,也可以通过反馈喷嘴反馈到挡板(见图 5-12),或通过压力传感器反馈到伺服放大器,它们的作用是一样的。

压力-流量伺服阀的流量-压力系数大,刚度小,通常用在负载惯性大、外负载力小或带谐振负载的伺服系统中。

3) 动压反馈伺服阀

压力-流量伺服阀虽然可增加系统的阻尼,但会降低系统的静刚度。为了克服这一不足,又出现了动压反馈伺服阀(见图 5-17)。它与压力-流量伺服阀相比,增加了由弹簧、活塞和液阻(固定节流孔)组成的压力微分网络,即动压反馈装量,如图 5-18 所示。

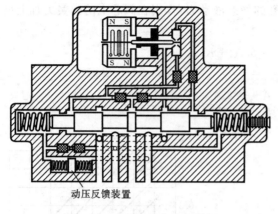

动压反馈装置

图 5-17 动压反馈电液伺服阀

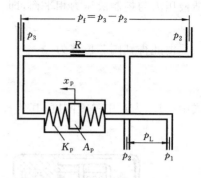

图 5-18 压力微分回路

　　这种阀用于伺服系统时,负载压力通过压力微分回路反馈到滑阀。当负载压力变化缓慢或在稳态工作时,压力微分反馈不起作用,该伺服阀具有流量伺服阀的特性;当负载压力变化大时,压力微分反馈起作用,具有压力-伺服阀的特性。这样既增加了系统的动态阻尼,又不降低系统的静刚度。动压反馈伺服阀主要用于大惯量负载的电液伺服系统,例如雷达天线控制系统等。

5.2.3 三级电液伺服阀

　　三级电液伺服阀通常由一个通用型两级伺服阀(称前量阀)加一个滑阀式液压放大器(第三级)构成。第三级主滑阀依靠位置反馈定位,一般为电反馈或力反馈。电反馈调节方便,适应性强,前置阀通常采用双喷嘴挡板式力反馈伺服阀或射流管式力反馈伺服阀。三级电液伺服阀的典型结构如图 5-19 所示。

　　三级电液伺服阀只用于流量要求在 200 L/min 以上的大流量场合。

　　以上介绍了几种常见单级、两级和三级电液伺服阀的结构和工作原理。众所周知,电液伺服阀是将小功率电流信号转换成大功率液压能(如压力、流量等)的电液转换元件,可以对液压执行元件进行流量控制或压力控制。前者称为电流流量伺服阀,后者称为电液压力伺服阀。因伺服阀的输出流量与压力之间存在一定关系,所以并不存在理想的流量伺服阀和压力伺服阀。必须明白,电液伺服阀内部之所以采

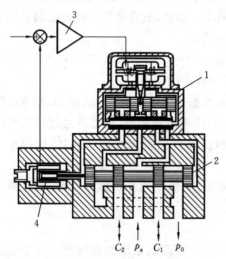

图 5-19 三级电液伺服阀

1—前置阀 2—第三级阀芯
3—放大器 4—位移传感器

用不同的反馈形式,是为了获得满足各种被控对象所需要的压力-流量特性。而实际需要是多元的,所以反馈形式也是多样的,采用负载流量反馈是为了得到不受或少受负载影响的流量伺服阀,而采用负载压力反馈则是为了得到不受或少受负载流量影响的压力伺服阀。

5.3　电液伺服阀的特性与主要性能参数

电液伺服阀是一种非常精密而复杂的电液控制元件,其性能优劣对整个电液伺服系统的工作品质有着至关重要的影响,因此对其要求十分严格。国家标准和有关标准对电液伺服阀的特性及主要性能指标参数均有相应的技术规范。下面就以电流为输入的流量控制电液伺服阀为例,对其特性及主要性能参数作一介绍。其中很多内容也同样适用于其他类型的伺服阀,如电液压力伺服阀和级间反馈伺服阀等。

5.3.1　静态特性

电液伺服阀的静态特性是指在稳定条件下,伺服阀的各稳态参数(如输出流量、负载压力等)和输入电流间的相互关系。电液流量伺服阀的静态特性主要包括负载流量特性、空载流量特性、压力特性、内泄漏特性等性能规格参数。

1. 负载流量特性

负载流量特性(也称压力-流量特性)曲线如图 5-20 所示,它完全描述了伺服阀

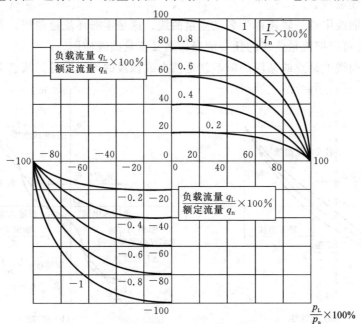

图 5-20　伺服阀的压力-流量特性曲线

的静态特性。但要测得这组曲线却相当麻烦,特别是在零位附近很难测出精确的数值,而伺服阀又正好在零位附近工作。因此,这些曲线主要还是用来确定伺服阀的类型和估算伺服阀的规格,以便与所要求的负载流量和负载压力相匹配。

伺服阀的规格可以用额定电流 I_n、额定压力 p_n、额定流量 q_n 来表示。

(1) 额定电流 I_n 额定电流为产生额定流量对线圈任一极性所规定的输入电流(不包括零偏电流),以 A 为单位。规定电流时,必须规定线圈的连接方式。额定电流通常是针对单线圈连接、并联连接或差动连接而言的。当串联连接时,其额定电流为上述额定电流之一半。

(2) 额定压力 p_n 额定压力是指额定工作条件时的供油压力,或称额定供油压力,以 Pa 为单位。

(3) 额定流量 q_n 额定流量是指在规定的阀压降下,对应于额定电流的负载流量,以 m^3/s 为单位。通常在空载条件下规定伺服阀的额定流量,此时阀压降等于额定供油压力;也可以在负载压降等于三分之二供油压力的条件下规定额定流量,这样规定的额定流量对应阀的最大功率输出点。

2. 空载流量特性

空载流量曲线(简称流量曲线)是输出流量与输入电流呈回环状的函数曲线,如图 5-21(a)所示。它是在给定的伺服阀压降和负载压降为 0 的条件下,使输入电流在正、负额定值之间以阀的动态特性不产生影响的循环速度作一完整的循环所描绘出来的连续曲线。

流量曲线中点的轨迹称为名义流量曲线。这是零滞环流量曲线。阀的滞环通常很小,因此可以把流量曲线的任一侧当作名义流量曲线使用。

流量曲线上某点或某段的斜率就是该点或该段的流量增益。从名义流量曲线的

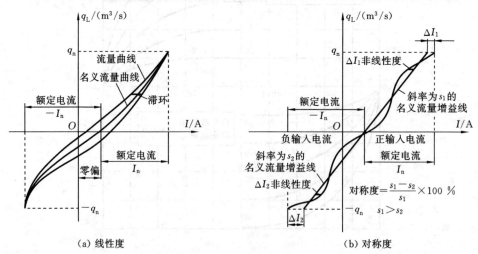

(a) 线性度   (b) 对称度

图 5-21   流量特性曲线及名义流量增益、线性度、对称度定义

零流量点向两极各作一条与名义流量曲线偏差为最小的直线,这就是名义流量增益线,如图 5-21(b)所示。两个极性的名义流量增益线斜率的平均值就是名义流量增益,以$(m^3/s)/A$ 为单位。

伺服阀的额定流量与额定电流之比称为额定流量增益。

流量曲线非常有用,由它不仅可得出阀的极性、额定空载流量、名义流量增益,而且可以得到阀的线性度、对称度、滞环、分辨率,并可揭示阀的零区特性。

(1) 线性度　它反映流量伺服阀名义流量曲线的直线性。以名义流量曲线与名义流量增益线的最大偏差电流值与额定电流的百分比表示,如图 5-21(b)所示。线性度通常规定小于 7.5%。

(2) 对称度　它反映阀的两个极性的名义流量增益的一致程度。用两者之差对较大者的百分比表示,如图 5-21(b)所示。对称度通常规定小于 10%。

(3) 滞环　它是指在流量曲线中,产生相同的输出流量的往、返输入电流的最大差值与额定电流的百分比,如图 5-21(a)所示。伺服阀的滞环一般规定小于 5%。

滞环产生的原因,一方面是力矩马达磁路的磁滞,另一方面是伺服阀中的游隙。磁滞回环的宽度随输入信号的大小而变化。当输入信号减小时,磁滞回环的宽度将减小。游隙是由于力矩马达中机械固定处的滑动以及阀芯与阀套间的摩擦力产生的。如果油是脏的,则游隙会大大增加,还有可能使伺服系统不稳定。

(4) 分辨率　使阀的输出流量发生变化所需的输入电流的最小变化值与额定电流的百分比,称为分辨率。通常分辨率规定为从输出流量的增加状态回复到输出流量的减小状态所需的电流最小变化值与额定电流之比。伺服阀的分辨率一般小于 1%。分辨率主要由伺服阀中的静摩擦力引起。

(5) 重叠　伺服阀的零位是指空载流量为零的几何零位。伺服阀经常在零位附近工作,因此,零区特性特别重要。零位区域是输出级的重叠对流量增益起主要影响的区域。伺服阀的重叠用两极名义流量曲线近似直线部分的延长线与零流量线相交的总间隔与额定电流的百分比表示,如图 5-22 所示。伺服阀的重叠分三种情况,即零重叠、正重叠和负重叠。

(6) 零偏　零偏是指使阀处于零位所需的输入电流值(不计阀的滞环的影响),

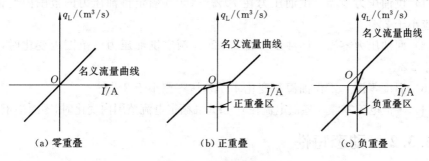

图 5-22　伺服阀的重叠

以额定电流的百分比表示。如图 5-21(a)所示。零偏通常小于 3%。

3. 压力特性

压力特性曲线是指当输出流量为零(两个负载油口关闭)时,负载压降与输入电流呈回环状的函数曲线,如图 5-23 所示。负载压力对输入电流的变化率就是压力增益,以 Pa/A 为单位。伺服阀的压力增益通常规定为最大负载压降的 ±40% 之间,负载压降对输入电流曲线的平均斜率(见图 5-23)。压力增益指标为输入 1% 的额定电流时,负载压降应超过 30% 的额定工作压力。

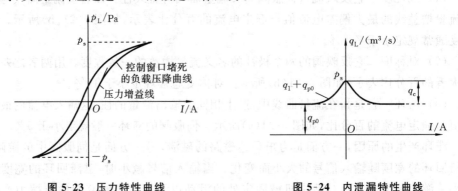

图 5-23　压力特性曲线　　　　　　图 5-24　内泄漏特性曲线

4. 内泄漏特性

内泄漏流量是负载流量为零时,从回油口流出的总流量,以 m^3/s 为单位。内泄漏流量随输入电流而变化(见图 5-24)。当阀处于零位时,内泄漏流量(零位内泄漏流量)最大。

对两级伺服阀而言,内泄漏流量由前置级的泄漏量 q_{p0} 和功率级泄漏流量 q_1 组成。功率级滑阀的零位泄漏流量 q_c 与供油压力 p_s 之比可作为滑阀的流量-压力系数。零位泄漏流量对新阀可作为滑阀制造质量的指标,对旧阀可反映滑阀的磨损情况。

5. 零漂

工作条件或环境条件变化时所导致的零位变化称为零漂,以其对额定电流的百分比表示。按规定,通常分供油压力零漂、回油压力零漂、温度零漂、零值电流零漂等。

(1) 供油压力零漂　供油压力在 70%～100% 额定供油压力的范围内变化时,零漂应小于 2%。

(2) 回油压力零漂　回油压力在 0～20% 额定供油压力的范围内变化时,零漂应小于 2%。

(3) 温度零漂　工作油温每变化 40 ℃时,零漂小于 2%。

(4) 零值电流零漂　零值电流在 0～100% 额定电流范围内变化时,零漂小于 2%。

5.3.2　动态特性

电液伺服阀的动态特性可用频率响应(频域特性)或瞬态响应(时域特性)表示,

一般用频率响应表示。

电液伺服阀的频率响应是指输入电流在其一频率范围内作等幅变频正弦变化时，空载流量与输入电流的复数比。频率响应特性用幅值比（dB）与频率及相位滞后（°）与频率的关系曲线，即波德（Bode）图表示（见图 5-25）。需要指出的是，伺服阀的频率响应曲线随供油压力、输入电流幅值和油温等工作条件的变化而变化。因此，动态响应曲线总是对应一定工作条件的，伺服阀产品型录通常是给出 $\pm 10\%$、$\pm 100\%$ 两组输入信号的试验曲线，而供油压力通常规定为 7 MPa。

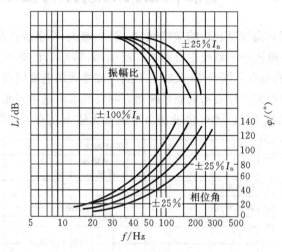

图 5-25　伺服阀的频率响应特性曲线

幅值比是某一特定频率下的输出流量幅值与输入电流之比，除以一指定频率（输入电流基准频率，通常为 5 Hz 或 10 Hz）下的输出流量与同样输入电流幅值之比。相位滞后是指某一指定频率下所测得的输入电流和与其相对应的输出流量变化之间的相位差。

伺服阀的幅值比为 -3 dB（即输出流量为基准频率时输出流量的 70.7%）时的频率定义为幅频宽，用 ω_{-3} 或 f_{-3} 表示；以相位滞后达到 $-90°$ 时的频率定义为相频宽，用 $\omega_{-90°}$ 或 $f_{-90°}$ 表示。由阀的频率特性曲线可以直接查得幅频宽 ω_{-3} 和相频宽 $\omega_{-90°}$，应取其中较小者作为阀的频宽值。频宽是伺服阀动态响应速度的度量，频宽过低会影响系统的响应速度，过高会使高频信号传到负载上去。伺服阀的幅值比一般 $\leqslant 2$ dB。通常力矩马达喷嘴挡板式两级电液伺服阀的频宽在 $100\sim130$ Hz 之间，动圈滑阀式两级电液伺服阀的频宽在 $50\sim100$ Hz 之间，电反馈高频电液伺服阀的频宽可达 250 Hz，甚至更高。

瞬态响应是指给电液伺服阀施加一个典型输入信号（通常为阶跃信号）时，阀的输出流量对阶跃输入电流的跟踪过程中表现出的振荡衰减特性。反映电液伺服阀瞬态响应快速性的主要时域性能指标有超调量、峰值时间、调节时间（亦称过渡过程时间）和衰减比等。相关知识详见本书第 6 章 6.1.2 节。

最后应当指出,上述表征电液伺服阀静、动态特性的曲线和主要性能参数可以通过理论分析和计算(如数字仿真)获得,但工程上精确的特性及指标参数只能通过实际测试试验获得。测取电液伺服阀静、动态特性曲线和相关性能指标的试验方法,以及试验装置与参考回路图详见国家标准 GB/T 15623—2003 或有关主管部门标准,如 GJB 3370—1998、HB 5610—1988。

5.4　电液伺服阀的选择与使用

电液伺服阀因其高精度和快响应特性,在航空、航天、军事装备及船舶、冶金等工业设备的开环或闭环电液控制系统中得到了广泛应用,特别是在那些要求连续控制的快响应、大功率输出的场合。图 5-26 反映了不同特性参数的电液伺服阀在各种工业设备中的应用状况。图中横坐标表示伺服系统动态响应要求所选用伺服阀的−90°相频宽,纵坐标表示伺服系统在 21 MPa 供油压力下的最大输出功率及伺服阀的额定流量。

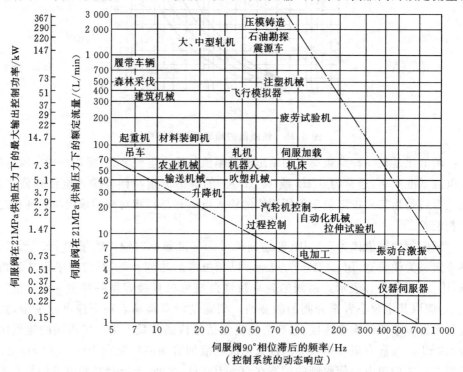

图 5-26　工业设备中电液伺服阀的应用状况

1. 电液伺服阀选择的一般原则

电液伺服阀的选择主要根据系统的控制功率及动态响应指标要求来确定。伺服阀的额定工作压力、额定流量(对压力伺服阀为额定流量容量)和动态性能指标等必须满足系统的使用要求。选择的一般原则如下。

（1）流量伺服阀的流量增益曲线应有很好的线性，并具有较高的压力增益。

（2）应具有较小的零位泄漏量，以免功率损失过大。

（3）伺服阀的不灵敏区要小，零漂、零偏也应尽量小，以减小由此引起的误差。

（4）对某些工作环境较恶劣的场合，应选用抗污染力较强的伺服阀，以提高系统的工作可靠性。

（5）伺服阀的频宽应满足系统的要求。对开环控制系统，伺服阀的相频宽比系统要求的相频宽大 $3\sim5$ Hz 就足以满足一般系统的要求；但对欲获得良好性能的闭环控制系统而言，则要求伺服阀的相频宽（$f_{-90°}$）为负载固有频率（f_L）的 3 倍以上，即

$$f_{-90°} \geqslant 3f_L \tag{5.4}$$

负载固有频率 f_L 由负载质量和液压刚度等参数确定，可由下式计算

$$f_L = \frac{1}{2\pi}\sqrt{\frac{K_0}{M}} = \frac{1}{2\pi}\sqrt{\frac{4\beta_e A^2}{MV_t}} \tag{5.5}$$

式中　K_0 为液压刚度（N/cm），$K_0 = 4\beta_e A^2/V_t$；β_e 为液压油的体积弹性模量（MPa），一般取 $\beta_e = 700\sim1\,400$ MPa；V_t 为伺服阀控制窗口（工作油口）到液压缸活塞（包括油管）的总容积（cm³）；M 为负载及活塞部件的质量（kg）。

需要说明的是，也不是说 $f_{-90°}$ 选得越高越好，因为这样不仅会增加不必要的成本，还会导致不需要的高频干扰信号进入系统。

2. 电液伺服阀规格的确定

和其他阀类的确定方法相同，伺服阀的额定压力应不小于使用压力。当然，也不是选的伺服阀额定压力越高就越好。因为同一个阀，使用压力不同，其特性也是有差异的。伺服阀在使用压力降低后，不但影响伺服阀的输出流量，还会使阀的不灵敏区增加、频宽降低等，所以在将高额定压力的伺服阀用于低压系统时也要慎重。

伺服阀的流量规格，是根据伺服系统动力机构执行元件所需的最大负载流量 q_{Lm} 与最大负载压力 p_{Lm} 及伺服阀产品样本提供的参数确定的。具体方法如下。

（1）伺服阀的输出流量要满足最大负载流量 q_{Lm} 的要求，而且应留有余量，这是为了考虑管路及执行元件流量损失的需要。通常取余量为负载所需最大流量的15%左右，对要求快速性高的系统可取 30%，即

$$q_v = (1.15\sim1.30)q_{Lm} \tag{5.6}$$

式中　q_v 为伺服阀的输出流量。

（2）考虑到伺服阀应尽可能工作在线性区这一基本要求，一般选择油源的供油压力为

$$p_s = \frac{3}{2}p_{Lm} \tag{5.7}$$

式中　p_s 为伺服系统油源供油压力。需要注意的是，p_s 不得超过系统中选用液压元件的额定压力。

(3) 计算阀压降

$$\Delta p_{\mathrm{v}} = p_{\mathrm{s}} - p_{\mathrm{Lm}} \tag{5.8}$$

(4) 由于制造厂样本提供的额定负载流量 q_{Lm} 是在额定阀压降 Δp_{vs} 下的数值,而阀在实际应用中的压降为 Δp_{v},故要将 q_{v} 折算成伺服阀样本所规定额定压降下的流量 q_{Ls},即

$$q_{\mathrm{Ls}} = q_{\mathrm{v}} \sqrt{\frac{\Delta p_{\mathrm{vs}}}{\Delta p_{\mathrm{v}}}} \tag{5.9}$$

(5) 再根据参数 Δp_{vs} 及 q_{Ls} 选择阀的规格。

3. 电液伺服阀的使用

1) 控制线圈的连接方式

伺服阀一般有 2 个控制线圈,它们可以串联或并联工作,也可以单线圈工作。使用时可根据需要采用图 5-27 中的任何一种连接方式。

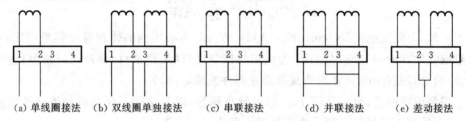

(a) 单线圈接法   (b) 双线圈单独接法   (c) 串联接法   (d) 并联接法   (e) 差动接法

图 5-27　伺服阀线圈的接法

(1) 单线圈接法　该接法如图 5-27(a) 所示。它的输入电阻等于单线圈电阻,线圈电流等于额定电流,电控功率 $P = I_{\mathrm{n}}^2 R_{\mathrm{c}}$。单线圈接法可减小电感的影响。对于双喷嘴挡板型两级伺服阀来说,由于力矩马达的 4 个工作气隙不可能做到完全相等和对称,单线圈工作时往往导致伺服阀流量特性不对称度加大,因此,一般不推荐采用单线圈工作。

(2) 双线圈单独接法　此接法如图 5-27(b) 所示。一个线圈接输入,另一个线圈可用来调偏、接反馈或引入颤振信号。

(3) 串联接法　将两个控制线圈串联连接,如图 5-27(c) 所示。其输入电阻为单线圈电阻的两倍,额定电流为单线圈时的一半,电控功率 $P = \dfrac{1}{2} I_{\mathrm{n}}^2 R_{\mathrm{c}}$。串联接法的特点是额定电流和电控功率小,但易受电源电压变动的影响。

(4) 并联接法　将两个控制线圈并联连接,如图 5-27(d) 所示。此时输入电阻为单线圈电阻的一半,额定电流为单线圈接法时的额定电流,电控功率也是 $P = \dfrac{1}{2} I_{\mathrm{n}}^2 R_{\mathrm{c}}$。这种接法的特点是可靠性高,一个线圈坏了阀仍能工作,具有余度作用,但易受电源电压变动的影响。串联和并联两种接法相比,推荐采用并联接法,因线圈并联工作时的电感也比串联工作时的电感小得多。

(5) 差动接法　两个控制线圈的差动接法如图 5-27(e) 所示。当两个线圈差动

连接时,要使主阀芯有最大位移,信号电流应等于额定电流的一半。其电控功率 $P = I_n^2 R_c$。差动接法的特点是不易受伺服放大器电源电压变动的影响。

还需指出,伺服阀线圈电阻公差,按标准规定为额定电阻的 10%,用户也无必要提出更严格的要求。对功率级为深度电流反馈的伺服放大器而言,10% 的线圈电阻差异不会对系统工作产生任何不利影响。实际应用中,伺服阀的电阻和额定电流有多种规格,对于动态特性要求很高的伺服系统,建议选用电阻小、额定电流大的伺服阀,因为相应的力矩马达线圈匝数少、电感小,尽管伺服放大器的功率级无一例外地采用深度电流反馈型,但较小的电感将减轻高频时伺服放大器功率级的负担。

2) 颤振信号的频率与幅值

为提高伺服阀的分辨率,改善系统性能,可以在伺服阀的输入信号上叠加一个高频低幅值的电信号,使伺服阀处在一个颤振状态中,以减小或消除伺服阀中由于干摩擦所产生的游隙及防止阀芯卡死。颤振频率一般取伺服阀频宽的 $1.5 \sim 2$ 倍。例如伺服阀的频宽为 $200 \sim 300$ Hz,则颤振频率取 $300 \sim 400$ Hz。要注意不应与伺服阀或执行元件及负载的谐振频率重合。颤振幅值应足以使峰间值填满游隙宽度,这相当于主阀芯运动位移约为 $2.5\ \mu m$,幅值不能过大,要避免通过伺服阀传递到负载。颤振信号的幅值一般取 10% 左右的额定电流值。颤振信号的波形采用正弦波、三角波和方波的效果是相同的。从另一角度看,附加颤振信号也会增加滑阀节流边及阀芯外圆和阀套内孔的磨损,以及力矩马达的弹性支承元件的疲劳,缩短伺服阀的使用寿命。因此在一般情况下,应尽可能不加颤振信号。

3) 伺服阀的安装底座

(1) 伺服阀的安装底座应有足够的刚度　一般可用铁磁材料,如 45、2Cr13 等结构钢制造,也可用铝合金等非铁磁性材料制造,但不允许用磁性材料制造。伺服阀不应安装在振动强烈或运动有剧变的机器部件上,周围也不允许有较强的电磁场干扰。

(2) 安装底座的表面粗糙度应小于 $1.6\ \mu m$,表面平面度不大于 0.025 mm。

4) 伺服系统的连接管路

伺服系统的连接管路可采用冷拔钢管、铜管和不锈钢管。伺服阀与执行元件的连接管路不能太长,太长会降低系统频宽。因此,最好将伺服阀直接安装在执行元件的壳体上,以免使用外接油管。另外,还务必注意:

(1) 油管通径应保证高压油的最大流速小于 3 m/s,回油最大速度小于 1.5 m/s;

(2) 伺服阀的供油口前应设置绝对过滤度不大于 $10\ \mu m$ 的高压过滤器,为使伺服阀工作更可靠和延长使用寿命,最好采用绝对过滤度不大于 $6\ \mu m$ 的高压过滤器;

(3) 系统试安装完毕后,要用清洗板代替伺服阀循环清洗回路,避免伺服阀受到污染。

思考题及习题

5-1　简述电液伺服阀的基本组成及各部分的作用。

5-2　根据反馈的形式不同,电液伺服阀分为哪几类? 从压力-流量特性曲线来看,它们有何差别?

5-3　简述两级滑阀式电液伺服阀的工作原理。

5-4　在什么情况下电液伺服阀可看成振荡环节、惯性环节或比例环节?

5-5　射流管伺服阀有何优、缺点?

5-6　为什么力反馈伺服阀流量控制的精确性需要靠功率级滑阀的加工精度来保证?

5-7　压力伺服阀和压力-流量伺服阀有什么区别?

5-8　压力-流量伺服阀与动压反馈伺服阀有什么区别?

5-9　简述电液伺服控制线圈的几种连接方式,它们各有什么特点?

5-10　已知某电液伺服系统的液压动力机构所需的最大负载力为 $F_{Lm}=35\,000$ N,最大负载速度为 $v_{Lm}=0.036$ m/s,试选择伺服阀并写出该电液伺服阀的传递函数。

5-11　已知电液伺服阀的压力增益为 5×10^5 Pa/mA,伺服阀控制的液压缸作用面积为 $A_p=50\times10^{-4}$ m²。当要求液压缸输出力 $F=50$ kN 时,伺服阀的输入电流 Δi 应是多少?

5-12　电液伺服阀的供油压力 $p_s=21$ MPa,液压缸所拖动的负载力 $F=42$ kN,负载速度 $v=10^{-1}$ m/s,试求液压缸的作用面积 A_p 及伺服阀的流量 q_L。

第6章

电液伺服控制系统

电液伺服控制系统(也称电液伺服系统)是电液控制技术最早出现的一种应用形式。通常所说的电液伺服控制系统,从其构成来说,就是指以电液伺服阀(或伺服变量泵)作为电液转换和放大元件来实现某种控制规律的系统,它的输出信号能跟随输入信号快速变化,所以有时也称随动系统。电液伺服控制系统将液压技术和电气、电子技术有机地结合起来,既具有快速易调和高精度响应的特性,又有控制大惯量实现大功率输出的优势,因而在国防和国民经济建设各个技术领域得到了广泛的应用。本章介绍电液伺服控制系统特性分析与性能改善的相关理论和方法,并介绍电液伺服控制系统的设计及实例。

6.1 电液伺服控制系统的类型与性能评价指标

6.1.1 电液伺服控制系统的类型

电液伺服控制系统属于电液控制系统大类,也可从不同的角度划分细类。如:按被控物理量的性质分为位置控制、速度控制、力(或压力)控制系统等;按控制元件的类型和驱动方式分为阀控(节流控制)、泵控(容积控制)系统;按输出功率的量级分为大功率、中小功率系统。随着计算机技术的发展,特别是抗干扰能力和可靠性的提高,电液控制技术也在发展、变化。根据输入信号和检测装置反馈信号的形式不同,电液伺服控制系统又可分为模拟式伺服系统和数字式伺服系统。

模拟式伺服系统是指输入量为模拟信号,检测反馈量也为模拟信号,系统中全部信号都是连续的模拟量的一类系统。连续的电信号可以是直流量,也可以是交流量,它们的相互转换可以通过调制器或解调器完成。

模拟式伺服系统的重复精度高,响应速度快,但分辨率较低(绝对精度低)。模拟式检测装置的精度受制造的限制,一般不如数字式检测装置的精度高。另外,模拟伺服系统的精度还受噪声和零漂的影响,当输入信号接近或小于输入端的噪声和零漂时,系统就不能进行有效的控制。

数字式伺服系统是指系统中全部或部分信号为离散量的一类控制系统。因此，数字式伺服系统又分为全数字伺服系统和数字-模拟式伺服系统。在全数字伺服系统中，全部信号为离散脉冲量，通常由计算机向系统输入数字指令脉冲信号，通过电液数字阀控制电液步进马达或步进液压缸，系统的输出则通过数字式测量装置(如编码器)检测并反馈至输入端，从而构成全数字闭环控制系统。近代电液控制系统多采用计算机控制形式，由于计算机只能接收数字量，而液压动力部件又是模拟式的，这种数、模信号混合的系统就称为数字-模拟式伺服系统。这类系统中至少有一处信号但又不全部为离散脉冲量。因既有数字信号，又有模拟信号，故系统中必有数/模转换和模/数转换接口装置。图 6-1 所示为某数字-模拟式电液伺服系统原理框图。在该系统中，指令、反馈、比较、放大和校正功能都由计算机来完成，其中校正环节只是一个软件程序，因此控制十分灵活，很容易改变控制规律。

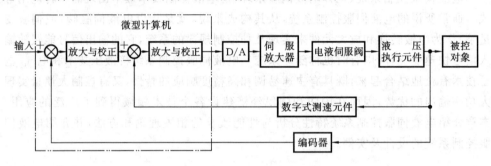

图 6-1　数字-模拟式电液伺服系统原理框图

由于数字检测装置有很高的分辨率，因此数字伺服系统可以得到很高的绝对精度。数字伺服系统的输入信号是很强的脉冲电压，受模拟量的噪声和零漂的影响小，其精度取决于脉冲当量，脉冲当量越小，精度越高。所以在要求较高的绝对精度而不是较高的重复精度时，常采用数字伺服系统形式。此外，由于计算机的运用，能发挥多功能优势，利用计算机对信息进行存储、解算和控制，可在大系统中实现多环路、多变量的实时控制，因此数字伺服系统有着极其广泛的发展前景。

也应该看到，采用计算机控制的数字-模拟式伺服系统，由于存在信号变换，其采样频率受到限制，一般较低，所以其动态响应的快速性往往不如模拟伺服系统。从经济性、可靠性和快速性方面来看，简单的电液伺服系统还是以模拟式控制为宜。

采用电液数字阀的全数字伺服控制系统在本书 9.2 节介绍，而数字-模拟式伺服系统的分析在计算机控制一类的书中都有详细的介绍。本章只讨论模拟式电液伺服系统。

6.1.2　电液伺服控制系统的性能评价指标

性能优良的电液伺服控制系统，其组成的元、部件也应具有良好的静、动态性能。但一些性能优良的元、部件不一定能构成一个性能良好的控制系统。设计者必须充分考虑组成元、部件参数的合理选择和匹配问题。一个电液伺服控制系统的性能优劣,是否满足工作要求,通常要根据静、动态两方面的性能指标来评价。

1. 静态性能指标

(1) 最大的输出力(或力矩),即要求系统有足够拖动负载的能力。

(2) 最大的输出位移、速度、加速度和最大功耗等,即应能满足系统被控物理量最大值的要求。

(3) 最大摩擦力、死区、间隙等,用以保证系统的线性度,避免出现极限环振荡和爬行等现象。

(4) 具有良好的密封性能,如系统在低压、超压和循环工作条件下,允许有可见油膜但不得有油滴落下。

(5) 对系统工作环境、工作介质、使用寿命、质量和外形尺寸等的要求。

2. 动态性能指标

全面表征控制系统的动态性能一般要用稳定性、快速性和准确性三方面的指标。通常以时域性能指标、频域性能指标或时域最佳化积分准则等综合性能指标等形式给出。

1) 时域性能指标

时域分析中的阶跃响应特性曲线(见图 6-2)直观地反映了控制系统瞬态响应的过渡过程,由它可确定系统的超调量 σ_p、调节时间 t_s、峰值时间 t_p、衰减比 η 和振荡次数 N 共 5 个参数,它们能表达系统时域瞬态响应的特性,所以也称时域动态性能指标。

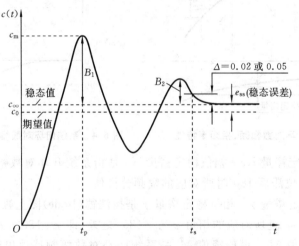

图 6-2　阶跃响应特性曲线

(1) 超调量 σ_p　σ_p 表示系统过冲程度,设输出量 $c(t)$ 的最大值为 c_m,$c(t)$ 的稳态值为 c_∞,则超调量定义为

$$\sigma_p = \frac{|c_m| - |c_\infty|}{|c_\infty|} \times 100\%$$

超调量通常以百分数表示。

(2) 调节时间 t_s t_s 反映了系统过渡过程时间的长短,当 $t > t_s$ 时,若 $|c(t) - c_\infty|$ $< \Delta$,则 t_s 定义为调节时间,亦称过渡过程时间,式中 c_∞ 是输出量 $c(t)$ 的稳态值,Δ 可根据系统的具体工作情况取 $0.02c_\infty$ 或 $0.05c_\infty$。

(3) 峰值时间 t_p t_p 是指过渡过程到达第一个峰值所需要的时间,它反映了系统对输入信号响应的快速性。

(4) 衰减比 η 衰减比 η 表示过渡过程衰减的快慢程度,它定义为过渡过程第 1 个峰值 B_1 与第 2 个峰值 B_2 的比值,即

$$\eta = \frac{B_1}{B_2}$$

通常,希望 $\eta = 4 : 1$。

(5) 振荡次数 N 振荡次数 N 反映了控制系统的阻尼特性。它定义为系统的输出量 $c(t)$ 进入稳态前,穿越 $c(t)$ 稳态值 c_∞ 的次数的一半。

2) 频域性能指标

频域性能指标由系统的开环和闭环对数幅频、相频率特性(见图 6-3 和图 6-4)来定义。

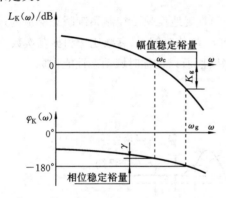
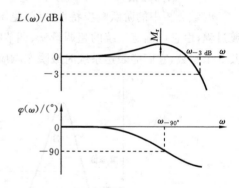

图 6-3 系统开环对数幅频、相频率特性   图 6-4 系统闭环对数幅频、相频率特性

(1) 幅值稳定裕量 K_g 幅值稳定裕量 K_g 是指系统开环对数幅相频特性(波德(Bode)图)中,相位滞后 $180°$ 时所对应的幅频分贝值。

(2) 相位稳定裕量 γ 相位稳定裕量 γ 是指波德(Bode)图上幅频特性曲线与零分贝线交接频率 ω_c 处所对应的相角 φ 与 $-180°$ 之差(即 $\gamma = 180° + \varphi$)。

(3) 谐振峰值 M_r 谐振峰值 M_r 是系统闭环对数幅频特性出现谐振时最大振幅比的分贝值。

(4) 幅频宽 ω_{-3dB} 幅频宽又称带宽,它是系统闭环对数幅频特性幅值比下降到 $-3dB$ 时对应的频率,记为 $\omega_{-3dB}(Hz)$。

(5) 相频宽 $\omega_{-90°}$ 相频宽是系统闭环对数相频特性相位滞后 90° 时对应的频率,记为 $\omega_{-90°}(Hz)$。

以上列出的时域和频率性能指标,可以表征控制系统的稳定性和快速性。稳定性是控制系统首要的性能要求,常用超调量 σ_p、幅值稳定裕量 K_g、相位稳定裕量 γ 和谐振峰值 M_r 作为控制系统的稳定性指标。对电液伺服控制系统来说,系统的超调量 σ_p 一般限定在不大于 30% 的范围内;若系统简化为二阶主导极点系统,则选 σ_p = 10% 更为合理,因为这时系统的阻尼比 $\zeta \approx 0.6$。幅值稳定裕量 K_g 通常要求为 10~20 dB;相位稳定裕量 γ 一般要求为 $30° \sim 60°$。而谐振峰值 M_r 取值为 0 dB $< M_r <$ 3 dB,工程应用中推荐 $M_r < 2$ dB。快速性指标是描述控制系统完成调节作用的快慢程度和复现输入信号能力强弱的性能指标。常用调节时间 t_s、幅频宽 $\omega_{-3\text{dB}}$ 和相频宽 $\omega_{-90°}$ 等参数表示。对电液伺服控制系统,调节时间 t_s 多在毫秒至秒数量级;幅频宽和相频宽一般在几至几十赫兹,而且相频宽通常低于幅频宽。

3. 准确性指标

1) 稳态误差

一个稳定的线性控制系统在过渡过程结束达到稳态时,其输出量不可能与期望输出值完全一致,也不可能在任何形式的扰动作用下都准确地恢复到原来的平衡位置,这种最终结果的误差就称为稳态误差。稳态误差与系统本身的结构和输入信号的形式有关,它是系统控制精度(即准确性)的一种度量。从控制理论的角度,也就是与系统的型号有关。系统的型号并不是系统的阶次。所谓系统的型号,是以控制系统的开环传递函数

$$\frac{K(1+\tau_1 s)(1+\tau_2 s)\cdots(1+\tau_m s)}{s^v(1+T_1 s)(1+T_2 s)\cdots(1+T_{n-v}s)}$$

中所串联的积分环节个数(即 v 值)确定的。

如 $v=0$ 称为零型系统,$v=1$ 称为 Ⅰ 型系统,$v=2$ 称为 Ⅱ 型系统……

这样定义系统型号后,可以迅速判断系统是否存在稳态误差及其大小。比如 Ⅰ 型和 Ⅱ 型以上型号的系统,对阶跃输入信号就不存在稳态误差。从减少稳态误差的角度考虑,提高系统的型号是一条有效途径,但型号的提高将导致稳定性变差,基于这种考虑,电液伺服控制系统又多采用零型和 Ⅰ 型系统。

2) 动态误差系数

稳态误差不能提供误差随时间的变化规律,稳态误差相同的系统不一定动态误差也一样。为提供系统误差的动态信息,定义了动态误差系数。

系统的稳态误差表达式为

$$e_{ss} = \lim_{t \to \infty} e(t) = \phi_e(0)r(t) + \dot{\phi}_e(0)\dot{r}(t) + \frac{1}{2!}\ddot{\phi}_e(t)\ddot{r}(t) + \cdots$$

$$= C_0 r(t) + C_1 \dot{r}(t) + C_2 \ddot{r}(t) + \cdots$$

式中　$\phi_e(0)$ 为 $s=0$ 时的稳态误差传递函数值;$r(t)$ 为输入信号;$C_0, C_1, C_2, \cdots$ 分别为动态位置、速度、加速度误差系数。

对控制过程很短,控制精度要求很高的系统,准确性指标应采用动态误差系数来

描述。

4. 综合性能指标

在最优控制系统设计时,经常使用综合性能指标来评价一个控制系统。如采用时间乘误差绝对值积分(integral of time multiplied by the absolute value of error,ITAE)性能准则,使 $J = \int_0^\infty t \mid e(t) \mid \mathrm{d}t$ 值为最小。表 6-1 列出了基于 ITAE 准则的各阶闭环传递函数的最佳形式,可供设计时参考。

表 6-1　阶跃零误差系统 ITAE 最小的闭环传递函数标准形式

n 阶系统闭环传递函数一般式		$\phi(s) = \dfrac{a_n}{s^n + a_1 s^{n-1} + a_2 s^{n-2} + \cdots + a_{n-1}s + a_n}$;　式中　$a_n = \omega_n^n$
传递函数标准形式的分母多项式	一阶系统	$s + \omega_n$
	二阶系统	$s^2 + 1.4\omega_n s + \omega_n^2$
	三阶系统	$s^3 + 1.75\omega_n s^2 + 2.15\omega_n^2 s + \omega_n^3$
	四阶系统	$s^4 + 2.1\omega_n s^3 + 3.4\omega_n^2 s^2 + 2.7\omega_n^3 s + \omega_n^4$
	五阶系统	$s^5 + 2.8\omega_n s^4 + 5.0\omega_n^2 s^3 + 5.5\omega_n^3 s^2 + 3.4\omega_n^4 s + \omega_n^5$
	六阶系统	$s^6 + 3.25\omega_n s^5 + 6.60\omega_n^2 s^4 + 8.60\omega_n^3 s^3 + 7.45\omega_n^4 s^2 + 3.95\omega_n^5 s + \omega_n^6$

值得注意的是,在设计控制系统时选择不同的性能指标,所得到的系统参数、结构等也会有所不同。一个电液伺服控制系统应如何评价,究竟应选用哪些性能指标,指标又取何值?因系统的工作条件和所控制的物理量各式各样,所以动态性能指标的选取也应区别对待,需要斟酌具体情况进行正确选择。

6.2　电液位置伺服系统

电液位置伺服系统是最常见的液压控制系统,在速度、力、功率控制的伺服系统中,也常存在位置内环,因此掌握电液位置伺服系统的分析与设计是非常重要的。

按功率控制元件的不同,电液位置伺服系统分阀控电液位置伺服系统和泵控电液位置伺服系统,它们的组成如图 6-5 所示。由于电液位置控制系统的输入信号是电信号,或者在信号传递过程中用了电元件和电信号,但输出的是机械位移量,因此兼有电信号快速及液压元件功率大、响应快的优点,故应用越来越广。下面以阀控马达式电液位置伺服系统为例进行详细讨论。

6.2.1　电液位置伺服系统的方框图与传递函数

图 6-6 所示为采用一对自整角机作为测量输入轴与输出轴之间的角差的电液位置伺服系统。

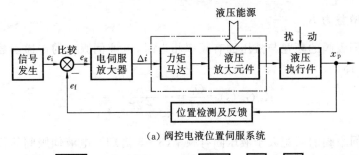

（a）阀控电液位置伺服系统

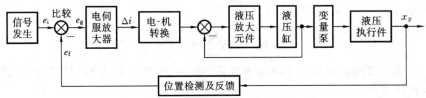

（b）泵控电液位置伺服系统

图 6-5　电液位置伺服系统原理图

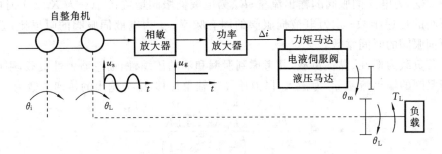

图 6-6　阀控马达电液位置伺服系统原理图

根据自整角机的工作原理,自整角机的输出电压为

$$u_s = K_s \sin(\theta_i - \theta_L) \tag{6.1}$$

式中　θ_i 为自整角机发送器转子轴的转角,即系统的输入信号;θ_L 为自整角机接收器转子轴的转角,即负载输出转角,也就是系统的反馈量;K_s 为取决于自整角机的常数,称为自整角机的增益。

在输入量与输出量间的误差角 θ_e 不大的条件下,$\sin(\theta_i - \theta_L) \approx \theta_i - \theta_L = \theta_e$,因此式(6.1)可以写成

$$u_s = K_s(\theta_i - \theta_L) = K_s \theta_e \tag{6.2}$$

自整角机输出的交流电压信号为 u_s,经过相敏放大器整流后,交流电压信号转换成直流电压信号 u_g。u_g 的大小比例于 u_s 的幅值,u_g 的极性对应于 u_s 的相位。直流放大器输入为 u_g,输出为差动电流 Δi。由于这些电气元件的动态过程与液压动力元件相比可以忽略并可以看成比例环节,相敏放大器的增益为

$$K_d = \frac{u_g}{u_s} \tag{6.3}$$

功率放大器增益为 $K_a = \dfrac{\Delta i}{u_g}$。

当电液伺服阀的频宽与液压固有频率相近时,电液伺服阀的传递函数可用二阶环节来表示,即

$$K_{sv}G_{sv}(s) = \frac{Q_L}{\Delta I} = \frac{K_{sv}}{\dfrac{s^2}{\omega_{sv}^2} + \dfrac{2\zeta_{sv}}{\omega_{sv}}s + 1} \tag{6.4}$$

当电液伺服阀的频宽大于液压固有频率(3～5倍)时,电液伺服阀的传递函数可用一阶环节来表示,即

$$K_{sv}G_{sv}(s) = \frac{Q_L}{\Delta I} = \frac{K_{sv}}{T_{sv}s + 1} \tag{6.5}$$

当电液伺服阀的频宽大于液压固有频率(5～10倍)时,电液伺服阀的传递函数可用比例环节表示,即

$$K_{sv}G_{sv}(s) = \frac{Q_L}{\Delta I} = K_{sv}$$

式中　Q_L 为电液伺服阀的输出流量;K_{sv} 为电液伺服阀增益;$G_{sv}(s)$ 为 $K_{sv}=1$ 时电液伺服阀的传递函数;ω_{sv} 为电液伺服阀的固有频率;ζ_{sv} 为电液伺服阀的阻尼比;T_{sv} 为电液伺服阀的时间常数。

若负载为惯性、黏性负载,并考虑到泄漏和油的压缩性,而忽略弹性负载,则以电液伺服阀的输出流量 q_L 为输入、以液压马达轴角位移 θ_m 为输出的传递函数为

$$\Theta_m = \frac{\dfrac{1}{D_m}Q_L - \dfrac{K_{ce}}{D_m^2}\left(1 + \dfrac{V_t}{4\beta_e K_{ce}}s\right)\dfrac{T_L}{i}}{s\left(\dfrac{s^2}{\omega_h^2} + \dfrac{2\zeta_h}{\omega_h}s + 1\right)} \tag{6.6}$$

式中　i 为齿轮传动比,其他符号意义同前。

齿轮传动比为

$$i = \frac{\theta_m}{\theta_L} \tag{6.7}$$

由式(6.1)至式(6.7)可以画出系统的方框图,如图6-7所示。由该方框图写出的系统开环传递函数为

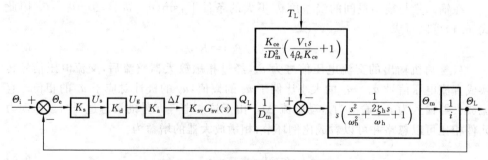

图 6-7　电液位置伺服系统方框图

$$G(s)H(s)=\frac{K_v G_{sv}(s)}{s\left(\dfrac{s^2}{\omega_h^2}+\dfrac{2\zeta_h}{\omega_h}s+1\right)} \qquad (6.8)$$

式中　K_v 为开环增益(也称速度放大系数),$K_v=\dfrac{K_s K_d K_a K_{sv}}{iD_m}$。

　　显然,式(6.8)所表示的系统还比较复杂,一般情况下,可以进一步简化。因为电液伺服阀的响应速度较快,与液压动力元件相比,其动态特性可以忽略不计,而把它看成比例环节,因此系统的方框图可以简化为如图 6-8 所示的形式,系统的开环传递函数可以简化为

$$G(s)H(s)=\frac{K_v}{s\left(\dfrac{s^2}{\omega_h^2}+\dfrac{2\zeta_h}{\omega_h}s+1\right)} \qquad (6.9)$$

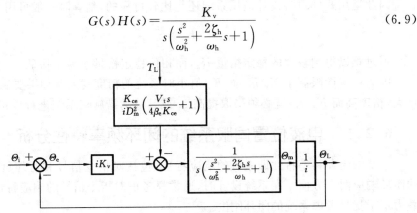

图 6-8　电液位置伺服系统简化方框图

　　图 6-8 所示的简化方框图和式(6.9)所示的简化开环传递函数很有代表性,一般的液压位置伺服系统往往都能够简化成这种形式。

6.2.2　电液位置伺服系统的稳定性分析

　　根据系统的开环传递函数式(6.9)就可绘制系统的开环波德图。图 6-9 所示为典型的液压伺服系统的积分加振荡环节波德图,其稳定判据及稳定裕量分别为

$$K_v < 2\zeta_h \omega_h \qquad (6.10)$$

$$K_g = \frac{2\zeta_h \omega_h}{K_v} \qquad (6.11)$$

　　一般说来,ω_h 的计算值比较精确。液压系统的阻尼系数 ζ_h 一般为 $0.1 \sim 0.2$,根据稳定条件式(6.10)或式(6.11),就可以计算出系统的开环增益 K_v。又因为 $K_v \approx \omega_c$,穿越频率 ω_c 也可求出。穿越频率高,相当于频宽高。因此,从稳定性出发,在开环波德图上就可以选定或算出液压位置系统的一些主要参数。

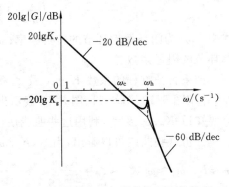

图 6-9　电液位置伺服系统开环波德图

阻尼系数 ζ_h 的计算值一般要小于系统的实测值,这是因为:

(1) 滑阀的径向间隙不可能为零,实际上有正开口,也就是实际阀的压力流量系数高于理论计算值;

(2) 计算时忽略了各种摩擦;

(3) 实际工作时都是有负载的,有负载时的 K_q 小于空载时的 K_{q0},有负载时的 K_c 大于空载时的 K_{c0},K_q 减小和 K_c 增大都有利于系统稳定;

(4) 只有在工作频率接近谐振频率 ω_h 时才有稳定性问题,当工作频率接近 ω_h 时,负载压力趋于饱和,也将接近 p_s,K_c 变得很大,阻尼系数比较高。

因此运用式(6.10)设计液压系统还是比较可靠的,估算时一般可用

$$K_v \approx \frac{\omega_h}{3} \tag{6.12}$$

不过难以得到较大的稳定裕量 K_g,而相位稳定裕量 γ 易于保证。

因为稳定性限制了 K_v 值,而 K_v 值小时系统的精度就差。如果要稳定性好而裕量大,精度高而 K_v 大,就必须采取提高 ζ_h 或其他的措施对系统进行校正。

6.2.3　电液位置伺服系统的闭环频率特性分析

系统的闭环频率特性即系统的响应特性,包括对指令信号和对外负载力矩干扰的闭环响应两个方面。在系统设计时,通常只考虑对指令信号的响应特性,而对外负载力矩干扰只考虑系统的闭环刚度。

1. 对指令信号输入的闭环频率响应

由图 6-8 可得系统闭环传递函数

$$\frac{\Theta_L}{\Theta_i} = \frac{1}{\dfrac{s^3}{K_v\omega_h^2} + \dfrac{2\zeta_h s^2}{K_v\omega_h} + \dfrac{s}{K_v} + 1} \tag{6.13}$$

这是个三阶系统,其特征方程可以因式分解为一个一阶因式和一个二阶因式,也就是说电液位置伺服系统的闭环传递函数可以用惯性加振荡环节来表示,即

$$\frac{\Theta_L}{\Theta_i} = \frac{1}{\left(\dfrac{s}{\omega_b}+1\right)\left(\dfrac{s^2}{\omega_{nc}^2}+\dfrac{2\zeta_{nc} s}{\omega_{nc}}+1\right)} \tag{6.14}$$

式中　ω_b 为闭环惯性环节的转折频率;ω_{nc} 为闭环振荡环节的固有频率;ζ_{nc} 为闭环振荡环节的阻尼系数。

如果特征方程的系数 K_v、ω_h 及 ζ_h 等有具体数值,可以用代数法求得 ω_b、ω_{nc} 和 ζ_{nc},并用图 6-10、图 6-11、图 6-12 表示出来,它们都是无因次的曲线。实际应用中,只要知道 K_v、ω_h 及 ζ_h,利用这些曲线便可以查得闭环系统的参数 ω_b、ω_{nc} 及 ζ_{nc}。

分析这些曲线可以看出,当 ζ_h、K_v/ω_h 较小时,闭环参数与开环参数有如下关系:

$$\omega_b \approx K_v,\ \omega_{nc} \approx \omega_h,\ \zeta_{nc} \approx \zeta_h - \frac{K_v}{2\omega_h}$$

由于未校正的液压位置伺服系统的 ζ_h 很小,K_v/ω_h 因受稳定性限制也较小,一

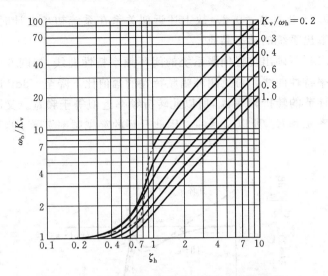

图 6-10　闭环惯性环节转折频率的无因次曲线

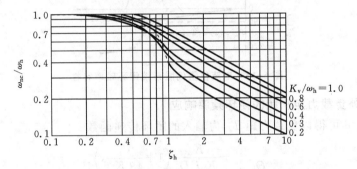

图 6-11　闭环振荡环节固有频率的无因次曲线

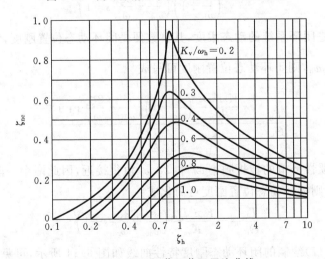

图 6-12　闭环振荡环节阻尼比曲线

般取 $K_v/\omega_h=0.2\sim0.4,\zeta_h=0.2$。故上述近似关系在系统初步设计时是很有用的,利用它可以估算出系统的动态品质。

根据式(6.14)可画出位置伺服系统的闭环频率特性曲线,如图 6-13 所示,图中虚线为开环频率特性曲线。可见闭环幅频特性的幅值比下降至 $-3\mathrm{dB}$ 时的频率恰好接近闭环惯性环节的转折频率 ω_b,所以此转折频率近似等于频宽。又因为开环幅频特性的穿越频率 $\omega_c\approx K_v$,所以 $\omega_c\approx\omega_b$。因此开环的穿越频率实际上也可近似地看成频宽。

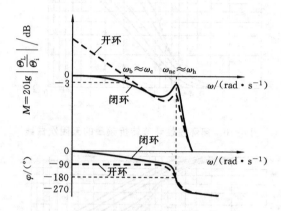

图 6-13　电液位置伺服系统闭环频率特性

2. 对外负载力矩干扰的闭环频率响应

由图 6-8 可得以负载力矩 T_L 为输入的闭环传递函数

$$\frac{\Theta_L}{T_L}=\frac{-\dfrac{K_{ce}}{K_v i^2 D_m^2}\left(1+\dfrac{V_t}{4\beta_e K_{ce}}s\right)}{\left(\dfrac{s}{\omega_b}+1\right)\left(\dfrac{s^2}{\omega_{nc}^2}+\dfrac{2\zeta_{nc}}{\omega_{nc}}s+1\right)} \tag{6.15}$$

式(6.15)是闭环系统的动态柔度,其倒数便是闭环动态位置刚度,考虑到 $B_m=0$ 时,$\dfrac{4\beta_e K_{ce}}{V_t}=2\zeta_h\omega_h$,则闭环动态位置刚度可写成

$$\frac{T_L}{\Theta_L}=\frac{-\dfrac{K_v i^2 D_m^2}{K_{ce}}\left(\dfrac{s}{\omega_b}+1\right)\left(\dfrac{s^2}{\omega_{nc}^2}+\dfrac{2\zeta_{nc}}{\omega_{nc}}s+1\right)}{\dfrac{s}{2\zeta_h\omega_h}+1} \tag{6.16}$$

由于闭环惯性环节的转折频率 ω_b 和 $2\zeta_h\omega_h$ 值很接近,因此两个一阶环节的动态作用基本抵消,则闭环动态位置刚度可简化成

$$\frac{T_L}{\Theta_L}=-\frac{K_v i^2 D_m^2}{K_{ce}}\left(\frac{s^2}{\omega_{nc}^2}+\frac{2\zeta_{nc}}{\omega_{nc}}s+1\right) \tag{6.17}$$

根据式(6.17)绘制的闭环动态刚度特性曲线如图 6-14 所示,可见当 $\omega<\omega_{nc}$ 时,闭环动态刚度基本恒定,在谐振频率 ω_{nc} 处闭环位置刚度最小,其值为

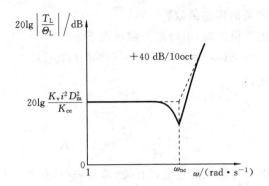

图 6-14　电液位置伺服系统闭环动态刚度特性

$$\left|-\frac{T_L}{\Theta_L}\right|_{min}=\frac{2\zeta_{nc}K_v i^2 D_m^2}{K_{ce}} \tag{6.18}$$

在式(6.16)中,令 $s=0$,可得系统的闭环静态位置刚度为

$$\left|-\frac{T_L}{\Theta_L}\right|_{\omega=0}=\frac{K_v i^2 D_m^2}{K_{ce}} \tag{6.19}$$

与开环的静态位置刚度相比,闭环的静态位置刚度提高了 K_v 倍,这是由于闭环控制补偿了负载引起的速度降,即闭环系统具有抗干扰的能力。

上面所讨论的刚度,完全是电液伺服系统本身的刚度,不包括连接件、机械传动装置和机架等部件的刚度。因此设计电液伺服系统时必须同时注意机械部件的设计。

6.2.4　电液位置伺服系统的稳态误差分析

一般工程设计首先要保证的是稳态误差要求,稳态误差表示系统的控制精度,是伺服控制系统的一个重要的性能指标。稳态误差是响应结束后系统输出量的希望值与实际值之差,包括由指令输入、外负载力(或力矩)等外干扰和系统中的零漂、死区等内干扰引起的误差。

1. 指令输入引起的稳态误差

由指令输入引起的稳态误差也称跟随误差。根据稳态误差的定义有

$$E_i(s)=\frac{\Theta_i(s)}{H(s)}-\Theta_L(s) \tag{6.20}$$

式中　$E_i(s)$ 为稳态误差的拉氏变换;$\Theta_i(s)$ 为指令输入的拉氏变换;$H(s)$ 为反馈通道的拉氏变换;对于图 6-8 所示的单位反馈系统,$H(s)=1$;$\Theta_L(s)$ 为输出量的实际值的拉氏变换。

根据图 6-8 和式(6.20)可求出系统对指令输入的误差传递函数为

$$\Phi_{ei}(s)=\frac{E_i(s)}{\Theta_i(s)}=\frac{1}{1+G(s)}=\frac{s\left(\dfrac{s^2}{\omega_h^2}+\dfrac{2\zeta_h}{\omega_h}s+1\right)}{s\left(\dfrac{s^2}{\omega_h^2}+\dfrac{2\zeta_h}{\omega_h}s+1\right)+K_v} \tag{6.21}$$

式中　$G(s)$为前向通道的传递函数。

利用拉氏变换的终值定理,求得稳态跟随误差为

$$e_i(\infty)=\lim_{s\to 0}sE_i(s)=\lim_{s\to 0}s\Phi_{ei}(s)\Theta_i(s)$$

将式(6.21)代入上式,得

$$e_i(\infty)=\lim_{s\to 0}\frac{s^2\left(\frac{s^2}{\omega_h^2}+\frac{2\zeta_h}{\omega_h}s+1\right)}{s\left(\frac{s^2}{\omega_h^2}+\frac{2\zeta_h}{\omega_h}s+1\right)+K_v}\Theta_i(s) \tag{6.22}$$

可见系统稳态误差与输入信号形式有关,即与$\Theta_i(s)$有关。下面讨论Ⅰ型系统在阶跃输入、等速输入、等加速输入信号作用下的稳态误差。

将阶跃输入$\Theta_i(s)=\frac{\theta_i}{s}$代入式(6.22),得$e_i(\infty)=0$,即Ⅰ型系统在阶跃输入信号作用下的稳态误差为0,称为一阶无差系统,这是因为该系统开环传递函数中只含一个积分环节。

将等速输入$\Theta_i(s)=\frac{\dot\theta_i}{s^2}$代入式(6.22),得$e_i(\infty)=\frac{\dot\theta_i}{K_v}$,可见Ⅰ型系统稳态速度误差是系统跟随等速输入时所产生的位置误差,而不是速度上的误差。

将等加速输入$\Theta_i(s)=\frac{\ddot\theta_i}{s^3}$代入式(6.22),得$e_i(\infty)=\infty$,说明Ⅰ型系统不能跟随等加速输入。

2. 负载干扰力矩引起的稳态误差

由负载干扰力矩引起的稳态误差称为负载误差。由图6-8可求得Ⅰ型系统对外负载力矩的误差传递函数为

$$\Phi_{eL}(s)=\frac{E_L(s)}{T_L(s)}=\frac{-\Theta_L(s)}{T_L(s)}=\frac{\frac{K_{ce}}{i^2D_m^2}\left(1+\frac{V_t}{4\beta_e K_{ce}}s\right)}{s\left(\frac{s^2}{\omega_h^2}+\frac{2\zeta_h}{\omega_h}s+1\right)+K_v} \tag{6.23}$$

稳态负载误差为
$$e_L(\infty)=\lim_{s\to 0}s\Phi_{eL}(s)T_L(s) \tag{6.24}$$

对恒定外负载力矩T_{L0},则有$T_L(s)=\frac{T_{L0}}{s}$,代入式(6.24)可得

$$e_L(\infty)=\frac{K_{ce}}{K_v i^2 D_m^2}T_{L0} \tag{6.25}$$

式(6.25)表明,负载误差$e_L(\infty)$的大小与负载干扰力矩T_{L0}成正比,而与系统的闭环静刚度$\frac{K_v i^2 D_m^2}{K_{ce}}$成反比。

3. 零漂和死区等引起的稳态误差

放大器和电液伺服阀的零漂、阀的死区及负载运动时的静摩擦等都要引起位置误差,这类误差称为系统的静差。

在液压马达启动前首先要克服负载及液压马达等运动时的静摩擦力矩 T_f，此静摩擦力矩能引起一定量的负载压力而没有负载流量，负载压力与摩擦力矩的关系为 $T_f = D_m p_L$。此一定量的负载压力引起的流量损失，也包括液压马达泄漏流量在内的流量损失，其总损失为 $q_c = K_{ce} p_L$。一定量的 q_c 对应着阀芯有一定量的位移，对应电液伺服阀有一定量的输入电流 ΔI_1。电液伺服阀虽有一定量的输入电流 ΔI_1，却没有流量输出，故电流 ΔI_1 代表了静摩擦引起的系统误差为

$$\Delta I_1 = \frac{q_c}{K_{sv}} = \frac{K_{ce} p_L}{K_{sv}} = \frac{K_{ce} T_f}{D_m K_{sv}} \tag{6.26}$$

式中　K_{ce} 为液压动力元件总压力流量系数；K_{sv} 为电液伺服阀流量增益。

把 T_f 看成对系统的干扰力矩后，由式(6.25)可求得由 T_f 引起的负载误差角 $\theta_{\varepsilon1}$

$$\theta_{\varepsilon1} = \frac{K_{ce} T_f}{K_v i^2 D_m^2} \tag{6.27}$$

合并式(6.26)及式(6.27)可得误差角 $\theta_{\varepsilon1}$ 与 ΔI_1 之间的关系

$$\theta_{\varepsilon1} = \frac{K_{sv} \Delta I_1}{K_v i^2 D_m} = \frac{\Delta I_1}{K_s K_d K_a i} \tag{6.28}$$

另一方面，系统中各元件的零漂和死区都折算到伺服阀的输入端，以零漂电流 ΔI_2 表示，参照式(6.28)可知，由 ΔI_2 引起的负载误差角 $\theta_{\varepsilon2}$ 为

$$\theta_{\varepsilon2} = \frac{\Delta I_2}{K_s K_d K_a i} \tag{6.29}$$

设各种零漂、死区、静摩擦等折算成差动电流的总偏差为 ΔI，则所引起的总负载误差角 θ_ε 为

$$\theta_\varepsilon = \frac{\Delta I}{K_s K_d K_a i}$$

由此可见，增大除电液伺服阀流量增益以外的各元件增益都可降低系统的静差。增大减速比 i 也可减少静差。精度高的系统稳定性较差，精度与稳定性是矛盾的。如果既要稳定性好，又要精度高，就必须用改变液压元件某些结构参数的办法提高阻尼系数 ζ_h 或增加校正装置。一般说来，由于液压系统的阻尼系数很低，电液伺服系统很少不加校正，而且在电液伺服系统的相敏放大和直流放大元件间串接各种电校正元件也非常方便。

6.2.5　计算举例

例 6-1　如图 6-15 所示的阀控电液位置伺服系统，负载质量 M_t 作直线运动。已知负载工况为最大行程 $x_{pmax} = 0.5$ m；质量 $M_t = 1\,000$ kg；负载最大速度 $v_{max} = 10 \times 10^{-2}$ m/s；负载最大加速度 $a_{max} = 2.2$ m/s²；干摩擦力 $F_f = 2\,000$ N；供油压力 $p_s = 63 \times 10^5$ Pa；最大输入信号电压 $u_i = 5$ V；油液的体积弹性模量 $\beta_e = 10 \times 10^8$ Pa。所选用的电液伺服阀的数据为：频率 $\omega_{mf} = 600$ 1/s；阻尼系数 $\xi_{mf} = 0.5$；阀的流量增益 K_{qs}

$=4.44\times10^{-3}$(m^3/s)/A;压力流量系数 $K_\text{c}=4\times10^{-12}$ m^5/(N·s)。再取反馈增益为 $K_\text{f}=10$ V/m,试求:(1) 幅值稳定裕量为 $K_\text{g}=-10$ dB 时的开环增益 K_v,伺服放大器增益 K_a,开环穿越频率 ω_c,相位稳定裕量 γ;(2) 干摩擦力 $F_\text{f}=2\,000$ N 所引起的静态误差 ε_f。

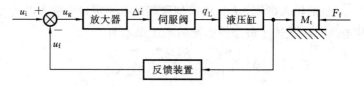

图 6-15　阀控电液位置伺服系统原理图

解　负载运动时的惯性力

$$F_\text{a}=M_\text{t}a_\text{max}=1\,000\times2.2 \text{ N}=2\,200 \text{ N}$$

负载运动时的合力　　　$F=F_\text{f}+F_\text{a}=(2\,000+2\,200) \text{ N}=4\,200 \text{ N}$

取负载压力 $p_\text{L}=\dfrac{2}{3}p_\text{s}$,则活塞面积

$$A_\text{p}=\frac{3F}{2p_\text{s}}=\frac{3\times4\,200}{2\times63\times10^5} \text{ m}^2=10^{-3} \text{ m}^2$$

取液压缸容积 $V_\text{t}\approx A_\text{p}x_\text{pmax}$,则液压缸固有频率及阻尼系数为

$$\omega_\text{h}=\sqrt{\frac{4\beta_\text{e}A_\text{p}^2}{M_\text{t}V_\text{t}}}=\sqrt{\frac{4\beta_\text{e}A_\text{p}}{M_\text{t}x_\text{pmax}}}=\sqrt{\frac{4\times10\times10^8\times10^{-3}}{1\,000\times0.5}} \text{ s}^{-1}=89.4 \text{ s}^{-1}$$

$$\zeta_\text{h}=\frac{K_\text{c}}{A_\text{p}}\sqrt{\frac{\beta_\text{e}M_\text{t}}{V_\text{t}}}=\frac{4\times10^{-12}}{10^{-3}}=\sqrt{\frac{10\times10^8\times1\,000}{10^{-3}\times0.5}}=0.18$$

略去泄漏系数后,$K_\text{ce}\approx K_\text{c}$,则

$$\frac{V_\text{t}}{4\beta_\text{e}K_\text{ce}}=\frac{0.5\times10^{-3}}{4\times10\times10^8\times4\times10^{-12}} \text{ s}=0.03 \text{ s}$$

$$\frac{K_\text{ce}}{A_\text{p}^2}=\frac{4\times10^{-12}}{(10^{-3})^2} \text{ m/(s·N)}=4\times10^{-6} \text{ m/(s·N)}$$

可画出阀控电液位置伺服系统的方框图,如图 6-16 所示。

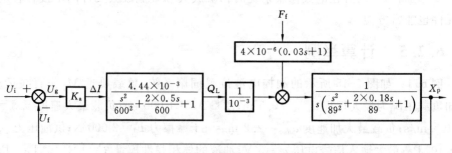

图 6-16　阀控电液位置伺服系统方框图

　　根据图 6-16 及保证有 10 dB 的幅值稳定裕量,可画开环波德图,如图 6-17 所示。从图 6-17 中可得 $20\lg K_v = 20$ dB,则 $K_v = 10$ s^{-1},$\omega_c = 10$ s^{-1},量得相位裕量 $\gamma_1 = 87.7°$。因为 $K_v = K_a K_{qs} K_f / A_p$,故 $K_a = \dfrac{K_v A_p}{K_{qs} K_f} = \dfrac{10 \times 10^{-3}}{4.44 \times 10^{-3} \times 10}$ A/V $= 0.225$ A/V。

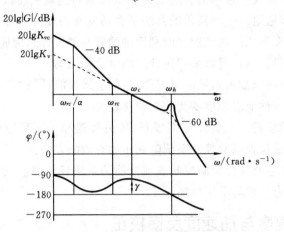

图 6-17　阀控电液位置伺服系统开环波德图

　　干摩擦量引起的误差为 $\varepsilon_f = \dfrac{K_{ce} F_f}{K_v A_p^2} = \dfrac{4 \times 10^{-12} \times 2\,000}{10 \times (10^{-3})^2}$ m $= 8 \times 10^{-4}$ m。

　　液压缸有效工作面积 $A_p = 8 \times 10^{-4}$ m^2;液压油的绝对黏度 $\mu = 1.8 \times 10^{-2}$ Pa·s;采用的电液伺服阀型号为 QDY2-D10,其阀口的面积梯度 $W = 2.5 \times 10^{-2}$ m。

6.3　电液伺服控制系统的性能改善

　　当电液位置伺服控制系统的某些性能指标不甚满意时,可通过增大系统的开环增益来提高响应速度和控制精度,但提高开环增益受系统稳定性条件的制约,也就是受液压固有频率和阻尼比的限制。全面改善系统的性能仅仅靠调整开环增益是远远不够的,如果不考虑用校正方法,则必须调整系统的结构参数,但这样做也不是理想的办法。比较理想的办法是针对系统的具体情况,进行相应的校正,而且高性能的电液伺服系统一般都要加校正。采用不同的校正方法,会得到不同的改善效果。比如采用滞后校正(PI 校正)能加大低频段增益,降低高频段的增益,在保证系统稳定性前提下,减少系统的稳态误差,以提高系统的稳态精度。又如采用速度反馈校正可以提高主回路的静态刚度,减少速度反馈回路内的干扰和非线性的影响,起到提高系统静态精度的作用。对电液伺服系统进行校正时,要注意这类系统的阻尼比通常都比较低的特点,一般在 $0.1 \sim 0.2$ 之间。低阻尼是制约液压伺服系统性能指标提高的主要原因。要改善液压伺服系统的性能,比如提高稳定性、响应速度和控制精度,就需要用校正方法来提高系统的固有频率和阻尼比。分析表明,如果将液压伺服系统的阻尼比提高到 $0.4\sim0.8$ 之间,系统的稳定性和快速性就能得到明显的改善,足见提高低阻尼电液伺服系统的阻尼比是改善其性能的有效途径。在控制系统的工程实践中,提高液压阻尼比通常采用如下方法。

(1) 增加泄漏损失　常用的方法是在液压伺服马达或液压缸的进、出油口之间设置一条旁路泄漏通道。一个简单的办法是在活塞端面钻一个小阻尼孔,但它不可调;另一种办法是在液压缸两油腔之间利用细油管与节流针阀构成旁路通道,这是可调的。为了增加阻尼比,也可以采用正开口的电液伺服阀。

这些方法虽然可以加大系统的阻尼作用,但会增加能量损失,同时还会降低系统的静刚度,而且系统性能受温度变化的影响比较大。

(2) 采用反馈校正　加速度反馈校正、压力反馈和动压反馈(亦称压力微分反馈)校正是增加电液位置伺服控制系统阻尼比的有效的方法。

下面介绍改善电液位置伺服控制系统性能的常用校正方法,包括速度与加速度反馈校正,以及压力反馈与动压反馈校正。

6.3.1　速度与加速度反馈校正

理论分析和工程实践表明,速度反馈可提高系统的固有频率,而加速度反馈能增加系统的阻尼比。在实际应用时,速度反馈和加速度反馈可以根据实际需要单独使用,或者联合使用。下面对速度反馈、加速度反馈和同时引入速度与加速度反馈的三种校正方法分别进行讨论。

1. 速度反馈校正

速度反馈校正是采用速度传感器测取输出速度信号,反馈到伺服放大器输入端,形成速度负反馈而构成的。某电液位置伺服控制系统,引入速度反馈后的控制框图如图 6-18 所示。速度反馈回路包括伺服放大器、伺服阀及执行元件阀控液压马达。这里,将伺服放大器与伺服阀均简化为比例环节,其中,伺服放大器增益为 K_a,伺服阀增益为 K_{sv}。

图中其他符号意义为:K_{fv} 为速度反馈系数;K_f 为位置反馈系数;ω_h 为开环液压固有频率;ζ_h 为开环液压阻尼比;D_m 为液压马达排量。

由系统框图可求得速度负反馈回路的闭环传递函数为

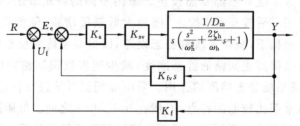

图 6-18　带速度反馈校正的电液位置伺服控制系统框图

$$\frac{Y(s)}{E_e(s)}=\frac{\dfrac{K_aK_{sv}}{D_m}}{s\left(\dfrac{s^2}{\omega_h^2}+\dfrac{2\zeta_h}{\omega_h}s+1+\dfrac{K_aK_{sv}K_{fv}}{D_m}\right)}=\frac{K_0}{s\left(\dfrac{s^2}{\omega_h^2}+\dfrac{2\zeta_h}{\omega_h}s+1+K_0K_{fv}\right)}$$

$$=\frac{\dfrac{K_0}{1+K_0K_{fv}}}{s\left(\dfrac{s^2}{\omega_{hv}^2}+\dfrac{2}{\omega_{hv}}\dfrac{\zeta_h}{\sqrt{1+K_0K_{fv}}}s+1\right)} \tag{6.30}$$

式(6.30)也可改写为

$$\frac{Y(s)}{E_e(s)}=\frac{K_v'}{s\left(\dfrac{s^2}{\omega_{hv}^2}+\dfrac{2\zeta_{hv}}{\omega_{hv}}s+1\right)} \tag{6.31}$$

以上两式中

$$K_0=\frac{K_aK_{sv}}{D_m} \tag{6.32}$$

$$K_v'=\frac{K_0}{1+K_0K_{fv}} \tag{6.33}$$

$$\omega_{hv}=\omega_h\sqrt{1+K_0K_{fv}} \tag{6.34}$$

$$\zeta_{hv}=\zeta_h/\sqrt{1+K_0K_{fv}} \tag{6.35}$$

这里，K_v' 为速度反馈回路的增益；ω_{hv} 和 ζ_{hv} 分别为速度反馈回路的液压固有频率和液压阻尼比。由式(6.33)至式(6.35)可知，速度负反馈校正使液压固有频率增高了，从而为提高系统频宽创造了条件，但也导致了开环增益和阻尼比的减小，使开环增益降低了 $1+K_0K_{fv}$ 倍，阻尼比降低了 $\sqrt{1+K_0K_{fv}}$ 倍。阻尼比的降低，使原本就是低阻尼的系统性能难以提高。但液压固有频率增高，对改善系统的性能是有利的。此外，由于速度反馈回路包围了伺服放大器、电液伺服阀及执行元件阀控液压马达等环节，而速度反馈回路的开环增益又比较高，所以被速度反馈回路所包围元件的非线性，如死区、间隙、滞环及元件参数的变化、零漂、负载扰动等影响都将受到抑制。若将速度闭环内各元件的零漂折算到伺服阀输入端，以零漂电流 ΔI 表示，则由其引起的静差为

$$e_{sv}=\frac{\dfrac{\Delta IK_{sv}}{D_m}}{1+\dfrac{K_aK_{sv}K_{fv}}{D_m}}\approx\frac{\Delta I}{K_aK_{fv}} \tag{6.36}$$

设负载力矩扰动为 ΔT_L，则由负载扰动引起的静差为

$$e_{sL}=\frac{\dfrac{K_{ce}}{D_m^2}}{1+\dfrac{K_aK_{sv}K_{fv}}{D_m}}\Delta T_L\approx\frac{K_{ce}}{D_m}\frac{\Delta T_L}{K_aK_{sv}K_{fv}} \tag{6.37}$$

由式(6.36)和式(6.37)可看出，速度反馈校正削弱了伺服阀零漂误差和负载扰动误差，使之减小 $1+K_aK_{sv}K_{fv}/D_m$ 倍。这表明速度反馈校正的引入，相当于增加了

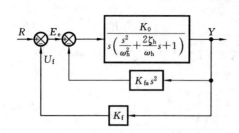

图 6-19　带加速度负反馈校正的电液位置伺服控制系统框图

系统的刚度,有利于系统性能的改善。

2. 加速度负反馈校正

图 6-19 所示为带加速度负反馈校正的电液位置伺服控制系统框图。图中,$K_0 = K_a K_{sv}/D_m$;K_{fa} 为加速度负反馈系数;其他符号与图 6-18 中意义相同。

加速度负反馈校正是采用加速度计测取加速度信号,然后反馈到伺服放大器输入端,形成加速度负反馈而构成的。由图 6-19可求得加速度负反馈回路的闭环传递函数为

$$\frac{Y(s)}{E_e(s)} = \frac{K_0}{s\left[\frac{s^2}{\omega_h^2} + \frac{2}{\omega_h}\left(\zeta_h + \frac{K_0 K_{fa} \omega_h}{2}\right)s + 1\right]} = \frac{K_0}{s\left(\frac{s^2}{\omega_h^2} + \frac{2\zeta_{ha}}{\omega_h}s + 1\right)} \qquad (6.38)$$

式中

$$\zeta_{ha} = \zeta_h + K_0 K_{fa} \omega_h/2 \qquad (6.39)$$

这里,K_0 为加速度负反馈回路的增益,ζ_{ha} 为加速度负反馈回路的液压阻尼比,式(6.39)中的第二项是由于形成加速度负反馈而产生的附加阻尼比。

带加速度负反馈校正系统的开环传递函数为

$$G(s) = \frac{K_v}{s\left(\frac{s^2}{\omega_h^2} + \frac{2\zeta_{ha}}{\omega_h}s + 1\right)} \qquad (6.40)$$

式中　K_v 为系统的开环增益,$K_v = K_a K_{sv} K_f/D_m = K_0 K_f$。

由此可知,采用加速度负反馈回路校正后,系统的开环增益、液压固有频率均保持不变,只是系统的阻尼比增加了 $K_0 K_{fa} \omega_h/2$ 的量。这就是说,在保证内部回路稳定的前提下,通过调整加速度负反馈系数 K_{fa},可使系统的阻尼比增加到希望值,以满足改善系统性能的需要。

例 6-2　已知某电液伺服控制系统的控制框图如图 6-19 所示。图中的各参数为:$\omega_h = 140$ rad/s;$\zeta_h = 0.2$;$K_a = 1.055 \times 10^{-2}$ A/V;$K_{sv} = 4.1 \times 10^{-2}$ (m³/s)/A;$K_f = 1.2 \times 10^2$ V/m;$D_m = 1.175 \times 10^{-3}$ m³/rad。

试运用加速度负反馈校正方法,求出使系统的液压阻尼比提高到 0.4 的加速度负反馈系数 K_{fa}。又若 K_{fa} 取值 1.2×10^{-2} V/(m/s²)时,求出系统的液压阻尼比,并写出系统在该校正条件下的开环传递函数。

解　系统引入加速度负反馈校正前的开环传递函数为

$$G(s) = \frac{K_0 K_f}{s\left(\frac{s^2}{\omega_h^2} + \frac{2\zeta_h}{\omega_h}s + 1\right)} = \frac{44.175}{s\left(\frac{s^2}{140^2} + \frac{2 \times 0.2}{140}s + 1\right)}$$

由式(6.39)可求出校正后系统的液压阻尼比提高到 0.4 时,加速度负反馈系数的取值为

$$K_{fa} = \frac{2(\zeta_{ha} - \zeta_h)}{K_0 \omega_h} = \frac{2(0.4 - 0.2)}{\dfrac{44.175}{120} \times 140} \text{ V/(m/s}^2) = 7.76 \times 10^{-3} \text{ V/(m/s}^2)$$

在加速度负反馈系数取 $K_{fa} = 1.2 \times 10^{-2}$ V/(m/s^2) 时,系统的液压阻尼比为

$$\zeta_{ha} = \zeta_h + \frac{K_0 K_{fa} \omega_h}{2} = 0.2 + \frac{0.368 \times 1.2 \times 10^{-2} \times 140}{2} = 0.509$$

由于加速度负反馈校正可提高液压阻尼比,但不改变系统的开环增益和液压固有频率,所以系统对应 $K_{fa} = 1.2 \times 10^{-2}$ V/(m/s^2) 的开环传递函数为

$$W(s) = \frac{44.175}{s\left(\dfrac{s^2}{140^2} + \dfrac{2 \times 0.509}{140}s + 1\right)}$$

如果绘出系统引入加速度负反馈校正前、后的闭环频率特性,就可看到,在不带加速度负反馈校正时系统谐振峰值很大,稳定性差。为了降低谐振峰值,可将系统增益调低,但又会减小频宽。而采用加速度负反馈校正,可使系统的阻尼增大,谐振峰值降低,稳定性得到提高。对低阻尼的液压伺服系统来说,加速度负反馈校正是一种非常有效和实用的校正方法。

3. 同时引入速度与加速度负反馈校正

图 6-20 所示为系统同时引入速度和加速度负反馈校正的控制框图。

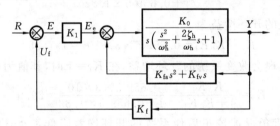

图 6-20　系统同时引入速度和加速度负反馈校正的控制框图

图中,K_1 为前置放大器增益,其他符号与图 6-18 和图 6-19 中意义相同。

由图 6-20 可求出速度、加速度负反馈回路的闭环传递函数为

$$\frac{Y(s)}{E_e(s)} = \frac{\dfrac{K_0}{(1 + K_0 K_{fv})}}{s\left(\dfrac{s^2}{\omega_0^2} + \dfrac{2\zeta_0}{\omega_0}s + 1\right)}$$

式中　$\omega_0 = \omega_h \sqrt{1 + K_0 K_{fv}}$;$\zeta_0 = \zeta_{ha}/\sqrt{1 + K_0 K_{fv}}$;$\zeta_{ha}$ 见式(6.39)。ω_0 和 ζ_0 分别为引入速度和加速度负反馈校正后系统的液压固有频率和液压阻尼比。

由上面的推导公式可知,加速度负反馈校正可增大系统的阻尼比,速度负反馈校正则能提高液压固有频率,但会降低系统的开环增益和阻尼比。在同时引入这两种负反馈校正时,可通过调整前置放大器增益 K_1 把系统的开环增益调整到合适值;再通过匹配速度负反馈系数 K_{fv} 和加速度负反馈系数 K_{fa} 调整系统的固有频率和阻尼

比,使系统的性能指标全面改善,达到或接近所谓"三阶最佳"形式。

例 6-3　在图 6-20 同时引入速度和加速度负反馈校正的电液伺服控制系统中,各参数值为:$\omega_h = 140$ rad/s;$\zeta_h = 0.2$;$K_a = 1.89 \times 10^{-2}$ A/V;$K_{fv} = 1.82$ V/(m/s);$D_m = 1.175 \times 10^{-3}$ m³/rad;$K_{sv} = 4.1 \times 10^{-2}$ (m³/s)/A;$K_{fa} = 1.13 \times 10^{-2}$ V/(m/s²);$K_f = 3.0 \times 10^2$ V/m。

试求出系统经速度和加速度负反馈校正后的液压固有频率 ω_0、液压阻尼比 ζ_0 和开环增益 K'_v,以及保持校正前原开环增益不变的前置放大器增益 K_1 之取值。

解　计算负反馈校正回路的增益 K_0

$$K_0 = \frac{K_a K_{sv}}{D_m} = \frac{1.89 \times 10^{-2} \times 4.1 \times 10^{-2}}{1.175 \times 10^{-3}} \text{ rad/(V·S)} = 0.6595 \text{ rad/(V·s)}$$

再计算校正后系统的液压固有频率 ω_0、液压阻尼比 ζ_0 和开环增益 K'_v

$$\omega_0 = \omega_h \sqrt{1 + K_0 K_{fv}} = 140 \sqrt{1 + 0.6595 \times 1.82} \text{ rad/s} = 207.67 \text{ rad/s}$$

$$\zeta_0 = \frac{\zeta_{ha}}{\sqrt{1 + K_0 K_{fv}}} = \frac{\left(\zeta_h + \frac{K_0 K_{fa} \omega_h}{2}\right)}{\sqrt{1 + K_0 K_{fv}}}$$

$$= \frac{0.2 + \frac{0.6595 \times 1.13 \times 10^{-2} \times 140}{2}}{\sqrt{1 + 0.6595 \times 1.82}} = 0.487$$

加校正前系统的开环增益为

$$K_v = K_0 K_f = 0.6595 \times 3 \times 10^2 = 197.85$$

引入速度负反馈会改变系统的开环增益,在 $K_1 = 1$ 时,其值为

$$K'_v = \frac{K_0 K_f}{1 + K_0 K_{fv}} = \frac{0.6595 \times 3 \times 10^2}{1 + 0.6595 \times 1.82} = 89.9$$

可见,引入速度负反馈校正后使系统的开环增益降低了 $1 + K_0 K_{fv}$ 倍。若调整 K_1 为 $K_1 = 1 + K_0 K_{fv}$,就可将引入速度和加速度负反馈校正系统的开环增益调至原数值。对本例而言

$$K_1 = 1 + K_0 K_{fv} = 1 + 0.6595 \times 1.82 = 2.2$$

当然,这里只是为了说明设置前置放大器 K_1 的作用。在实际应用时,可根据系统性能指标要求,调整 K_1 增益至合适值。

最后需要指出的是,速度和加速度负反馈校正可以提高系统的固有频率和阻尼比,但也不是可无限制任意调节的。图 6-20 所示框图可以等效地改画成状态变量反馈的形式,如图 6-21 所示。图中包括位置、速度和加速度负反馈,而系统又是三阶的,是否可以认为这就构成了全状态反馈,就能实现系统极点的任意配置呢?实际上,这是不行的。因为图 6-20 仅是一个简化模型,对此积分环节加振荡环节的简化模型而言,内部回路的增益即 K_0、K_{fv} 和 K_{fa} 的确可以任意调节,从而得到所需要的固有频率和阻尼比。在理论上,该简化模型的内部回路都是稳定的。但若考虑电液伺服阀、伺服放大器和测量传感器等环节的动态特性,不简化为比例环节时,系统是高

于三阶的,为保证稳定性,提高系统的固有频率和阻尼比都是受限制的。进一步分析表明,电液伺服阀等环节的频宽是速度和加速度负反馈校正的限制条件。也就是说,通过速度和加速度负反馈校正所能提高的固有频率和阻尼比的幅度,由伺服阀固有频率 ω_{sv} 和液压固有频率 ω_h 间的差距决定。

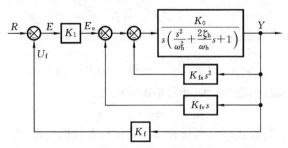

图 6-21　系统同时引入位置、速度和加速度负反馈校正的控制框图

6.3.2　压力反馈与动压反馈校正

　　压力反馈和动压反馈校正的主要作用也是提高液压伺服系统的阻尼比。负载压力一般是随系统动态变化的,当系统振动加剧时,负载压力也增大。如果将负载压力加以检测并形成反馈,使输入系统的流量减少,则系统的振动将减弱,从而起到增加系统阻尼的作用,这也就是压力反馈校正的功能。而动压反馈校正是在压力反馈的基础上,加入微分放大器而构成的又一种反馈控制方式,它能弥补压力反馈的不足。下面介绍电液位置伺服系统的压力反馈与动压反馈校正方法。

1.　压力反馈校正

　　用压差或压力传感器测取液压缸的负载压力 p_L,反馈到伺服阀的输入端,就构成了压力反馈校正。图 6-22 所示为带压力反馈的电液位置伺服系统原理图。

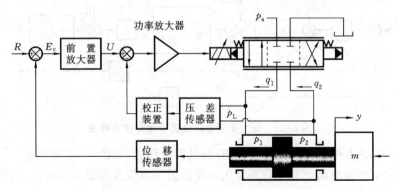

图 6-22　带压力反馈的电液位置伺服系统原理图

　　假设系统无弹性负载,且放大器、伺服阀和测量传感器均简化为比例环节。由前面介绍的四通阀控液压缸的三个基本方程可写出图 6-22 所示系统的动态方程:

负载流量 q_L 的线性化方程为

$$q_L = K_q x_v - K_c p_L$$

等式右边第一项为伺服阀输出的空载流量,另记为 q;第二项为考虑流量-压力系数 K_c 的流量损失。伺服阀输出的负载流量线性化方程也可写为

$$q_L = q - K_c p_L \tag{6.41}$$

由流量连续性原理也可得到负载流量的线性化方程,即

$$q_L = A\dot{y} + C_{tc} p_L + \frac{V_t}{4\beta_e} \dot{p}_L \tag{6.42}$$

在不计弹性负载时,液压缸的受力平衡方程为

$$p_L A = m\ddot{y} + B\dot{y} + F_L \tag{6.43}$$

设初始条件为零,对式(6.41)至式(6.43)作拉普拉斯变换,有

$$Q_L(s) = Q(s) - K_c P_L(s)$$

$$Q_L(s) = AsY(s) + \left[C_{tc} + \frac{V_t}{4\beta_e}s \right] P_L(s)$$

$$AP_L(s) = [ms^2 + Bs]Y(s) + F_L(s)$$

对以上三式进行整理可得

$$Q(s) - AsY(s) = \left[K_c + C_{tc} + \frac{V_t}{4\beta_e}s \right] P_L(s) \tag{6.44}$$

$$Y(s) = \frac{1}{ms^2 + Bs} [AP_L(s) - F_L(s)] \tag{6.45}$$

根据图 6-22 及式(6.44)和式(6.45),并设前置放大器、伺服放大器和伺服阀均为比例环节,分别为 K_1、K_a、K_{sv},负载压力反馈系数为 K_{fp},还设 $K_{ce} = K_c + C_{tc}$,则可绘出系统的方框图如图 6-23 所示。

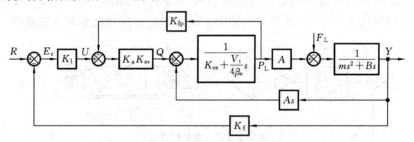

图 6-23　压力反馈电液位置伺服系统方框图

对图 6-23 方框图作等效变换,可得到其简化形式,如图 6-24 所示。

图 6-24 所示的简化形式与不带压力反馈的电液位置伺服系统相比,两者数学模型基本一致,引入压力反馈后并不改变数学模型的结构,只是增加了一项附加流量-压力系数,其值为 $K_a K_{sv} K_{fp}$。该附加流量-压力系数在数值上很小,所起的作用与加大伺服阀和液压缸的泄漏是等同的。压力反馈使总的漏损系数有所加大,提高了位置伺服系统的稳定性,但却克服了由于增大泄漏引起系统效率降低和受温度影响的

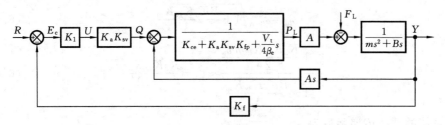

图 6-24　压力反馈电液位置伺服系统方框图的简化形式

弊病。因此说,压力反馈校正是提高和产生恒定阻尼的较好办法。

在无局部反馈校正的电液位置伺服系统数学模型的基础上,只需用 $K_{ce} + K_a K_{sv} K_{fp}$ 代替 K_{ce},就可求得系统开环传递函数的各个参数。考虑到黏性阻尼系数通常很小,即 $B \cdot K_{ce} \ll A^2$,可忽略 $B \cdot K_{ce}/A^2$ 项。为便于求取传递函数,对图 6-24 作进一步变换,得到如图 6-25 所示的等效形式。

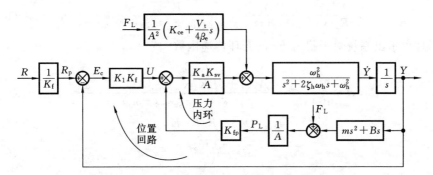

图 6-25　压力反馈电液位置伺服系统的等效方框图

根据图 6-24 和图 6-25 可得到系统压力内环的闭环传递函数

$$\Phi_p(s) = \frac{Y(s)}{U(s)} = \frac{K_a K_{sv}/A}{\dfrac{V_t m}{4\beta_e A^2}s^3 + \left(\dfrac{K_{ce} m}{A^2} + \dfrac{V_t B}{4\beta_e A^2} + \dfrac{K_a K_{sv} K_{fp} m}{A^2}\right)s^2 + \left(1 + \dfrac{K_a K_{sv} K_{fp} B}{A^2}\right)s}$$

考虑到系统在未加压力反馈 K_{fp} 前 $\omega_h = \sqrt{\dfrac{4\beta_e A^2}{V_t m}}$ 和 $\dfrac{2\zeta_h}{\omega_h} = \dfrac{K_{ce} m}{A^2} + \dfrac{V_t B}{4\beta_e A^2}$,作变量代换,上式可化为

$$\Phi_p(s) = \frac{K_0/(1 + B K_0 K_{fp}/A)}{s\left[\dfrac{s^2}{\omega_h^2(1 + B K_0 K_{fp}/A)} + \dfrac{1}{(1 + B K_0 K_{fp}/A)}\left(\dfrac{2\zeta_h}{\omega_h} + \dfrac{K_a K_{sv} K_{fp} m}{A^2}\right)s + 1\right]}$$

$$= \frac{K_0 \omega_p^2/(1 + B K_0 K_{fp}/A)}{s(s^2 + 2\zeta_p \omega_p s + \omega_p^2)} \tag{6.46}$$

式中

$$K_0 = \frac{K_a K_{sv}}{A} \tag{6.47}$$

$$\omega_p = \omega_h \sqrt{1 + \frac{BK_a K_{sv} K_{fp}}{A}} \qquad (6.48)$$

$$\zeta_p = \frac{\zeta_h + \dfrac{K_a K_{sv} K_{fp} m \omega_h}{2A^2}}{\sqrt{1 + \dfrac{BK_a K_{sv} K_{fp}}{A^2}}} \approx \zeta_h + \frac{K_a K_{sv} K_{fp} m \omega_h}{2A^2} \qquad (6.49)$$

系统的开环传递函数为

$$G(s) = \frac{Y(s)}{E_c(s)} = \frac{K'_v \omega_p^2}{s(s^2 + 2\zeta_p \omega_p s + \omega_p^2)} \qquad (6.50)$$

式中,开环增益

$$K'_v = \frac{K_1 K_f K_0}{1 + BK_0 K_{fp}/A} = \frac{K_1 K_f K_a K_{sv}}{A(1 + BK_a K_{sv} K_{fp}/A^2)} \qquad (6.51)$$

系统的闭环传递函数为

$$\frac{Y(s)}{R_p(s)} = \frac{G(s)}{1 + G(s)} = \frac{K'_v \omega_p^2}{s^3 + 2\zeta_p \omega_p s^2 + \omega_p^2 s + K'_v \omega_p^2} \qquad (6.52)$$

同理可求出系统对干扰力 F_L 的开环传递函数

$$G_F(s) = \frac{Y(s)}{F_L(s)} = -\frac{\dfrac{K'_{ce} \omega_p^2}{A^2(1 + (BK_a K_{sv} K_{fp}/A^2))}\left(1 + \dfrac{s}{\omega'_1}\right)}{s(s^2 + 2\zeta_p \omega_p s + \omega_p^2)} \qquad (6.53)$$

式中

$$K'_{ce} = K_{ce} + K_a K_{sv} K_{fp} \qquad (6.54)$$

$$\omega'_1 = \frac{4\beta_e K'_{ce}}{V_t} \qquad (6.55)$$

由以上推导公式可知:压力反馈校正提高了系统的阻尼比和液压固有频率,能改善系统的动态品质,使之具有较好的稳定性;但也会带来不利影响,即开环增益稍有降低,便使开环和闭环刚度降低,导致干扰力误差增加。

2. 动压反馈校正

为弥补压力反馈校正的上述缺点,可采用动压反馈校正方法。系统要实现动压反馈,就要将压力传感器的放大器换成微分放大器,其传递函数为

$$G_{fp}(s) = \frac{T_p s}{T_p s + 1} \qquad (6.56)$$

式中　T_p 为时间常数。

将压力信号经微分校正装置输给伺服阀,形成压力微分反馈内环,就构成了如图 6-26 所示的动压反馈校正。

对图 6-26 所示带动压反馈的电液位置伺服系统,其位置环的开环传递函数为

$$G_{dp}(s) = \frac{Y(s)}{E_c(s)} = \frac{K''_v \omega_{dp}^2}{s(s^2 + 2\zeta_{dp} \omega_{dp} s + \omega_{dp}^2)} \qquad (6.57)$$

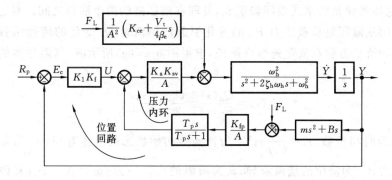

图 6-26　动压反馈电液位置伺服系统方框图

式中

$$K''_v = K_v = \frac{K_1 K_a K_{sv} K_f}{A} \tag{6.58}$$

$$\omega_{dp} = \omega_h \tag{6.59}$$

$$\zeta_{dp} \approx \zeta_h + \frac{K_a K_{sv} K_{fp} m \omega_h}{2A^2} = \zeta_p \tag{6.60}$$

对干扰力 F_L 的开环传递函数

$$\frac{Y(s)}{F_L(s)} = \frac{\dfrac{K''_{ce} \omega^2_{dp}}{A^2}\left(1 + \dfrac{s}{\omega''_1}\right)}{s(s^2 + 2\zeta_{dp}\omega_{dp}s + \omega^2_{dp})} \tag{6.61}$$

式中

$$K''_{ce} = K_{ce} \tag{6.62}$$

$$\omega''_1 = \omega'_1 \tag{6.63}$$

　　比较以上几式可看出,引入动压反馈校正可使系统的阻尼比提高,而液压固有频率和系统开环增益不变,所以系统的稳态误差不会增加。

　　电液位置伺服系统的动压反馈校正可以通过特殊的压力反馈伺服阀和动压反馈伺服阀来实现,也可以采用机械-液压的 RC(即液阻、液容)网络来实现,图 6-27 所示为具有压力微分网络功能的两种动压反馈装置原理图。

　　图 6-27(a)所示装置称为油-气阻尼器,它由阻尼器和气囊式蓄能器组成,两组油-气阻尼器分别接在液压缸的两个油口;图 6-27(b)所示装置称为瞬态流量稳定

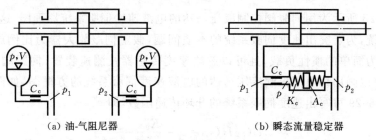

　　　　(a) 油-气阻尼器　　　　　　　　　　　　(b) 瞬态流量稳定器

图 6-27　动压反馈装置

器,由阻尼器和弹簧活塞式蓄能器组成,并联在液压缸的两个油口之间。对这两种装置可推导出从液压缸负载压力 P_L 的变化引起液阻流量 Q_d 变化的传递函数。通过层流液阻的流量方程和流量连续性原理,求得图 6-27(a)所示液-气阻尼器的传递函数为

$$G_d(s)=\frac{Q_d(s)}{P_L(s)}=\frac{C_c}{2}\cdot\frac{\tau_d s}{\tau_d s+1} \tag{6.64}$$

式中　τ_d 为时间常数,$\tau_d=\dfrac{V_0}{C_c p_0}$;$V_0$ 为蓄能器初始状态的气体容积;p_0 为蓄能器初始充气压力;C_c 为液阻的层流液导;p 为液阻的出口压力;$p_L=p_1-p_2$;其他符号意义同图 6-27(a)。

求得图 6-27(b)所示瞬态流量稳定器的传递函数为

$$G_d(s)=\frac{Q_d(s)}{P_L(s)}=C_c\cdot\frac{\tau_c s}{\tau_c s+1} \tag{6.65}$$

式中　τ_c 为时间常数,$\tau_c=\dfrac{A_c^2}{C_c K_c}$;$A_c$ 为蓄能器活塞作用面积;K_c 为弹簧活塞式蓄能器的总弹簧刚度;其他符号意义同图 6-27(a)。

由此可见,两者的传递函数都具有式(6.56)的形式,是一个压力微分环节,皆具有压力微分功能,可作为动压反馈装置。它们用于电液位置伺服系统校正都能起增加负载阻尼的作用,是一种简单可靠、有效实用的阻尼装置。通过合理设计参数,能使系统获得比较理想的阻尼比(0.5~0.8)。

6.4　电液速度伺服系统

电液速度伺服系统的输出量是速度,广泛地应用于原动机的调速、机床的进给,以及雷达天线、炮塔等装备中以控制其运转速度。另外,在位置伺服系统中也常用速度控制组成反馈校正回路以增大谐振频率,以改善主要控制系统的性能。

电液速度伺服系统按控制方式可分为阀控和泵控液压马达速度伺服系统两类。

6.4.1　阀控液压马达速度伺服系统

图 6-28 所示为用伺服阀控制液压马达的电液速度伺服系统原理图,这是个未加校正的系统,为了突出速度伺服系统的本质问题,假定伺服放大器为比例放大器,并假定负载为简单的惯性负载,且可以忽略速度传感器及测速装置、伺服阀的动态响应,于是可以画出伺服阀控制液压马达的电液速度伺服系统的方框图,如图 6-29 所示。由图 6-29 可写出速度伺服系统的开环传递函数,即

$$G(s)H(s)=\frac{K_0}{\dfrac{s^2}{\omega_h^2}+\dfrac{2\zeta_h s}{\omega_h}+1} \tag{6.66}$$

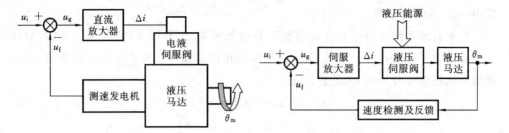

图 6-28　伺服阀控制液压马达的电液速度伺服系统原理图

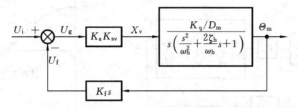

图 6-29　伺服阀控制液压马达的电液速度伺服系统的方框图

式中　K_0 为速度伺服系统开环增益，$K_0 = K_a K_{sv} K_q K_f / D_m$；$K_a$ 为放大器增益；K_{sv} 为伺服阀流量增益；K_f 为速度检测及反馈装置增益。

这是个 0 型有差系统，对速度阶跃输入是有差的。

该系统的开环伯德图如图 6-30 所示。在穿越频率 ω_c 处的斜率为 -40 dB/dec，相位裕量 γ 很小，对 ζ_h 很小的液压系统来说更是如此，系统尚稳定。但这是在简化的情况下得出的，实际上伺服阀、速度检测及反馈装置等都有动态响应，系统将不稳定，因此速度伺服系统必须加校正才能稳定工作。

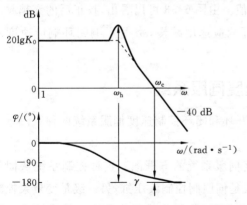
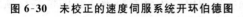

图 6-30　未校正的速度伺服系统开环伯德图

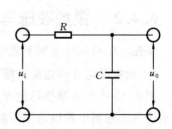

图 6-31　*RC* 滞后网络

实现校正的方法很多，最简单的方法是在伺服阀前的放大器电路中串联一个阻容 *RC* 滞后网络，如图 6-31 所示，其传递函数为

$$\frac{U_0}{U_i} = \frac{1}{T_c s + 1} \tag{6.67}$$

式中　T_c 为时间常数，$T_c = RC$。

校正后的系统方框图和开环伯德图分别如图 6-32 和图 6-33 所示。此时，穿越频率 ω_c 处的斜率为 -20 dB/10dec，有足够的相位裕量 γ。为了保证系统稳定，谐振峰值不应超过零分贝线，为此应满足

$$\omega_c < 2\zeta_h\omega_h \approx (0.2 \sim 0.4)\omega_h \tag{6.68}$$

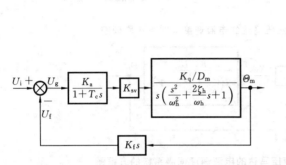

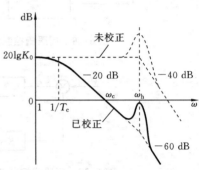

图 6-32　校正后的速度伺服系统方框图　　图 6-33　校正后的速度伺服
系统开环伯德图

整个回路可以通过选择动力元件(ω_h，ζ_h)和能满足技术要求的回路增益 K_0 值来确定。由图 6-33 所示的几何关系可知滞后网络的时间常数为

$$T_c = \frac{K_0}{\omega_c} \tag{6.69}$$

由于 ω_h、ζ_h 是定值，ω_c 也就确定了。根据误差要求确定开环增益 K_0，由式(6.69)确定时间常数 T_c，最后确定 R 及 C 的取值。由图 6-33 可以看出，校正后的穿越频率比未校正得穿越频率要低得多，因此闭环响应速度减慢，ω_c 是影响闭环响应速度的主要因素。

6.4.2　泵控液压马达速度伺服系统

泵控液压马达速度伺服系统分为开环和闭环控制速度伺服系统两种。

1.　泵控马达开环速度伺服系统

图 6-34 所示为泵控马达开环速度伺服系统的方框图。这种控制系统从伺服阀至液压马达相当于两级液压控制，一级是伺服阀控制液压缸，另一级是变量泵控制液压马达。同时该系统具有两个积分环节，采用位移传感器将液压缸的位移反馈组成位移小闭环，伺服阀控制液压缸部分的积分环节消失，而变量泵控制液压马达部分的积分环节仍然存在，液压马达的输出速度 $\dot{\theta}_m$ 比例于输入信号 u_i 而形成速度伺服。因为功率级是开环控制，受负载、温度及液压马达的泄漏影响大，其流量变化为 $8\% \sim 12\%$，因此控制精度较差。

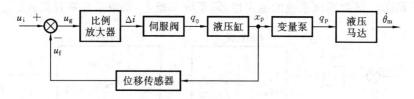

图 6-34　泵控马达开环速度伺服系统原理方框图

2. 带位置环的泵控马达闭环速度伺服系统

图 6-35 所示为带位置环的泵控马达闭环速度伺服系统方框图,它是在图 6-34 所示的开环速度伺服系统的基础上增加了速度传感器,将液压马达的速度信号进行反馈,变量泵控制液压马达部分的积分环节消失,同时增加积分放大器进行校正,使系统仍保持 I 型系统。该系统的所有部件都在闭环以内,故控制精度高,系统的动态响应主要取决于变量泵控制液压马达部分的动态响应。

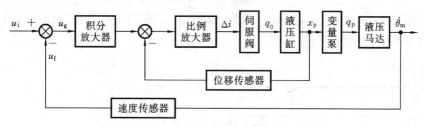

图 6-35　带位置环的泵控闭环速度伺服系统

3. 不带位置环的泵控闭环速度伺服系统

图 6-36 所示为不带位置环的泵控马达闭环速度伺服系统方框图,由于在大闭环中本来就有伺服阀控制液压缸和变量泵控制液压马达两级积分环节,速度传感器闭环后抵消一级积分环节,系统仍保持 I 型系统,故不必再加积分放大器了,而改为比例放大器。可以看出:图 6-36 所示的结构比图 6-35 所示的结构要简单得多,但伺服阀零漂等引起的速度误差仍然存在,所以当变量泵的变量控制力矩有所波动时,也就是液压缸的负载变化,将引起误差,因此该系统的抗干扰能力差。

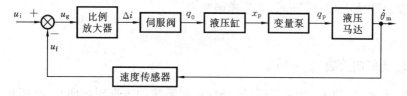

图 6-36　不带位置环的泵控闭环速度伺服系统

6.4.3　计算举例

例 6-4　某设备的进给运动为一电液速度伺服系统,其工作原理及其方框图如

图 6-37 所示。试判断该系统的稳定性,若系统不稳定,采取措施使其具有稳定性。

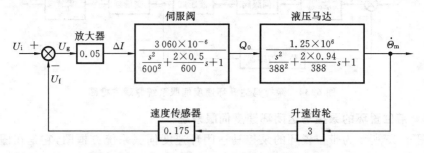

图 6-37　一个未加校正的速度伺服系统方框图

根据图 6-37,系统的开环波德图如图 6-38 所示。系统的开环增益

$$K_0 = 0.05 \times 3\,060 \times 10^{-6} \times 1.25 \times 10^6 \times 3 \times 0.175 = 100$$

$$20 \lg K_0 = 40 \text{ dB}$$

由图 6-38 可以看出,系统在穿越频率处的斜率为 −80 dB/dec,相位裕量和幅值裕量均为负值,系统是不稳定。

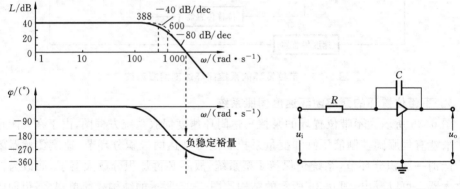

图 6-38　一个未校正的速度伺服系统的开环波德图　　　图 6-39　积分放大器

要使系统稳定,必须进行校正。若在回路中用运算放大器组成积分放大器代替原来的放大器,如图 6-39 所示,其传递函数为

$$G(s) = \frac{1}{T_c}$$

式中　T_c 为时间常数,$T_c = RC$。

若取 $T_c = 20$,则 $G(s) = \dfrac{0.05}{s}$,于是校正后系统的方框图如图 6-40 所示。经校正后,相位裕量为 70°,幅值裕量为 15.6 dB,保证了系统的稳定工作,如图 6-41所示。

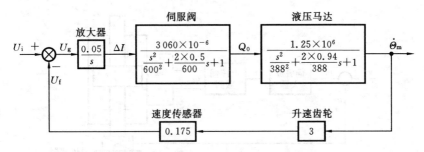

图 6-40　校正后的速度伺服系统方框图

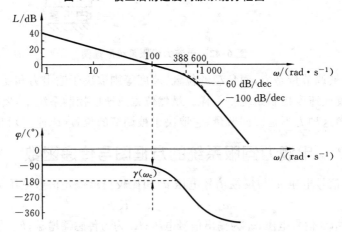

图 6-41　校正后速度伺服系统的开环波德图

6.5　电液力伺服系统

电液力伺服系统具有控制精度高、功率大、响应速度快、结构紧凑和易于改变控制力的大小等优点,因此应用越来越广泛。如压力机的压力控制、轧钢机的张力控制等都采用电液力控制系统。

6.5.1　电液力伺服系统的组成及工作原理

图 6-42 所示为电液力伺服系统的结构原理图,主要由伺服放大器、电液伺服阀、液压缸和力传感器等组成。

当指令信号电压 u_i 作用于系统时,液压缸便产生输出力,输出力经力传感器转换为反馈信号电压 u_f,与指令信号电压 u_i 比较后,得到偏差信号电压 u_g。偏差信号电压 u_g 经伺服放大器、电液伺服阀传到液压缸活塞上,使输出力向减小偏差的方向变化,直到输出力等于指令信号电压 u_i 所对应的值为止。在稳态情况下,输出力与偏差信号成比例。因为要保持一定的输出力就要求伺服阀有一定的开度,因此这是一个 0 型有差系统,这个系统的开环传递函数中不含积分环节。应当指出,在电液力

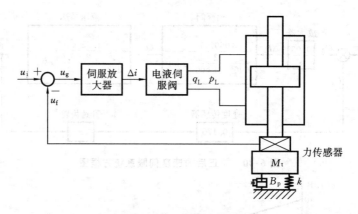

图 6-42　电液力伺服系统原理图

伺服系统中被调节量是力,而负载的位置、速度等则取决于输出力和受力对象本身的状态,与位置或速度控制系统不一样。虽然位置或速度控制系统中,要拖动负载也有力的输出,但这种力不是被调节量,它取决于被调节的位置(或速度)和外负载。

6.5.2　电液力伺服系统的方框图与传递函数

设指令信号电压 u_i 与反馈信号电压 u_f 相比较得出偏差信号电压为

$$u_g = u_i - u_f = u_i - K_f F_L \tag{6.70}$$

式中　u_i 为指令信号电压;u_f 为输出信号电压;K_f 为力传感器增益;F_L 为活塞输出力。

假定力传感器的刚度远大于负载刚度,可以忽略力传感器的变形,认为液压缸活塞的位移就等于负载的位移。同时忽略伺服放大器的动态响应,则

$$\Delta I = K_a u_g \tag{6.71}$$

式中　K_a 为伺服放大器增益。

电液伺服阀传递函数可表示为

$$\frac{X_v}{\Delta I} = K_{xv} G_{xv}(s) \tag{6.72}$$

式中　X_v 为电液伺服阀阀芯位移;K_{xv} 为电液伺服阀增益;$G_{xv}(s)$ 为 $K_{xv}=1$ 时电液伺服阀的传递函数。

如果负载为惯性、弹性和阻尼,则根据第 4 章的知识,阀控液压缸的动态可用下面三个方程描述

$$\begin{cases} Q_L = K_q X_v - K_c P_L \\ Q_L = A_p s X_p + \left(\dfrac{V_t}{4\beta_e} s + C_t \right) P_L \\ F_L = A_p P_L = (M_t s^2 + B_p s + k) X_p \end{cases} \tag{6.73}$$

式中　M_t 为负载质量;k 为负载刚度;B_p 为负载阻尼;C_t 为液压缸的总泄漏系数。

由式(6.70)至式(6.73)可以画出电液力伺服系统的方框图,如图 6-43 所示。

由方程组(6.73)中的三个方程消去中间变量 Q_L 和 X_p,可得

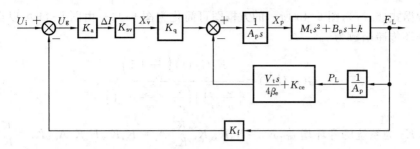

图 6-43　电液力伺服系统的方框图

$$\frac{F_{\text{L}}}{X_{\text{v}}}=\frac{\dfrac{K_{\text{q}}A_{\text{p}}}{K_{\text{ce}}}\left(\dfrac{M_{\text{t}}}{k}s^{2}+\dfrac{B_{\text{p}}}{k}s+1\right)}{\dfrac{M_{\text{t}}V_{\text{t}}s^{3}}{4\beta_{\text{e}}K_{\text{ce}}k}+\left(\dfrac{V_{\text{t}}B_{\text{p}}}{4\beta_{\text{e}}K_{\text{ce}}k}+\dfrac{M_{\text{t}}}{k}\right)s^{2}+\left(\dfrac{V_{\text{t}}}{4\beta_{\text{e}}K_{\text{ce}}}+\dfrac{B_{\text{p}}}{k}+\dfrac{A_{\text{p}}^{2}}{K_{\text{ce}}k}\right)s+1}\tag{6.74}$$

图 6-43 中 $K_{\text{ce}}=K_{\text{c}}+C_{\text{tp}}$。若负载的阻尼很小,即 $B_{\text{p}}=0$,于是式(6.74)可以简化为

$$\frac{F_{\text{L}}}{X_{\text{v}}}=\frac{\dfrac{K_{\text{q}}A_{\text{p}}}{K_{\text{ce}}}\left(\dfrac{M_{\text{t}}}{k}s^{2}+1\right)}{\dfrac{M_{\text{t}}V_{\text{t}}s^{3}}{4\beta_{\text{e}}K_{\text{ce}}k}+\dfrac{M_{\text{t}}}{k}s^{2}+\left(\dfrac{V_{\text{t}}}{4\beta_{\text{e}}K_{\text{ce}}}+\dfrac{A_{\text{p}}^{2}}{K_{\text{ce}}k}\right)s+1}\tag{6.75}$$

或

$$\frac{F_{\text{L}}}{X_{\text{v}}}=\frac{\dfrac{K_{\text{q}}A_{\text{p}}}{K_{\text{ce}}}\left(\dfrac{M_{\text{t}}}{k}s^{2}+1\right)}{\dfrac{M_{\text{t}}A_{\text{p}}^{2}}{K_{\text{ce}}K_{\text{h}}k}s^{3}+\dfrac{M_{\text{t}}}{k}s^{2}+\left(\dfrac{A_{\text{p}}^{2}}{K_{\text{ce}}K_{\text{h}}}+\dfrac{A_{\text{p}}^{2}}{K_{\text{ce}}k}\right)s+1}\tag{6.76}$$

式中　K_{h} 为液压弹簧刚度,$K_{\text{h}}=\dfrac{4\beta_{\text{e}}A_{\text{p}}^{2}}{V_{\text{t}}}$。

另取系统的第一转折频率 ω_{r} 为液压弹簧与负载弹簧串联耦合的刚度与阻尼系数之比,即 $\omega_{\text{r}}=\dfrac{K_{\text{ce}}}{A_{\text{p}}^{2}}\bigg/\left(\dfrac{1}{K_{\text{h}}}+\dfrac{1}{k}\right)$。

取系统的第二转折频率 ω_{m} 为负载质量 M_{t} 与负载弹簧刚度 k 所形成的振荡频率,即 $\omega_{\text{m}}=\sqrt{\dfrac{k}{M_{\text{t}}}}$。

取系统的第三转折频率 ω_{0} 为液压弹簧与负载弹簧并联耦合的刚度与负载质量 M_{t} 形成的固有频率,即 $\omega_{0}=\omega_{\text{h}}\sqrt{1+\dfrac{k}{K_{\text{h}}}}=\omega_{\text{m}}\sqrt{1+\dfrac{K_{\text{h}}}{k}}$。

同时设阻尼比为 ζ_{0},即 $\zeta_{0}=\dfrac{1}{2\omega_{0}}\dfrac{4\beta_{\text{e}}K_{\text{ce}}}{V_{\text{t}}[1+(k/K_{\text{h}})]}$。

则式(6.75)可分解写成

$$\frac{F_{\text{L}}}{X_{\text{v}}}=\frac{\dfrac{K_{\text{q}}}{K_{\text{ce}}}A_{\text{p}}\left(\dfrac{s^{2}}{\omega_{\text{m}}^{2}}+1\right)}{\left(\dfrac{s}{\omega_{\text{r}}}+1\right)\left(\dfrac{s^{2}}{\omega_{0}^{2}}+\dfrac{2\zeta_{0}}{\omega_{0}}s+1\right)}\tag{6.77}$$

根据式(6.77),图6-43所示的方框图可简化为图6-44。由图6-44可以得到系统的开环传递函数为

$$G(s)H(s)=\frac{K_0 G_{sv}(s)\left(\dfrac{s^2}{\omega_m^2}+1\right)}{\left(\dfrac{s}{\omega_r}+1\right)\left(\dfrac{s^2}{\omega_0^2}+\dfrac{2\zeta_0}{\omega_0}s+1\right)} \tag{6.78}$$

式中　K_0 为系统的开环增益,$K_0=K_a K_{xv}K_f\dfrac{K_q}{K_{ce}}A_p=K_a K_{xv}K_f K_p A_p$,$K_p=\dfrac{K_q}{K_{ce}}$ 称为总压力增益。

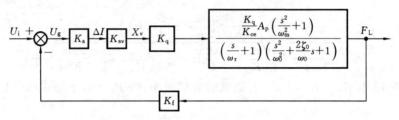

图6-44　电液力伺服系统的简化方框图

可以看出,开环增益中出现了压力增益 K_p,这是电液力伺服系统的特征,说明系统输出的是力。

6.5.3　电液力伺服系统的特性分析

如果伺服阀的固有频率远大于 ω_m 和 ω_0,可以将伺服阀看成比例环节。下面讨论两种特殊情况。

1. 负载弹簧刚度远大于液压弹簧刚度的情况($k\gg K_h$)

此时 $\omega_r\approx\dfrac{K_{ce}K_h}{A_p^2}$,$\omega_0\approx\omega_m=\sqrt{\dfrac{k}{M_t}}$,系统的开环伯德图如图6-45所示。二阶振荡环节与二阶微分环节近似抵消,系统的动态特性主要由液体压缩性形成的惯性环节所决定。

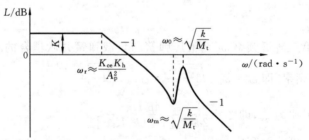

图6-45　电液力伺服系统的开环伯德图($k\gg K_h$)

2. 负载弹簧刚度远小于液压弹簧刚度的情况($k\ll K_h$)

此时 $\omega_r\approx\dfrac{K_{ce}k}{A_p^2}$,$\omega_0\approx\omega_h=\sqrt{\dfrac{K_h}{M_t}}\gg\omega_m=\sqrt{\dfrac{k}{M_t}}$,系统的开环伯德图如图6-46所示。

随着 k 降低，ω_r、ω_m、ω_0 都要降低，但由于 ω_r 和 ω_m 降低的幅度更大，ω_m 和 ω_0 之间的距离增大，因此 ω_0 处的谐振峰值升高。

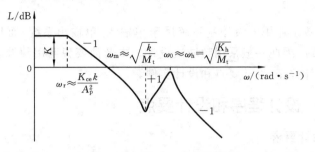

图 6-46　电液力伺服系统的开环伯德图 $(k \ll K_h)$

从图 6-45 和图 6-46 可以看出，当负载弹簧刚度 k 很小时，ω_r 很低，系统可以近似地认为是积分环节。从波德图上看，相位最大滞后为 $90°$，因此只考虑到液压缸-负载的动态，系统不会不稳定。但是考虑到伺服放大器、反馈传感器特别是伺服阀的相位滞后时，系统有可能变为不稳定。另外，当负载弹簧刚度 k 比较大时，ω_m 和 ω_0 之间的距离较近，ω_0 处的谐振峰值不会很高。若负载弹簧刚度 k 比较小而且伺服阀到液压缸的阻尼也较小，ω_m 和 ω_0 之间的距离会增大，ω_0 处的谐振峰值加大，就有可能超过零分贝线而不稳定。因此可在穿越频率 ω_c 与 ω_m 之间加校正装置，它的传递函数是 $G_c(s) = 1 \left/ \left(\dfrac{s}{\omega_1} + 1 \right)^2 \right.$，这样系统就可以稳定。校正后的电液力伺服系统的波德图如图 6-47 所示。同时，还可以提高 k、ω_c 值而增加频宽。

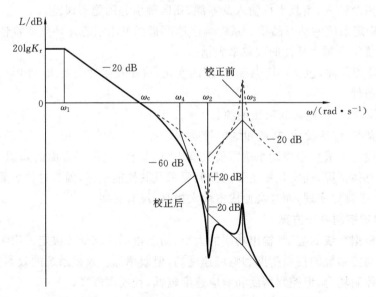

图 6-47　校正后的电液力伺服系统的开环伯德图

6.6　电液伺服控制系统设计

由于大多数工业用电液控制系统属于单输入-单输出系统,而且可近似看成线性和定常数系统,因此一般采用频域法设计。本节简要说明用频域法设计电液伺服控制系统的设计程序、设计要点和设计实例。

6.6.1　设计程序和设计要点

1.明确设计要求

电液伺服控制系统只是控制对象-主机中的一部分。它服务于主机,必须满足主机的工作要求。主机工作要求内容大致如下。

(1)负载工况,包括控制对象的受力情况及运动规律,如负载性质、负载类型等,据此绘出负载工况图。

(2)确定控制物理量,判定控制类型(如位置控制、速度控制、力控制等)。确定被控物理量的变化规律,如恒值、恒速、等加速等,以及最大拖动力、最大位移、最大速度、最大加速度、功率、传动比和效率等拖动方面的要求。

(3)确定采用模拟控制还是数字控制,并确定控制系统输入量。本节只讨论模拟控制的电液伺服控制系统。

(4)确定系统的稳态品质。主要是确定在给定负载下所能允许的最大稳态误差,可用系统开环频率特性的幅值裕量、相位裕量或系统闭环频率特性的峰值来表示。包括指令输入、负载干扰输入及零漂、死区等引起的稳态误差。

(5)确定系统的动态品质。系统响应速度指标可用系统开环频率特性的穿越频率或用系统闭环频率特性的频宽来表示。

(6)环境条件,包括环境温度、湿度的变化,抗振及耐冲击要求、外形尺寸及总质量等限制条件。

(7)能源,包括电源和液压油源。

(8)成本,包括设计、制造和维护等成本。

可见设计电液伺服控制系统需要具有电气、机械、液压等方面的知识,实际设计时须根据具体情况,确定几项主要的控制要求及其性能指标,因为过多的要求和过高的指标,不仅难以实现,而且会使成本大大提高,没有必要。

2.拟定控制系统方案

(1)根据系统的类型、输出功率的大小、动态指标的高低等决定采用泵控式还是阀控式。阀控系统的控制精度和响应速度高,但效率低。泵控系统的效率较高,可用于大功率控制场合,但控制精度和响应速度较低,且成本较高。

(2)画系统原理图,确定系统的各个元件以及各个元件之间的相互关系。可采用开环控制或闭环控制。一般说来,开环系统不具有抗干扰能力,其精度取决于各元件或环节的校准精度。闭环系统具有抗干扰能力,对系统的参数变化不太敏感,只要检测环节的精度和响应速度足够高,便可采用精度并不很高的控制元件构成精确的控制系统,但引入闭环后将带来稳定性问题。因此控制精度要求高时一般都采用闭环控制。但当控制精度要求不太高、闭环稳定性难以解决、输入量预知、外扰很小、功率较大、要求成本较低时,则可采用开环控制。要求电路及油路合理。

3. 静态计算

(1) 负载计算　系统设计计算的第一步主要是确定负载数据及负载工作循环图。根据负载工况,按最佳匹配原则设计液压动力元件,确定液压执行元件主要参数(如液压缸活塞面积或液压马达排量等)及液压放大元件主要参数。如果用阀控方式,主要参数就是阀的节流口面积 $W \cdot x_v$ 及空载流量;如果是泵控式,主要参数就是变量泵的最大流量。

(2) 设计或选择各液压元件　设计各液压元件的主要依据是最大流量值及最大压力值。

(3) 其他电放大元件、反馈元件、传感器等元件的选择　选择时除合理选择规格型号外,还要注意各元件的精度、零漂等。根据系统所允许的误差合理分配各个元件,在同一个系统中的各个元件,其精度等级应尽量相同。

4. 动态计算

(1) 分析各元件的动特性,画出系统方框图,求系统传递函数,画出开环波德图。

(2) 分析稳定性,确定系统开环增益及计算稳定裕量。

(3) 分析精度,计算各种稳态误差并决定系统各部分的增益分配。

(4) 分析响应速度,确定开环穿越频率或计算闭环频宽。

(5) 校正　一般电液伺服系统很难全面满足精度、稳定性及频宽等要求,故需要校正,包括选定校正方式、设计校正元件等。校正装置的传递函数形式即参数,必须根据系统分析的结果来确定。

5. 选择合适油源

电液伺服系统对液压油源的要求比较高,因为油液清洁程度、空气含量等对系统的工作性能有很大影响。能源压力波动的频率也必须远高于系统的谐振频率,否则将严重影响系统的动特性。选择能源的主要依据是系统所需的供油压力及最大流量。能源流量应大于负载最大流量和总泄漏流量之和且略有余量。阀控系统一般采用恒压油源,控制阀的压力流量特性的线性度好,系统的控制精度和响应速度都较高,但效率低;在控制精度和响应速度要求不高的系统中常采用恒流油源。

6.6.2　电液伺服控制系统设计举例

设计一水平单自由度液压振动试验台,设计要求和给定参数如下:

① 振动台质量　　　　　　　　　$M = 500 \text{ kg}$

② 振动台最大摩擦力　　　　　　$F_f = 1\ 000 \text{ N}$

③ 振动台最大振动幅度　　　$S_{max} = 0.15$ m

④ 振动台最大速度　　　　　$v_{max} = 0.2$ m/s

⑤ 振动台最大加速度　　　　$a_{max} = 20$ m/s²

⑥ 振动台静态位置误差　　　$e_f < \pm 0.5$ mm

⑦ 振动台速度误差　　　　　$e_v < 8$ mm

⑧ 频带宽度　　　　　　　　$f_{-3dB} > 20$ Hz

1. 控制方案拟订

由于液压振动试验台工作功率较小，振动幅度也较小，决定采用电液伺服阀和双活塞杆液压缸组成的位置伺服控制系统，其原理图如图 6-48 所示。

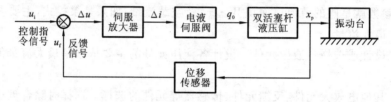

图 6-48　液压振动试验台原理图

2. 根据设计要求和参数选定主要装置和元件

1) 油源

由于系统功率较小，采用定量泵和溢流阀组成的恒压油源；为保护伺服阀，应采取相应措施，防止油液污染。根据工作要求和应用环境，选定供油压力为 $p_s = 63 \times 10^5$ Pa。

2) 确定动力元件尺寸参数

(1) 负载力　由振动台工作过程可知，负载力由摩擦力 F_f 和惯性力 F_a 组成，假定系统是在最恶劣的负载条件(即两种负载力均存在，且为最大值，速度也为最大值)下工作，则总负载力为

$$F_{Lmax} = F_f + F_a = (1\,000 + 500 \times 20)\ N = 11\,000\ N$$

(2) 双活塞杆液压缸尺寸　根据最佳负载匹配原则，当总负载力取最大值时，负载压力为 2/3 倍油源压力，即

$$p_L = \frac{2}{3} p_s = 42 \times 10^5\ Pa$$

由于 $p_L = \dfrac{F_L}{A_p}$，所以液压缸有效作用面积须满足

$$A_p = \frac{F_L}{p_L} = \frac{11\,000}{42 \times 10^5}\ m^2 = 2.6 \times 10^{-3}\ m^2$$

3) 确定电液伺服阀规格

根据设计要求，最大负载流量为

$$q_L = A_p v_{max} = 2.6 \times 10^{-3} \times 0.2\ m^3/s = 5.2 \times 10^{-4}\ m^3/s = 31\ L/min$$

此时伺服阀压降为

$$p_v = p_s - p_L = (63 \times 10^5 - 42 \times 10^5)\, \text{Pa} = 21 \times 10^5\, \text{Pa}$$

考虑到泄漏等影响,将负载流量 q_L 增大 20%,取 $q_L = 37\, \text{L/min}$。根据 q_L 和 p_v,由某型号系列伺服阀样本,计算出额定流量(阀压降为 $70 \times 10^5\, \text{Pa}$ 时的输出流量)为 $70\, \text{L/min}$ 的阀满足使用要求,该阀的额定电流为 $i_n = 20 \times 10^{-3}\, \text{A}$。

4) 其他组成元件

选择位移传感器增益 $K_f = 50\, \text{V/m}$,放大器增益 K_a 待定。

3. 计算系统的动态品质

1) 确定各组成元件的传递函数

(1) 动力元件的传递函数　动力元件为阀控液压缸,由于负载特性没有弹性负载,因此液压缸的传递函数为

$$\frac{X_p}{Q_0} = \frac{1/A_p}{s\left(\dfrac{s^2}{\omega_h^2} + \dfrac{2\zeta_h}{\omega_h}s + 1\right)}$$

因 $A_p = 2.6 \times 10^{-3}\, \text{m}^2$,液压缸除满足行程 S_{max} 外,应留有一定的空行程,并考虑连接管道的容积,取 $V_t = 1.15 A_p S_{max} = 1.15 \times 2.6 \times 10^{-3} \times 0.15\, \text{m}^3 = 4.5 \times 10^{-4}\, \text{m}^3$,则液压缸的固有频率为

$$\omega_h = \sqrt{\frac{4\beta_e A_p^2}{M V_t}} = \sqrt{\frac{4 \times 7\,000 \times 10^5 \times (2.6 \times 10^{-3})^2}{500 \times 4.5 \times 10^{-4}}}\, \text{rad/s} = 290\, \text{rad/s}$$

参考同类液压伺服系统的实测值,类比确定 $\zeta_h = 0.3$,因此动力元件的传递函数为

$$\frac{X_p}{Q_0} = \frac{385}{s\left(\dfrac{s^2}{290^2} + \dfrac{2 \times 0.3}{290}s + 1\right)}$$

(2) 电液伺服阀的传递函数　电液伺服阀的传递函数由样本可查得

$$\frac{Q_0}{\Delta I} = \frac{K_{sv}}{\dfrac{s^2}{560^2} + \dfrac{2 \times 0.6}{560}s + 1}$$

额定流量 $q_n = 70\, \text{L/min}$ 的伺服阀在供油压力 $p_s = 63 \times 10^5\, \text{Pa}$ 时,空载流量为

$$q_{0n} = 70\sqrt{\frac{63 \times 10^5}{70 \times 10^5}}\, \text{L/min} = 66\, \text{L/min} = 1.1 \times 10^{-3}\, \text{m/s}$$

所以伺服阀的额定流量增益为

$$K_{sv} = \frac{q_{0n}}{i_n} = \frac{1.1 \times 10^{-3}}{0.02}\, (\text{m}^3/\text{s})/\text{A} = 0.055\, (\text{m}^3/\text{s})/\text{A}$$

因此,伺服阀的传递函数为

$$\frac{Q_0}{\Delta I} = \frac{0.055}{\dfrac{s^2}{560^2} + \dfrac{2 \times 0.6}{560}s + 1}$$

(3) 位移传感器和伺服放大器的传递函数　由于位移传感器与伺服放大器的频宽远大于系统频宽,可视为比例环节,因此它们的传递函数分别为

$$\frac{U_f}{X_p} = K_f = 50 \text{ V/m}$$

$$\frac{\Delta I}{\Delta U} = K_a \text{ A/V}$$

其中,伺服放大器增益 K_a 的具体值需根据系统稳定性能确定。

根据以上确定的各元件传递函数,可画出液压振动试验台液压伺服控制系统的方框图,如图 6-49 所示。

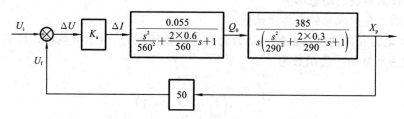

图 6-49 液压振动试验台液压伺服控制系统的方框图

2) 绘制开环伯德图并根据稳定性确定开环增益

由方框图 6-49 绘制 $K_a = 1$ 时的开环伯德图,如图 6-50 所示。由图 6-50 可知,$K_a = 1$ 时系统是不稳定的,此时可将图 6-50 中 0 分贝线上移至 $0'$,使相位裕量 $\gamma = 75°$,此时幅值裕量 $K_g = 9$ dB,穿越频率 $\omega_c = 60$ rad/s,相应地,$K_a = -30$ dB $= 0.03$ A/V。

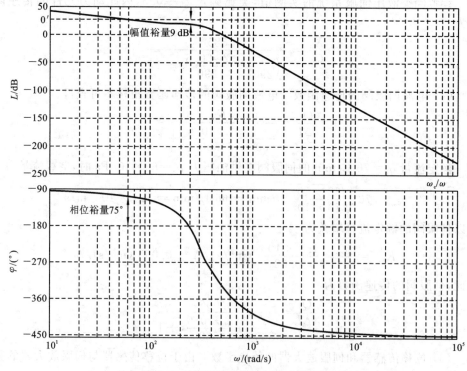

图 6-50 液压振动试验台开环伯德图

这时,系统开环增益为

$$K_v = 0.03 \times 0.055 \times 385 \times 50 \text{ s}^{-1} = 31.8 \text{ s}^{-1}$$

3）绘制闭环伯德图并确定系统的频宽

由图 6-50 所示的开环伯德图,可求得系统的闭环伯德图,如图 6-51 所示。由该图可得到闭环系统的频宽为

$$f_{-3\text{dB}} = \frac{\omega_{-3\text{dB}}}{2\pi} = \frac{155}{2\pi} \text{ Hz} = 24.7 \text{ Hz}$$

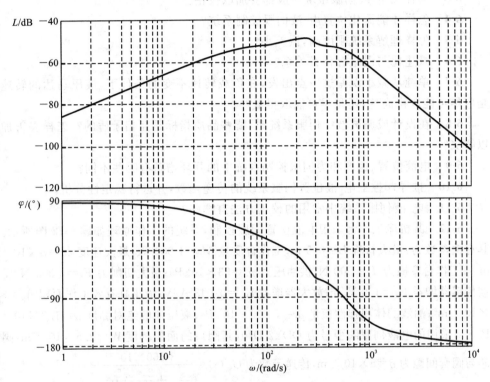

图 6-51　液压振动试验台闭环伯德图

4. 计算系统的稳态误差

假定伺服放大器零漂、伺服阀的零漂和滞环、液压缸的不灵敏区及其他干扰总和计为 $\pm 2\% i_n$,由此引起的位置误差为

$$e_f = \frac{\pm 0.02 i_n}{K_a K_f} = \frac{\pm 0.02 \times 0.02}{0.03 \times 50} \text{ m} = \pm 2.7 \times 10^{-4} \text{ m}$$

对输入指令来说,系统为 I 型,最大速度 $v_{max} = 0.2$ m/s 时的速度误差为

$$e_r = \frac{v_{max}}{K_v} = \frac{0.2}{31.8} \text{ m} = 6.3 \times 10^{-3} \text{ m}$$

5. 计算结论

由上述计算可知,所设计的液压振动试验台能达到的性能指标为 $e_f = \pm 2.7 \times$

10^{-4} m、$e_r = 6.3 \times 10^{-3}$ m、$f_{-3\mathrm{dB}} = 24.7$ Hz,满足设计任务的要求。

思考题及习题

6-1　怎样区分一个系统是位置、速度还是力电-液伺服控制系统?

6-2　试比较电-液伺服系统与机-液伺服系统的主要优缺点和性能特点。

6-3　为什么电-液伺服系统一般都要加以校正?

6-4　怎样才能简化位置电-液伺服控制系统?

6-5　怎样理解系统刚度高,误差小?

6-6　减速比与误差有什么关系?

6-7　单纯从减小误差这一点出发,在负载转速不变的条件下,液压马达的转速是应尽可能取得高些,还是尽可能取得低些?

6-8　在设计或调试液压伺服系统时,哪些品质指标是互相矛盾的? 怎样妥善加以解决?

6-9　电液位置、速度和力伺服控制系统中的开环增益有哪些不同?

6-10　推导阀控缸电-液位置伺服系统的传递函数,并进行稳定性分析。

6-11　电-液伺服系统中常用的校正方法有哪些?

6-12　某机床工作台采用电液位置伺服控制,系统的工作原理如题 6-12 图所示。其有关参数为:最大行程 $L = 0.5$ m;工作台质量 $M_t = 1\,000$ kg;最大速度 $v_m = 8 \times 10^{-2}$ m/s;工作台摩擦力 $T_f = 500$ N;供油压力 $p_s = 63 \times 10^5$ Pa;最大切削力 $F_c = 2\,000$ N;反馈传感器增益 $K_f = 100$ V/m;放大器增益 $K_a = 0.048$ A/V;液压缸有效工作面积 $A_p = 8 \times 10^{-4}$ m²;油液的体积弹性模量 $\beta_e = 7\,000 \times 10^5$ Pa;液压油的绝对黏度 $\mu = 1.8 \times 10^{-2}$ Pa·s;采用的电液伺服阀型号为 QDY2-D10,其阀口的面积梯度 $W = 2.5 \times 10^{-2}$ m,阀芯与阀套间隙为 $\delta = 5 \times 10^{-6}$ m,传递函数为 $G_{sv}(s) = \dfrac{3\,060 \times 10^{-6}}{\dfrac{s^2}{600^2} + \dfrac{2 \times 0.5}{600}s - 1}$。

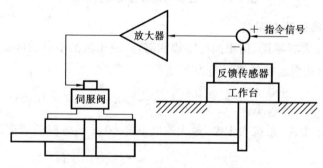

题 6-12 图

试验算该系统是否满足下列技术要求:

位置误差 $e_p < \pm 0.05$ mm，频带宽度 $f_{-3\text{dB}} > 10$ Hz，速度误差 $e_v < 1$ mm。

（提示：① 计算系统的稳定裕量及频宽：幅值裕量为 5 dB，相位裕量为 89°，频宽为 $f_{-3\text{dB}} = 2.9$ Hz；② 计算系统的稳态误差 $e_L = 0.72$ mm，$e_f = 0.125$ mm，$e_v = 4.36$ mm）

6-13　如果希望例 6-1 中的误差 ε_f 下降到原来的 1/4，采用滞后校正，校正元件参数 α 及 ω_{rc} 应为多少？相位稳定裕量 γ_2 为多少？伺服放大器增益如何调整？

6-14　试设计一速度伺服控制系统，其框图如题 6-14 图所示，负载的转动惯量 $J = 40$ N·cm²·s，负载力矩 $T = 100$ N·m，转速范围 $n = 20 \sim 100$ r/min，油源压力 $p_s = 1\,500$ N/cm²，测速发电机增益 $K_f = 0.17$ V/(rad/s)，油液的体积弹性模量 $\beta_e = 70\,000$ N/cm²，伺服阀的固有频率 $\omega_{sv} = 500$ rad/s，伺服阀的阻尼比 $\zeta_{sv} = 0.7$，齿轮传动比 $i = 3$，要求跟随稳态误差小于 10 r/min，干扰稳态误差小于 10 r/min，系统频宽不低于 2 Hz。

（提示：① 伺服阀的增益 $K_{sv} = 8\,000$（cm³/s）/A；② 马达的固有频率 $\omega_h = 151$ rad/s，伺服阀的阻尼比 $\zeta_h = 0.79$；③ 放大器增益 $K_a = 0.024$ A/V；④ 计算系统的稳定裕量及频宽：幅值裕量为 18 dB，相位裕量为 85°，频宽为 $f_{-3\text{dB}} = 3.2$ Hz；⑤ $e_p(\infty) = 9.1$ r/min，$e_{pL}(\infty) = 8.8$ r/min）

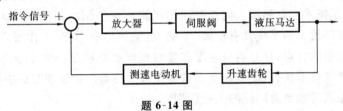

题 6-14 图

6-15　试设计一力控制系统，其最大负载力为 9×10^4 N，最大位移为 10^{-2} m，负载刚度系数 $k = 9 \times 10^5 \sim 18 \times 10^6$ N/m，负载质量 $M_t = 450$ kg，加载最大时间为 10 s，油源压力 $p_s = 17.5 \times 10^6$ Pa。要求力控制精度为 $\pm 5\%$，超调量在 10% 以内。

设计参数如下：液压缸有效工作面积 $A_p = 60.76 \times 10^{-4}$ m²，液压缸最大速度 $v_m = 1 \times 10^{-2}$ m/s，空载流量 $q_{Lm} = 60.76 \times 10^{-6}$ m³/s，伺服阀压降为 4.6×10^6 Pa 时输出流量为 6.3×10^{-5} m³/s，反馈系数 $K_f = 8.8 \times 10^{-8}$ V/N，油液弹性刚度系数 $E_0 = 2.25 \times 10^8$ N/m，油路压缩系数 $C = \dfrac{V}{4\beta_e} = 1.63 \times 10^{-12}$ m⁵/N。

（提示：$\omega_r = 0.024 \sim 0.048$ s⁻¹，$\omega_m = 192$ s⁻¹，$\omega_0 = 700$ s⁻¹，$\omega_c = 0.6 \sim 1.2$ s⁻¹）

第7章

电液比例控制技术

虽然电液伺服控制系统具有响应快、控制精度高的明显优势,但由于电液伺服器件的制造精度要求很高,价格昂贵,功率损失(阀压降)较大,特别是对油液污染十分敏感,系统对使用及维护要求非常苛刻,使伺服技术难以为更广泛的工业应用所接受。电液比例控制技术就是针对伺服控制在一般工业应用中存在的这些不足发展起来的。因此,电液比例控制系统和电液伺服控制系统的工作原理、组成环节和分类基本相同。但由于两者产生的历史背景不同,采用的技术手段不一样,应用场合各有侧重,所以在液压技术专业领域人们总是习惯于将比例控制与伺服控制区分开来。采用电液比例控制技术的系统具有价廉、节能、抗油污染能力强、工作可靠、维护方便、适应大功率控制的特点,且其响应速度和控制精度也能满足一般工业控制系统的要求。它所具有的技术优势,使它在众多自动化液压设备的设计和改造中崭露头角,获得了比伺服控制技术更为广泛的工业应用。

本章将围绕电液比例技术的应用,介绍电液比例控制器件,包括常见电液比例阀、电液比例泵的原理、结构和特点,以及电液比例控制系统的组成、分类与设计。

7.1　电液比例阀

7.1.1　概述

电液比例阀是介于普通液压阀和电液伺服阀之间的一种控制阀,它能使其输出油液的压力、流量和方向随输入电信号指令连续地、成比例地变化,既能用于开环电液控制系统中实现对液压参数的远程控制,也可以作为信号转换与放大元件用于闭环电液控制系统。与手动调节和开关控制的普通液压阀相比,采用比例阀能实现连续的、成比例的实时控制,可大大提高液压系统的自动控制水平。电液比例阀是电液比例控制系统的核心元件,在工业应用的许多领域,它的性价比具有一定的优势,被誉为"廉价的伺服阀",有着广阔的发展前景。

电液比例阀的发展已有四十余年的历史,大体经历了四个阶段。第一阶段的比例阀,通常只是在普通液压阀的基体上进行稍许结构改进,用比例型电气-机械转换器即比例电磁铁代替开关电磁铁或调节手柄而已。阀的结构原理和设计准则几乎没有变化,大多不含被控参数的反馈闭环。其工作频宽仅为 $1\sim5$ Hz,稳态滞环在 $4\%\sim7\%$ 之间,多用于开环控制。第二阶段的比例控制器件普遍采用了各种内反馈回路,同时研制了耐高压比例电磁铁,与之配套的比例放大器也日臻完善。从性能上讲,比例阀的频宽已达 $5\sim15$ Hz,稳态滞环亦减少到 3% 左右。其不仅用于开环控制,也用于闭环控制。到 20 世纪 80 年代,比例阀的发展进入第三阶段。比例元件的设计原理进一步完善,采用了压力、流量、位移内反馈和动压反馈及电校正等手段,比例阀的稳态精度、动态特性和稳定性都有了进一步的提高。除了由于制造成本所限,电液比例阀在中位仍保留死区外,它的稳态与动态特性都已接近伺服阀水平。另外,比例技术在这一阶段开始与插装阀相结合,相继开发出了各种不同功能和规格的二通、三通型比例插装阀,形成了电液比例插装技术,这是比例技术的一项重大进展。与此同时,电液比例容积控制元件也相继出现,各类比例控制泵和执行元件的研制成功,为大功率工程控制系统的节能提供了技术基础。

从 20 世纪 90 年代开始至今,是比例阀进一步完善与发展的第四阶段。在这一阶段,发生两项重要的事件。一是推出了电液伺服比例阀(亦称闭环比例阀、高频响比例阀、比例伺服阀)。这种阀具有传统比例阀的特征,采用比例电磁铁作为电气-机械转换器,但它的功率级阀芯采用伺服阀的结构和加工工艺(如零遮盖阀口,阀芯与阀套之间的配合精度与伺服阀相当等),解决了闭环控制要求死区小的问题,其性能与价格介于伺服阀与普通比例阀之间,特别适合工业闭环控制。可以说,电液伺服比例阀是伺服技术与比例技术在一个新层面上相结合的产物,是比例技术和伺服技术更进一步的交融与整合。二是将计算机技术与比例元件相结合,出现了多种将比例阀、传感器、电子放大器和数字显示装置集成在一起的机电一体化器件,由此开创了液压比例技术同计算机技术相结合的时代。

电液比例阀是一种侧重于一般工业应用,汇集了开关阀和电液伺服阀诸多优点的新型电液控制元件。它抗污染性能好,可靠性高,阀内压降小,能实现压力、流量的连续实时控制,价格适中。电液比例阀、伺服阀、开关阀的性能对比如表 7-1 所示。

表 7-1　电液比例阀、伺服阀、开关阀的性能对比表

类别 项目	比 例 阀	伺 服 阀	开 关 阀
阀的功能	压力、流量的连续控制和流量方向控制	多为四通阀,同时控制方向和流量;也有电液压力伺服控制阀	方向、压力和流量的开关控制与压力、流量的手动控制
电气-机械转换器	用功率较大(约 50 W)的比例电磁铁直接驱动阀芯或压缩弹簧	用功率较小($0.1\sim0.5$ W)的力矩电动机带动喷嘴挡板或射流管,其先导级的输出功率约为 100 W	用普通交流或直流通断型电磁铁驱动阀芯或压缩弹簧

续表

类别 项目	比 例 阀	伺 服 阀	开 关 阀
频宽 f_{-3}/Hz	一般 10～30	60～200 或更高	—
中位死区	有	无	有
滞环	1%～3%	0.1%～1%	—
线性度	在低压降（0.8 MPa）下通过较大流量时，阀体内部的阻力对线性度有影响（饱和）	在高压降（7 MPa）下工作时，阀体内部的阻力对线性度影响不大	—
重复精度/(%)	0.5～1.0	0.5～1.0	
过滤要求/μm	20（推荐用 10）	3～10	25
加工精度	10 μm	1 μm	10 μm
阀内压力降/MPa	0.5～2.0	7	0.25～0.50
价格比	3～6	6～10	1
适用场合	适用于各类开环系统及部分闭环系统	适用于各类高精度闭环系统	只适用于开环系统

7.1.2　电液比例阀的基本类型与组成

1. 电液比例阀的基本类型

电液比例阀的种类繁多，性能各异，一般参照普通液压阀的分类方法，并结合比例阀自身的特点进行分类。

按照电液比例阀所控制的参数分类，有电液比例压力阀、电液比例流量阀、电液比例方向阀和电液比例方向流量复合阀四大类。再细分的话，比例压力阀又可分为比例溢流阀和比例减压阀；比例流量阀则可分为比例节流阀和比例调速阀。

按阀内液压放大的级数来分，有直动式（又称单级）比例阀和先导式（即多级）比例阀。直动式比例阀是由电气-机械转换元件直接驱动液压功率级。由于受电气-机械转换元件的输出力限制，直动式比例阀的控制流量一般都在 15 L/min 以下。先导式比例控制阀则是由直动式比例阀与能输出较大功率的主阀级组成，前者称为先导级。根据功率输出要求，先导式比例阀可以是二级或三级的。二级比例阀的控制流量可以达到 500 L/min。

若按电液比例阀内是否带有位移闭环控制，又可分为带电反馈的电液比例阀与不带电反馈的电液比例阀。两种阀的控制性能有较大的差异，带电反馈的比例阀，其稳态误差在 1% 左右，而不带电反馈的比例阀，其稳态误差为 3%～5%。

　　按电液比例控制阀的阀芯结构形式分类,有滑阀式、锥阀式和插装式结构的比例阀。滑阀式电液比例控制阀是在普通三类阀的基础上发展起来的,而插装式电液比例控制阀是在二通或三通插装元件的基础上配以适当的比例先导控制级和级间反馈联系组合而成的。插装式比例阀具有动态性能好,集成化程度高,通流量大等优点,控制的流量可达 1 600 L/min。

　　需要指出的是,以上分类方法并不能把不同比例阀的性能、特征都详尽地反映出来。特别是随着科学技术的进步,机电一体化技术的发展,还会有很多新型的比例阀出现。在对新型电液比例阀产品命名时,通常是将上述分类方法组合使用,如主阀带位移-电反馈的两级比例方向控制阀等。

2. 电液比例阀的组成

　　与电液伺服阀类似,电液比例阀通常也是由 E-M(电气-机械)转换器、液压放大器(液压先导阀和功率放大级主阀)与检测反馈元件三部分组成的。图 7-1 所示为电液比例阀的原理框图。

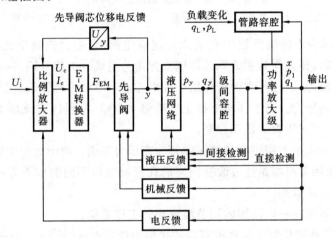

图 7-1　电液比例阀的原理框图

　　E-M 转换器先将小功率的电信号转换成阀芯的运动,然后再通过阀芯的运动去控制油液的压力与流量,完成电-机-液的比例转换。早期的电液比例阀为提高性能,在它的内部形成了适当的级间反馈回路。现代高性能的电液比例阀,一般都内含主控参量的反馈闭环。这种反馈闭环可以是主控制参量的机械或液压的力反馈,也可以是主控制参量的电反馈,如图 7-1 所示。

7.1.3　电液比例压力阀

　　电液比例压力阀中应用最多的有比例溢流阀和比例减压阀,它们又分直动式和先导式两种。下面介绍它们的典型结构及其工作原理。

1. 直动式比例溢流阀

　　直动式比例溢流阀的结构及工作原理如图 7-2 和图 7-3 所示。这两个图所示的都是双弹簧结构的直动式比例溢流阀,分别为不带电反馈与带电反馈的两种基本形式。图 7-2 所示的结构与常规直动式结构相似,主要区别是图 7-2 所示的直动式比例溢流阀用比例电磁铁取代了手动的弹簧力调节组件。

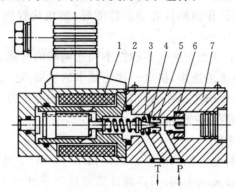

图 7-2　直动式比例溢流阀

1—比例电磁铁　2—传力弹簧　3—防撞击弹簧　4—锥阀芯　5—阀座　6—调零螺塞　7—阀体

图 7-2 所示为不带电反馈的直动式比例溢流阀,它由力控制型比例电磁铁、阀体、阀座、锥阀芯、传力弹簧和锥阀芯防撞击弹簧等组成。电信号输入时,比例电磁铁产生相应的电磁力,通过传力弹簧作用于锥阀芯上。电磁力对弹簧进行预压缩,预压缩量决定了溢流压力。由于预压缩量正比于输入电信号,所以溢流压力正比于输入电信号,从而实现对压力的比例控制。

普通溢流阀采用不同刚度的调压弹簧改变压力等级。由于比例电磁铁的推力是一定的,所以比例溢流阀是通过改变阀座的孔径而获得不同的压力等级。阀座孔径小,控制压力高,流量小。

调零螺塞则可在一定范围内调节溢流阀的工作零位。

在图 7-3 所示带位置电反馈的直动式比例溢流阀中,件号 1～7 与图 7-2 对应。8为位移传感器,它的动杆与比例电磁铁的动铁固联,实时检测动铁位移并反馈至带

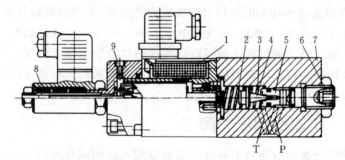

图 7-3　带位置电反馈的直动式比例溢流阀

1—比例电磁铁　2—传力弹簧　3—防撞击弹簧　4—锥阀芯
5—阀座　6—调零螺塞　7—阀体　8—位移传感器　9—放气螺塞

PID 控制单元的电控器,构成对动铁位移的闭环控制,使传力弹簧 2 得到与输入信号成比例的精确压缩量,达到阀的滞环更小,控制精度更高的目的。图 7-3 中锥阀芯防撞击弹簧 3,还可降低零电流时的卸荷压力;9 为放气螺塞。

直动式比例溢流阀只适合在小流量场合下单独做调压元件,更多的是作为先导式溢流阀或减压阀的先导级。

2. 先导式比例溢流阀

先导式比例溢流阀的结构如图 7-4 所示。

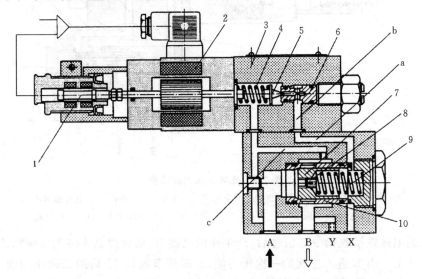

图 7-4　先导式比例溢流阀

1—位移传感器　2—行程控制型比例电磁铁　3—阀体　4—弹簧　5—先导锥阀芯
6—先导阀座　7—主阀芯　8—节流螺塞　9—主阀弹簧　10—主阀座(阀套)

在图 7-4 中,上部为行程控制型直动式比例溢流阀,下部为主阀级。当比例电磁铁 2 输入指令信号电流时,它产生一个相应的电磁力来压缩弹簧 4 作用于锥阀芯 5 上。压力油经 A 口流入主阀,并经主阀芯 7 的节流螺塞 8 到达主阀弹簧 9 腔,又从通路 a、b 到达先导阀阀座 6,并作用在先导锥阀芯 5 上。若 A 口压力不能打开锥阀芯 5,主阀芯 7 的左右两腔压力保持相等,在主阀弹簧 9 的作用下,主阀芯 7 保持关闭;当系统压力超过比例电磁铁 2 的设定值时,锥阀芯 5 开启,先导油经通路 c 从 B 口流回油箱。主阀芯右腔(弹簧腔)的压力由于节流螺塞 8 的作用下降,导致主阀芯 7 开启,则 A 口与 B 口接通回油箱,从而实现溢流。

主阀芯 7 是锥阀,它小而轻,行程小,响应快。主阀座(阀套)10 上有均布的径向孔,阀开启时油液分散走,以减小噪声。X 口为远程控制口,可接一手调直动式安全阀,防止系统过载。先导油也可经 Y 口泄回油箱,以免回油背压引起阀误动作。

3. 先导式比例减压阀

先导式比例减压阀与先导式比例溢流阀的工作原理基本相同。它们的先导级完全一样,只是主阀级不同。溢流阀采用常闭式锥阀,而减压阀采用常开式滑阀,如图7-5所示。

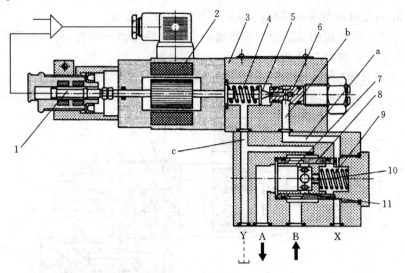

图 7-5　先导式比例减压阀

1—位移传感器　2—行程控制型比例电磁铁　3—阀体　4—弹簧　5—先导锥阀芯
6—先导阀座　7—主阀芯　8—阀套　9—主阀弹簧　10—节流螺塞　11—减压节流口

比例电磁铁接收指令电信号后,产生相应电磁力,通过弹簧 4 将先导锥阀芯 5 压在阀座 6 上。由 B 进入主阀的一次压力油,经减压节流口 11 后的二次压力油,再经主阀芯 7 的径向孔从 A 口输出,二次压力油同时经主阀芯 7 上的节流螺塞 10 至主阀芯弹簧腔(右腔)、然后经通路 a、b 到达先导阀座 6 并作用于先导阀芯 5 上。若二次压力不能使先导阀 5 开启,则主阀芯左、右两腔压力相等。这时,在弹簧 9 的作用下,减压阀节流口 11 为全开状态,B→A 流向不受限制。当二次压力超过比例电磁铁设定值时,先导阀芯 5 开启,油流经通路 c、Y 口泄回油箱。由于节流螺塞 10 的作用,主阀芯弹簧腔的压力下降,主阀芯左、右两腔的压差使主阀芯克服弹簧 9 的作用,关小减压节流口 11,使二次压力降至设定值。

为防止二次压力过高,可在 X 口接一个手动直动式溢流阀,以起保护作用。

4. 三通比例减压阀

上面介绍的比例减压阀只有两个主油口,故称两通式比例减压阀。用两通式比例减压阀控制压力上升时其响应是足够快的,但用它控制压力下降时,由于二次压力油只能经阀内细小的控制流道流回油箱,故其响应很慢。为了克服这一缺点而出现了三通式比例减压阀。三通式阀在控制压力下降时,液压油从主阀直接回油箱,其降压响应与升压响应一样快速。三通式比例减压阀的原理简图如图 7-6 所示。

三通式比例减压阀在无信号电流时,阀芯 3 在对中弹簧 2 作用下处于中位,P、T、A 各油口互不相通。当比例电磁铁接收信号电流时,产生的电磁力使阀芯 3 右移,P、A 接通,油口 A 输出的二次压力油输入执行元件完成既定工作。同时,此二次压力油又经阀体通道 a 反馈到阀芯右端,施加一个与电磁力相反的力于阀芯上。在二次压力与电磁力平衡时,阀芯 3 返回中位,A 口压力 p_A 保持不变,并与电磁力成正比例。若 p_A 对阀芯的作用力大于电磁力,阀芯移至左端,A 口

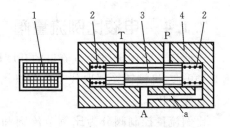

图 7-6　三通式比例减压阀原理简图
1—比例电磁铁　2—对中弹簧　3—阀芯　4—阀体

与 T 接通,使压力下降,直至达到新的平衡。三通式比例减压阀可以控制二次压力油的压力和方向,成对使用时,用作比例方向阀的先导阀。

　　由于先导式比例方向阀需要在两个方向进行压力控制,需要两个三通减压阀成对使用,即组成一个双向三通比例减压阀。图 7-7 所示为双向三通式比例减压阀的结构图。

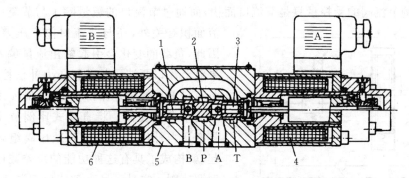

图 7-7　双向三通式比例减压阀结构图
1—左测压柱塞　2—控制阀芯　3—右测压柱塞　4、6—比例电磁铁　5—阀体

　　双向三通式比例减压阀主要由两个比例电磁铁 4 和 6、控制阀芯 2、左、右测压柱塞 1 和 3 及阀体 5 组成。当两个比例电磁铁都未输入信号电流时,控制阀芯在弹簧作用下对中,P 油口封闭,A、B 油口回油箱,即具有 Y 型中位机能。若比例电磁铁 6 获得输入信号,电磁力直接作用在测压柱塞 1 上,使控制阀芯 2 右移。阀芯的移动使液压油从 P 口流向 A 口,A 口压力上升。同时,A 口液压油通过阀芯上的径向孔进入阀芯空腔内,把测压柱塞 3 推至右端,并压住电磁铁 4 的操纵杆。另一方面,阀芯内的油压力克服电磁力,沿阀口关闭方向推动阀芯 2,直至两个力达到平衡为止,这时 A 口压力保持恒定。当电磁力或 A 口压力变化时,通过测压柱塞的压力反馈到阀芯以进行相应调整,使受控压力始终与电磁力相适应。

　　这种三通式比例减压阀一般通径为 6 mm,最大通流量为 15 L/min。在实际应用中可以装配成单作用或双作用式。在比例容积控制中,也常用这种三通比例减压阀作为先导控制元件。

7.1.4　电液比例流量阀

比例流量阀用于改变节流口的开度以调节流量。它与普通流量阀的主要区别是用某种电气-机械转换器取代了手调机构来调节节流口的通流面积,使输出流量与输入信号成正比。

比例流量控制阀分为比例节流阀和比例调速阀。按比例流量阀的控制原理来分,又可分为直动式和先导式两类。

1. 直动式比例节流阀

最简单的比例流量控制阀是直动式比例节流阀,它是在常规节流阀的基础上利用电气-机械转换器来控制节流口的开度来实现流量调节的,仅有一级液压放大单元。节流阀芯有滑阀、转阀和插装阀多种形式。通常,移动式节流阀采用比例电磁铁驱动,旋转型节流阀则采用伺服电动机驱动。前者称为电磁式,后者为电动式。

2. 定差减压型比例调速阀

比例节流阀的受控量只是节流口面积,而通过节流口的流量除了与节流口的通流面积有关外,还与节流口前后压差有关,因此,负载的变化会引起输出流量偏差。如果对节流口两端压差进行压力补偿控制,使节流口前后的压差保持恒定,就能实现对流量的单参数控制。将直动式比例节流阀与具有压力补偿功能的定差减压阀组合在一起,就构成了具有这种功能的定差减压型比例调速阀。它是一种直动式比例调速阀,因为它只有 A、B 两个主油口,故又称二通比例调速阀,图 7-8 所示为其工作原理简图。

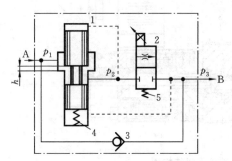

图 7-8　二通比例调速阀工作原理简图
1—定差减压阀　2—比例节流阀
3—单向阀　4、5—小刚度弹簧

在图 7-8 中,起压力补偿器作用的定差减压阀 1 位于比例节流阀 2 主节流口的上游,且与主节流口串联,减压阀阀芯由一个小刚度弹簧 4 保持在开启位置上,开口量为 h,节流阀 2 的阀芯则由一个小刚度弹簧 5 保持关闭。比例电磁铁接收输入电信号,产生电磁力作用于阀芯,阀芯向下压缩弹簧 5,阀口打开,液流自 A 口流向 B 口。阀的开口量与控制电信号对应。行程控制型比例电磁铁提供位置反馈,可使其开口量更为准确。

压力补偿器的功能就是保持节流阀进出口压差 $\Delta p = p_2 - p_3$ 不变,从而保证流经节流阀的流量 q 稳定。

图 7-9 所示为这种直动式电液比例调速阀的结构图和职能符号。图中比例电磁铁 1 的输出力作用在节流阀芯 2 上,与弹簧力、液动力、摩擦力相平衡,一定的控制电流对应一定的节流口开度。通过改变输入电流的大小,就可连续地按比例地调节通过调速阀的流量。由于定差减压阀 3 的压力补偿作用,可保持节流口前后压差基本

恒定,从而实现对流量的准确控制。

在图 7-9 所示直动式电液比例调速阀中,虽然运用位移-力反馈来改善性能,但实际上在节流阀上还存在液动力、摩擦力等外部干扰,而处于位移-力反馈环路外的这些扰动,仍会使比例流量阀的静、动态性能受到影响。

如果采用位移传感器将节流阀阀芯的位移反馈到放大器的输入端,可进一步改善其控制性能。

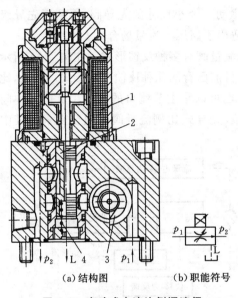

（a）结构图　　　（b）职能符号

图 7-9　直动式电液比例调速阀

1—比例电磁铁　2—节流阀芯
3—定差减压阀　4—弹簧

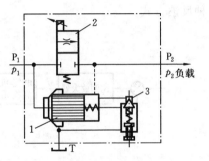

图 7-10　定差溢流阀型比例调速阀

1—定差溢流阀　2—比例节流阀
3—限压先导阀

3. 定差溢流型比例调速阀

为了保持节流口前后压差恒定,除了采用定差减压阀串联进行压力补偿的方法外,还可以采用定差溢流阀与节流阀并联的方法实现,即构成定差溢流型比例调速阀。由于这种调速阀的结构有 P_1、P_2 和 T 三个主油口,故又称三通比例调速阀。其工作原理如图 7-10 所示。

定差溢流型比例调速阀工作时,对应于每个输入信号电流,比例节流阀 2 都有相应的开口量,液压油(压力为 p_1)从主油口 P_1 经节流口流向负载,形成负载压力 p_2。负载压力 p_2 反馈到溢流阀的弹簧腔,力图使溢流阀关闭。略去液动力和摩擦力,定差溢流阀的力平衡方程为

$$p_1 A = p_2 A + F_s$$

式中　F_s 为定差溢流阀 1 的弹簧力。由此式可见,进口压力 p_1 始终处于跟随负载压力 p_2 变化的过程中,近似保持节流口前后压差 $p_1 - p_2$ 不变。这就是该阀的稳流原理。

图中限压先导阀 3 与定差溢流阀 1 构成普通先导溢流阀,用于防止系统过载。

同时,这种阀所组成的系统供油压力与负载压力相适应,所以其系统效率比定差减压型比例调速阀的高。但由于其供油压力是变化的,它只适用于单执行机构或同时只有一个执行器工作的进口节流调速回路。

4. 先导式比例流量控制阀

由于受电气-机械转换器外形尺寸与推力的限制,直动式比例流量阀的通径都很小,只适用于较小流量场合。当通径大于 16 mm 时,就要取先导控制形式。先导式比例流量阀是利用较小的比例电磁铁驱动一个小尺寸的先导阀,再利用先导级的液压放大作用,对主节流阀进行控制的,适用于高压大流量场合。

为实现流量的准确控制,先导式比例流量阀有多种反馈形式。在图 7-11 所示的先导式比例流量阀原理框图中,虚线表示目前已有的几种反馈控制形式。可见,比例流量阀的控制量可以是主节流阀的位移,也可以是主节流口的流量。反馈的中间变量可以是力或电量等。为了使主阀芯定位,先导式比例流量阀必须至少采用其中一种反馈方式。

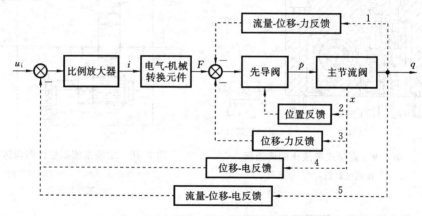

图 7-11　先导式比例流量阀原理框图

先导式比例流量阀按反馈量划分有位置反馈型和流量反馈型。前者的控制量是主节流阀芯的位移,后者则是直接检测和控制节流阀的流量。

先导式位置反馈型比例流量阀又分为直接位置反馈、位移-力反馈和位移-电反馈几种形式。

直接位置反馈型比例流量阀的结构原理简图如图 7-12 所示。图中先导阀 2 为一个单边控制阀。当比例电磁铁接收到输入控制电流时,产生的电磁力作用在先导阀的左端面上,并与右端的复位弹簧力平衡。对每一个输入电流值,先导阀都有一个对应的位移量 y。先导阀的控制边是一个可变阻尼孔 R_2,R_1 为固定阻尼孔,两者构成液压半桥,用来对主阀差动面积 A(环形面积)上的液压力进行控制。主阀芯实际上为一差动活塞,它的左端作用着供油压力,右端小面积上也作用着供油压力和弹簧力。当先导阀开启时,先导液压油经固定阻尼孔 R_1 和先导阀的开口流向 B 腔,使作用于差动面积 A 上的压力下降,主阀芯右移并稳定在某一开度位置。可见主阀芯与先导阀芯构成位置随动,即形成位置负反馈。但从控制理论可知,它是一个有差系统,主阀芯与先导阀芯的位移存在一定的误差。

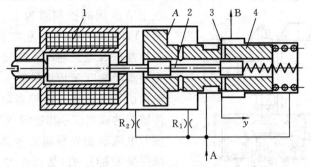

图 7-12　直接位置反馈型比例流量阀
1—比例电磁铁　2—先导阀　3—主节流口　4—主阀

从图 7-11 所示的原理框图可见,这种阀的结构特点是阀口最大开度受比例电磁铁的行程限制,其位置反馈所构成的闭环仅局限于先导阀和主阀之间。因此,对反馈回路以外的干扰没有抑制能力,但对主阀芯上的液动力影响有明显的减弱。

位移-力反馈型比例流量阀的先导阀与主阀芯之间的定位是通过反馈弹簧来实现的,它的原理简图如图 7-13 所示。当输入控制电流时,比例电磁铁产生相应的电磁推力,使先导阀克服弹簧力下移,打开可变阻尼孔 R_2。由于固定阻尼孔 R_1 的作用,主阀上腔压力 p_x 下降。在压差 $\Delta p = p_A - p_x$ 的作用下,主阀芯上移,并开启或增大主阻尼孔 R_2。与此同时,主阀芯的位移经反馈弹簧转化为反馈力作用于先导阀芯下端,与电磁力相比较,两者相等时达到平衡。可变阻尼孔 R_2 的作用是产生动态压力反馈。

由于主阀芯的定位是靠主阀芯的位移 x 和反馈弹簧刚度 k 的乘积与电磁力相平衡来确定的。在同样的比例电磁铁情况下,改变 k 也就可以改变主阀芯的行程。因此,主阀芯位移量不受比例电磁铁的行程限制,阀口的开度可以设计得大些。

对照图 7-11 的原理框图分析可知,主阀芯上的干扰都受到位移-力反馈闭环的抑制而减少。但作用于先导阀上的摩擦力、液动力的影响仍然存在,未受抑制,需要在工艺上采取措施才能减少其影响。

位移-电反馈型比例流量阀由带位置检测

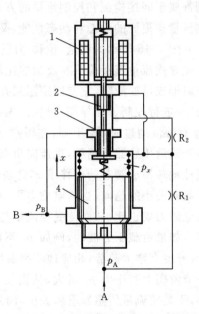

图 7-13　位移-力反馈型比例流量阀
1—比例电磁铁　2—先导阀
3—可变节流口　4—主阀

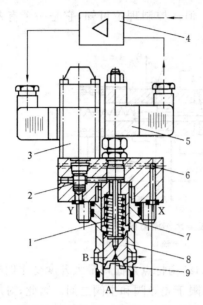

图 7-14　位移-电反馈型比例流量阀
1—位移检测杆　2—三通比例减压先导阀
3—比例电磁铁　4—电控器　5—位移传感器
6—控制盖板　7—阀套　8—主阀芯　9—主节流口

的插装式主节流阀与比例先导阀组成。先导阀是一个三通式电液比例减压阀,它插装在主节流阀的控制盖板上。其结构简图如图7-14所示。图中,A 为进油口,B 为出油口。先导油口 X 与进油口 A 连接,向先导阀供油。先导阀泄油口 Y 应以最低压力引回油箱。当输入信号电流送入电控器时,它与来自位移传感器的检测信号相比较得到偏差信号。此偏差电流驱动先导阀芯运动,控制主阀芯上部弹簧腔的压力,从而改变主阀芯的位置。位移传感器的检测杆 1 与主阀芯 8 相连,因而主阀芯的位置被检测并反馈到电控器,使阀的开度保持在指定的开启量上。

从图 7-14 所示的原理框图可看出,由位移-电反馈构成的闭环回路组成了从主阀到电控器的大闭环。因此,除了负载变化影响外,环内的各种干扰都可以得到抑制。

上述三种先导式位置反馈型比例流量阀都属于间接检测和控制流量的方式。为获得比位置反馈型或传统的压力补偿型比例流量阀更好的静态和动态性能,又有所谓先导式流量反馈型比例流量阀。

图 7-15 所示为流量-位移-力反馈型比例流量阀的工作原理和结构图。它是一种先导式流量直接检测和反馈的比例流量阀。比例电磁铁接受控制信号时,先导阀开启形成可控液阻,它与固定阻尼孔 R_1 构成先导液压半桥,对主节流级的弹簧腔压力 p_2 进行控制。先导阀开启后,先导流量经 R_1、R_2、先导阀和流量传感器至负载,在 R_1 有液流通过时,p_2 下降,在压差 $\Delta p = p_1 - p_2$ 的作用下,主阀开启。流经主阀的流量经流量传感器检测后,也流向负载。适当地设计流量传感器的开口形式,可使流量线性地转换成阀芯的位移量 z,并通过反馈弹簧转换成力作用在先导阀的左端,使先导阀有关小的趋向,当与电磁力平衡时就稳定在某一位置。可见流量与 z 成正比,z 与电磁力成正比,从而使受控流量与输入电流成比例变化得以实现。

如果负载压力波动,例如 p_5 下降,则流量传感器右腔压力下降,使阀芯失去平衡,开度有增大趋势,相应地使弹簧反馈力增大。这将导致先导阀开口量减小,并使主节流阀上腔压力 p_2 增大,从而使主节流口关小,流量传感器入口压力 p_4 随之减小,于是使流量传感器重新关小,回复到原来设定的位置上。可见,负载的变化引起的流量变化不是靠压力差来补偿,而是靠主节流阀通流面积的变化来补偿的。这点正是流量-位移-力反馈型流量阀与传统的压力补偿型流量阀的不同之处。

图 7-15(a) 中,R_3 是动态压力反馈阻尼孔,用于提高阀的动态性能,R_2 为温度补

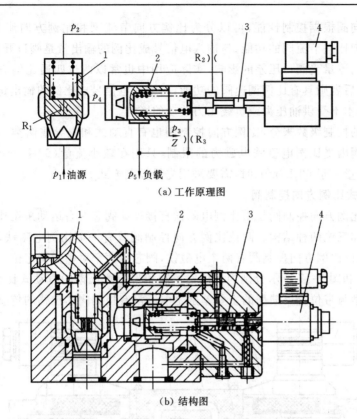

（a）工作原理图

（b）结构图

图 7-15　流量-位移-力反馈型比例流量阀

1—主节流阀　2—流量传感器　3—先导阀　4—比例电磁铁

偿阻尼孔。此外，流量传感器能把流量线性化为阀芯位移也是提高控制精度的关键，通常是采用特殊的阀口造型使其特性线性化。

从图 7-11 所示的先导式比例流量阀原理框图可知，流量-位移-力反馈组成的闭环回路并不把比例电磁铁和放大器包含在内，因此，影响这种流量阀控制精度的干扰主要来自比例电磁铁和先导级的摩擦力。通过在输入信号中加颤振信号可以抑制这些干扰。

7.1.5　电液比例方向阀

电液比例方向阀可以通过输入电流对阀口开度进行连续控制，是一种兼有方向控制功能和流量控制功能的复合控制阀，它的功能与电液流量伺服阀相同，外观上与普通方向阀很类似。为了能对进、出口同时进行准确节流，比例方向阀的滑阀阀芯台肩圆柱面上开有轴向的节流槽，也称控制槽。其几何形状有三角形、矩形、圆形或它们的组合形状。节流槽在台肩圆周上均布、左右对称分布或成某一比例分布。节流槽轴向长度大于阀芯行程，当阀芯朝一个方向移动时，节流槽始终不完全脱离窗口，因而总有节流功能。节流槽与阀套采用不同的配合形式可以得到 O 型、P 型、Y 型等不同的阀机能。

　　比例方向阀根据控制性能,可以分为比例方向节流型和比例方向流量型两种。前者具有类似比例节流阀的功能,与输入电信号成比例的输出量是阀口开度的大小,因此通过阀的流量受阀口压差的影响,实际应用中也常以两位四通比例方向阀作比例节流阀用;后者则具有比例调速阀的功能,与输入电信号成比例的输出量是阀的流量,其大小基本不受供油压力或负载压力波动的影响。

　　根据阀的控制级数来分,比例方向控制阀也有直动式和先导式两类。直动式比例方向控制阀因受比例电磁铁电磁力的限制,只用在较小流量(63 L/min 以下)场合,在通过流量大于 63 L/min 时,需要采用先导控制方式。

1. 直动式比例方向控制阀

　　直动式比例方向控制阀是由比例电磁铁直接推动阀芯左右运动来工作的。最常见的有两位和三位两种结构。两位比例方向控制阀只有一个比例电磁铁,由复位弹簧定位;而三位比例方向控制阀有两个电磁铁,阀芯由两个对中弹簧定位。

　　图 7-16 和图 7-17 所示分别为无位置控制和带位置反馈的直动式比例方向阀。无位置控制型与带位置反馈型的主要差别是前者没有检测阀芯位移的传感器。

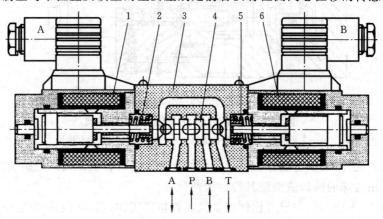

图 7-16　直动式比例方向阀(无位置控制)

1、6—比例电磁铁　2、5—对中、复位弹簧　3—阀体　4—阀芯

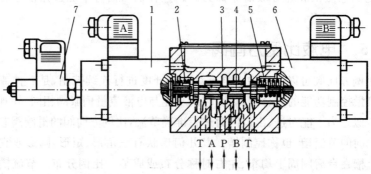

图 7-17　带位置反馈的直动式比例方向阀

1、6—比例电磁铁　2、5—复位弹簧　3—阀体　4—阀芯　7—位移传感器

在图 7-17 所示带阀芯位置电信号反馈的直动式比例方向阀中,阀体左、右两端各有比例电磁铁,当两电磁铁均不通电时,控制阀芯 4 在两边复位弹簧 2、5 作用下保持中位,对 O 型中位机能阀来说,油口 P、A、B、T 互不相通。如果比例电磁铁 1 通电,则控制阀芯 4 向右移动,P 与 B,A 与 T 口分别连通。来自控制器的控制信号越大,控制阀芯向右的位移也越大,即阀口的通流面积和流过的流量也越大。也就是说,阀芯的行程与输入电信号成正比。图中左边的电磁铁配有直线型差动变压器式位移传感器,可在阀芯的两个移动方向上检测其实际位移,并把与阀芯行程成比例的电压信号反馈至电放大器。在放大器中,实际值与设定值相比较,按两者之差向电磁铁发出纠偏信号,对实际值进行修正,使阀芯达到准确的位置,构成位置反馈闭环。因此其控制精度比无位置控制的比例方向阀高。为确保安全,用于这种阀的比例放大器应有内置的安全措施,当反馈一旦断开,阀芯能自动返回中位。

2. 先导式比例方向控制阀

用图 7-7 所示双向三通比例减压阀作为先导阀,叠加一个液控方向阀作为主阀就构成一个先导式比例方向控制阀,它的结构图与职能符号如图 7-18 所示。其先导阀和主阀皆为滑阀,先导阀的外供油口为 X,回油口为 Y。在比例电磁铁无信号状态,主阀芯 11 由一偏置的推拉型对中弹簧 1 保持在中位。也有采用两个对称布置在阀芯两端的压力弹簧对中的阀。相比较而言,采用一个偏置弹簧对中的方法,克服了用两个弹簧对中时由于弹簧参数不尽相同或发生变化可能引起阀芯偏离中位的弊病。对图示结构来说,主阀控制腔 10 压力升高时,弹簧 1 左端不动,阀芯左移压缩弹簧;相反,弹簧腔压力高时,右端弹簧座被阀体挡住不动,阀芯右移把弹簧拉紧。

只有当主阀两端控制腔中的压力升高到推动阀芯移动时,方向阀才开启。移动

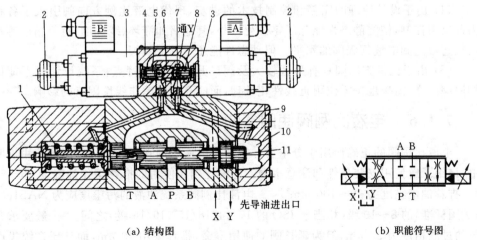

(a) 结构图   (b) 职能符号图

图 7-18 先导式比例方向控制阀

1—对中弹簧   2—手动按钮   3—比例电磁铁   4—先导阀阀体   5—左测压柱塞   6—先导阀阀芯

7—固定节流孔   8—右测压柱塞   9—主阀体   10—主阀芯控制腔   11—主阀芯

的方向取决于哪个比例电磁铁通电,移动的位移则取决于信号电流的大小。设左边电磁铁3(亦即B)接收到控制信号,于是先导阀阀芯6右移,使腔10压力升高,推动主阀向左移动,直到信号设定的位置为止。同理也可分析比例电磁铁A通电时的情况。在开启过程中,节流槽逐渐增大,控制流量从P到A和B到T是渐增的。

若忽视先导阀液动力、摩擦力、阀芯自重和弹簧力的影响,先导减压阀的控制力与电磁力成正比。若不考虑主阀液动力、阀芯自重和摩擦等影响,则该控制压力又与主阀芯位移成正比。改变输入信号的大小,可使主阀芯定位在不同的预定位置。阀芯上的三角节流槽会形成渐变的节流面积,加上两固定节流孔的动态阻尼作用,可使阀在开启和关闭时流量不至于突变,从而提高换向平稳性。

最后需要指出,虽然功能上电液比例方向控制阀与电液流量伺服阀类似,都具有方向控制和流量控制功能,但两者在以下方面仍有明显区别。

(1)比例方向控制阀的零位阀口有较大的重叠量(正遮盖量),其目的是简化阀的制造工艺,减小中位泄漏量。但阀口的重叠量会带来零位死区,所以电液比例阀的零位死区较大,一般为额定控制电流的10%～15%,死区非线性会引起系统的静态误差。而电液伺服阀阀芯在零位时基本上是零遮盖。

(2)比例方向控制阀的阀口最大开启量设计得较大,接近普通方向阀,因此比例方向控制阀在通过全流量时压力损失小,一般为0.25～0.8 MPa,有利于降低系统的能耗和温升。而伺服阀的额定开口量很小,一般小于0.5 mm,其阀口压降要较比例阀高一个数量级。

(3)比例方向控制阀可以设计成具有与普通方向阀类似的多种中位机能,以满足不同系统的控制要求。而伺服阀采用了零遮盖的阀芯结构,故在中位时各油口之间都是被隔开的。

(4)由于设计原理的完善和控制技术的进步,现代电液比例方向阀引入了各种内部反馈控制,使之静态性能除了零位死区外,其他诸如滞环、线性度、重复精度等都已接近或达到电液伺服阀的水平。但动态性能还不及伺服阀。

(5)由于比例方向阀具有死区较大及阀口开启量大的特点,系统设计时不能像伺服阀一样,简单地按零位附近线性化处理,而应充分考虑非线性因素的影响。

7.1.6　电液比例阀使用须知

电液比例阀的正确使用十分重要。在使用电液比例阀前必须仔细阅读使用说明书,详细了解使用安装条件和注意事项。电液比例阀使用的推荐工作油温为25～50℃,推荐油液黏度为20～100 mm²/s。电液比例阀系统油液的污染度应为NAS1638(美国标准)的8～10级(相当于ISO的17/14、18/15、19/16级)之间。一般要求介质的过滤精度为20 μm,但为延长阀的使用寿命,推荐采用10 μm,而且新系统投入运行前要先循环冲洗。

电液比例阀的泄油口要单独连通油箱。

电液比例放大器与比例阀配套使用,要确保放大器接线正确。

　　电液比例阀的参数调整要由专业人员操作,电液比例阀在出厂前参数都已调整好,除限压阀外一般没设用户自行调整之处,更换电液比例阀后的零点调整应在放大器上进行。

　　电液比例阀在投入工作时,一定要先启动液压系统,待压力达到规定值并稳定后,再加电控信号。

　　电液比例阀与比例放大器的距离可达 60 m,信号源与放大器的距离可以是任意的。

　　另外,还要注意按产品说明书要求对电液比例阀进行定期维护、检查和保养,使系统长期可靠地运行。

7.2　电液伺服比例阀

7.2.1　电液伺服比例阀的基本特征

　　电液伺服比例阀是比例技术与伺服技术相结合的产物。早期的伺服比例阀采用伺服阀中的电气-机械转换器和比例阀中的阀芯和阀套加工技术。严格地说,这种早期的伺服比例阀仍然属于伺服阀的范畴(又称工业伺服阀),因为其关键的电气-机械转换器仍然是最大控制电流仅几十毫安的力马达或力矩马达,多级阀中的功率级阀口压差仍然较大。

　　1995 年前后研制出一种新型的伺服比例阀,它是在比例方向阀的基础上,将比例阀中的比例电磁铁和伺服阀中的阀芯和阀套加工技术有机结合获得的。与比例阀相比,它最重要的特征就是当阀芯处于中位时,阀口是零开口的(阀口的遮盖量几乎为零),这意味着伺服比例阀的控制特性具有死区为零的特点,特别适合于作为闭环系统的控制元件。由于阀口的零开口特性,故伺服比例阀在零位的线性好,完全可以采用线性控制理论进行分析。这里重点介绍这种新型伺服比例阀。

　　在伺服比例阀形成的过程中,出现了闭环比例阀、高频响比例阀、比例伺服阀等各种称呼。其中,闭环比例阀是着眼于位置控制、压力控制、速度控制等要求无零位死区的闭环系统来命名的。高频响比例阀强调了伺服比例阀的动态响应高于普通的比例方向阀。读者在查阅相关技术文献时,可能会遇到同一种阀出现不同名称的问题,实际上,它们指的是同一对象。随着技术的发展,比例控制和伺服控制的技术优势会结合得更紧密,区分比例控制还是伺服控制的意义并不大,关键是掌握元件和系统的性能。

7.2.2　电液伺服比例阀的典型结构

1. 单级伺服比例阀

单级伺服比例阀的典型结构和职能符号如图 7-19 所示。其特点如下。

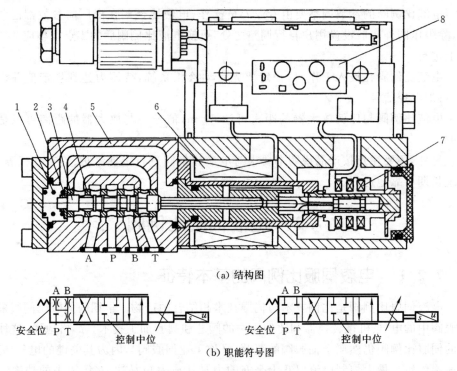

(a) 结构图

(b) 职能符号图

图 7-19　单级伺服比例阀

1—阀芯复位弹簧　2—弹簧座　3—阀芯　4—钢质阀套
5—铸造阀体　6—比例电磁铁　7—位移传感器　8—比例放大器

(1) 采用大电流的单个位置调节型比例电磁铁,以提高前置级的控制精度(减少滞环,提高分辨率)。

(2) 采用具有伺服阀特点的阀芯+阀套结构,且阀套为钢质材料,以确保耐磨性和中位时阀口的精确零遮盖。

(3) 另提供一个安全位(第四位),当系统意外断电时,确保控制系统的执行元件处于安全状态。这对于解决伺服系统在断电时,因零漂问题可能引起的设备事故特别有用。安全位通常有两种机能,如图 7-19(b)所示。

(4) 这种阀可提供三种线性特征的控制特性,如图 7-20 所示。其中,100%线性特征适合于控制信号全程都要求同一线性关系的系统,分段非线性特征适合于小信号需要提高分辨率、大信号需要速度快的系统。

(5) 这种阀的控制中位是在比例放大器通电时,由一个零偏信号将阀芯推到阀口零点获得的。

定义单级伺服比例阀额定流量的方法与伺服阀一样,是在单个阀口压差为 3.5 MPa 的条件下,以最大控制信号对应的流量作为额定流量。这是在设计选用单级伺服比例阀时需要注意的问题。

单级伺服比例阀可用于小流量的闭环控制系统,也可作为两级伺服比例阀(先导

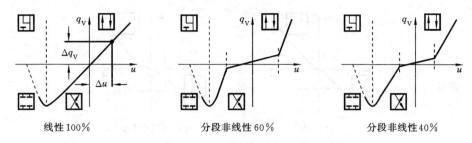

线性100%　　　　　　分段非线性60%　　　　　分段非线性40%

图 7-20　单级伺服比例阀的控制特性

式伺服比例阀)的先导级。

2. 二级伺服比例阀

两级伺服比例阀有滑阀式和插装式两种类型。

(1) 滑阀式二级伺服比例阀　滑阀式二级伺服比例阀的结构和职能符号如图 7-21 所示。当先导级处于安全位时,主级阀芯可靠地处于中位。

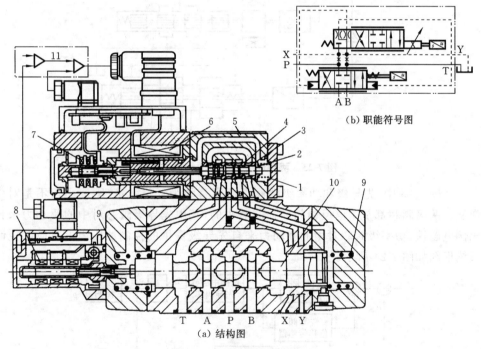

(b) 职能符号图

(a) 结构图

图 7-21　二级伺服比例阀

1—先导级阀芯复位弹簧　2—弹簧座　3—先导级阀芯　4—钢质阀套
5—先导级阀体　6—比例电磁铁　7—先导级阀芯位移传感器　8—主阀芯位移传感器
9—主阀芯复位弹簧　10—主阀芯　11—比例放大器(内含双位置闭环)

这种阀可提供两种线性特征的控制特性,如图 7-22 所示。

两级伺服比例阀包含有先导级和功率级的位置电反馈,功率级滑阀相当于先导级控制的对称液压缸,功率级阀芯上的位移传感器检测主阀芯位移。因此,对两级伺

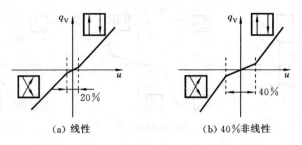

(a) 线性　　　　　　　　(b) 40%非线性

图 7-22　二级滑阀式伺服比例阀的控制特性曲线

服比例阀的分析实际上相当于对阀控缸位置控制系统的分析。两级伺服比例阀的结构原理图如图 7-23 所示。

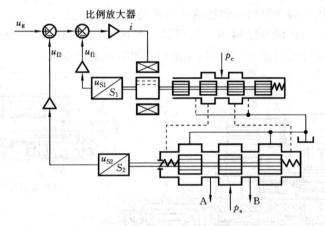

图 7-23　两级伺服比例阀的结构原理图

在图 7-23 中,先导级和功率级滑阀上的弹簧均为复位弹簧(刚度小),不是对中弹簧。两级阀芯都是由电反馈闭环强制对中的,其中先导级阀芯对中的驱动力来自比例电磁铁,功率级阀芯对中的驱动力来自先导级提供的控制油压力。对应的控制系统框图如图 7-24 所示。

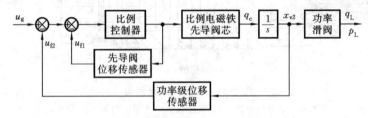

图 7-24　两级伺服比例阀的控制系统框图

由图 7-24 可知,单级和两级伺服比例阀采用的电反馈位置闭环包围了比例控制器、比例电磁铁和功率级滑阀,因此,这些环节的非线性、干扰、温漂等因素对阀控性能的影响将受到抑制。相对于功率级位移传感器所构成的大闭环而言,先导级位移传感器构成的闭环只是一个局部闭环。由于位移传感器及其二次仪表的分辨率和频宽都可以做得很高,因此伺服比例阀分辨率高,线性度好,滞环和零漂小,阀的动态响应快。此外,电反馈方案为采用各种校正手段创造了条件,有利于进一步提高伺服比例阀的性能。这些都是伺服比例阀的性能接近或超过普通伺服阀的根本原因。

由于伺服比例阀的这些性能特点,近年来,它在液压控制系统中的应用范围有不断扩大的趋势。甚至一些原来采用伺服阀的系统也被改造成使用伺服比例阀。

(2) 插装式二级伺服比例阀　这种阀的先导级采用外置的六通伺服比例阀(单级伺服比例阀),主阀为三通插装式结构,主级阀芯与先导级构成了阀控缸系统,其结构和职能符号如图 7-25 所示。

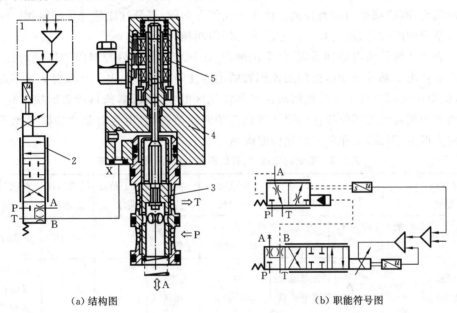

(a) 结构图　　　　　　　　　　　　(b) 职能符号图

图 7-25　插装式二级伺服比例阀主级结构和职能符号图

1—比例放大器(内含双位置闭环)　2—先导级伺服比例阀　3—主阀芯　4—阀体　5—主阀芯位移传感器

多级伺服比例阀采用以比例方向阀定义额定流量的方法,即在双阀口压差为 1 MPa 条件下,以最大控制信号对应的流量作为额定流量。

7.2.3　电液伺服比例阀的性能特点

伺服比例阀采用与伺服阀基本相同的性能指标考核,阀的特性包括静态特性与动态特性。与伺服阀一样,静态特性包括控制特性(即输出流量与输入信号关系,与伺服阀的流量特性相对应)、压力特性和内泄漏特性;动态特性包括时域响应特性和频率特性。这些特性的测试原理和试验方法也与伺服阀相同(参见第 5 章 5.3 节)。但要注意,伺服比例阀与伺服阀的性能有以下几方面的差别。

(1) 伺服比例阀的控制特性曲线(输出流量与输入信号的关系曲线)有线性(增

益基本不变)和非线性的(变增益)的差别,且不同类型的伺服比例阀定义额定流量时规定阀口压差的恒定值也不一样。这在设计选型时要加以注意。

(2)受伺服比例阀闭环工作系统非线性的影响,阀的频率响应特性还与输入信号幅值有关,故在伺服比例阀的频率响应曲线上,要将信号幅值作为重要参数加以说明。通常分别给出信号幅值为 $U=\pm 5\% U_{max}$ 与 $U=\pm 100\% U_{max}$ 两种情况下的幅频与相频曲线,在设计系统时可根据需要用内插法估算。伺服阀频率响应曲线规定在 $\pm 25\%$ 的额定信号条件下测得。

伺服比例阀采用大电流的比例电磁铁(额定电流为 2.7 A,峰值电流瞬时可达 3.7 A),这是提高阀的可靠性的前提条件。伺服比例阀无零位死区,频响也比比例方向阀高,阀的稳态与动态性能总体优于比例方向阀,部分性能超过了伺服阀。它在控制系统中的设计、选用和分析方法也与伺服阀相同。

表 7-2 所示为电液伺服阀、伺服比例阀、比例阀三种电液控制阀的特性对比表;表 7-3 列出了部分新型电液伺服比例阀的主要性能参数。由表 7-2 和表 7-3 不难看出,伺服比例阀克服了一般比例阀存在零位死区的主要缺陷,阀口遮盖解决了位置、压力等控制要求无零位死区的闭环控制系统的需要,而且电控器驱动功率要比伺服阀的大很多,因此,工作可靠性比伺服阀高。

表 7-2　电液伺服阀、伺服比例阀、比例阀特性对比表

控制阀类型	控制电流	E-M转换器	频率响应/Hz	零位特性	加工精度要求/μ	过滤精度要求/μ	双阀口压降/MPa
伺服阀	一般≤100 mA,少数可达 300 mA	力马达力矩马达	高 100~500	无零位死区	1	3~10	$1/3\Delta p$
伺服比例阀	2.7~3.7 A	大电流比例电磁铁	中 30~150	无零位死区	1	3~10	$1/3\Delta p$ 或与比例阀同
比例阀	一般为 800 mA,有的可达 1.6 A	比例电磁铁	一般 10~30	有零位死区	10	20	0.5~1

表 7-3　电液伺服比例阀的性能参数

指标	直 动 式		先 导 式	三通插装式
	单级		二级	三级
通径/mm	NG6	NG10	NG10,16,25,32	NG25,32,50
最高工作压/MPa	31.5	31.5	35	31.5
单阀口压降/MPa	3.5	3.5	0.5	0.5
额定流量/(L/min)	4、12、24、40	50,100	50,75,120,200,370,1000	60,150,300,600
频率响应/Hz	120	60	70,60,50,30	80,70,45

指　　标	直　动　式		先　导　式	三通插装式
	单级		二级	三级
响应时间/ms	<10	<25	25、28、45、130	33、28、60
滞环/(%)	0.2	0.2	<0.1	0.1
压力增益	≈2%	≈2%	<1.5%	1%
线圈电流/A	2.7	3.7	2.7	

注:① 表中单级伺服比例阀的额定流量在单个阀口压降 $\Delta p = 3.5$ MPa 的条件下测得;

　　② 二级和插装式伺服比例阀的额定流量在单个阀口压降 $\Delta p = 0.5$ MPa 的条件下测得;

　　③ 表中的频率响应值在 $U = \pm 5\% U_{max}$ 的条件下测得,是各类伺服比例阀能达到的最大值;

　　④ 表中先导式和插装式阀的响应时间为控制压力 $p_x = 10$ MPa 时之值。

7.3　电液比例变量泵

7.3.1　基本类型

由变量调节原理可知,改变原动机转速、改变泵本身的几何参数或配流角度等都可以调节液压泵的输出流量。在实际应用中,当前实现变量最常用的工程方法是改变泵的几何参数。这对于斜盘泵、斜轴泵就是改变斜盘或摆缸与主轴线的夹角 α,对单作用叶片泵就是改变转子与定子之间的偏心距 e,等等。几何参数 α、e 值和泵的排量调节参数是一一对应的,所以液压泵的变量机构本质上是一个位置控制系统。变量机构多种多样,按操作形式分为液压控制、液压手动伺服控制、机液伺服控制、电动控制、电液比例控制等。

电液比例变量泵能在带载状态下适应工作要求,使液压参数快速而频繁地变化,可大大提高系统的控制水平和节能效果。现行电液比例变量泵大多是在原有变量泵基础上增设电液比例先导阀而实现的,因此可将变量泵看成是一个由电液比例阀与传统液压泵结合而成的电液比例控制系统。变量机构中的液压缸是这个系统的执行元件,斜盘或缸体是控制对象,变量泵的输出压力、流量、功率是受控参数,而比例控制先导阀则是这个系统的控制元件。需要指出的是,利用电气-机械转换器(如比例电磁铁)和先导阀来操纵泵的变量机构,这不仅仅是操作方式的改变,更重要的是可以利用电子技术、检测传感技术和容积调速的综合优势,进行各种压力补偿、流量补偿以便于实现功率协调或适应控制等,这对于高压大功率液压系统的性能改进和节能都具有重要意义。

按照控制功能分类,通常把电液比例变量泵分为排量调节、压力调节、流量调节和功率调节电液比例变量泵四大类。变量泵的功能是由检测和反馈参数决定的。对变量控制活塞位移进行检测和反馈,就构成排量调节泵;对泵出口压力进行检测和反馈,就构成压力调节泵;对泵出口流量进行检测和反馈,就构成流量调节泵;对泵出口压力和流量进行综合检测与控制,就构成功率调节泵。

也应当明白,即使同种类型的变量泵,其反馈方式也有较大差别。比如说,电液比例排量调节泵有位置直接反馈(即随动控制)、位移-力反馈和位移-电反馈三种反馈形式;比例压力调节泵有压力-力反馈(利用活塞作用面积检测力)和压力-电反馈两种;比例流量调节泵有流量-压差反馈和流量-电反馈两种;比例压力和流量复合控制(即功率调节)泵的检测反馈方式则是上述方法的综合。不同的反馈方式影响比例调节泵的结构及复杂程度。电反馈方式可利用电调手段实施较复杂的补偿与校正,控制非常灵活,也可简化变量泵的内部结构。

就电液比例变量泵自动调节的参数而言,压力调节、流量调节和功率调节泵分别是针对其输出参数压力、流量和功率进行控制的。为了实现控制目标,就要利用泵的出口压力或反映流量的压差与输入信号进行比较,然后再通过变量机构的位置控制作用来确定泵的排量。也就是说,这三种控制功能泵实际上都是在排量调节的基础上提出特定控制要求而运行的,它们最终都是通过改变泵的排量来实现特定功能要求的。因此,了解和掌握电液比例排量调节泵的工作原理与控制特性尤为重要。

7.3.2　位移-力反馈式电液比例排量调节泵

我国引进生产的 Bosch-Rexroth(博世-力士乐)系列 A7V 斜轴式轴向柱塞泵中的比例变量型就是一种位移-力反馈式电液比例排量调节泵。其工作原理图和结构图分别如图 7-26、图 7-27 所示。

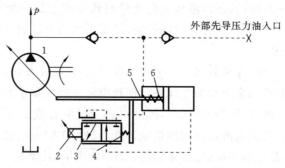

图 7-26　位移-力反馈式电液比例排量调节泵原理图
1—变量泵基泵　2—比例电磁铁　3—控制阀芯　4—反馈弹簧　5—变量控制活塞　6—复位弹簧

由图 7-26 所示的原理图可知,变量机构的变量缸有杆腔始终通压力油,无杆腔为控制腔。在比例电磁铁无控制电流输入时,在压力油和复位弹簧 6 的作用下,泵返回输出最小排量 $V_{\min}$ 的原位。当有输入信号电流时,比例电磁铁 2 产生相应的推力使控制阀芯 3 右移,控制缸大腔也通压力油,大、小两腔连通,构成差动连接方式。变量控制活塞的大腔作用面积大,在油压作用下向左移动,即泵从最小排量位置向增大

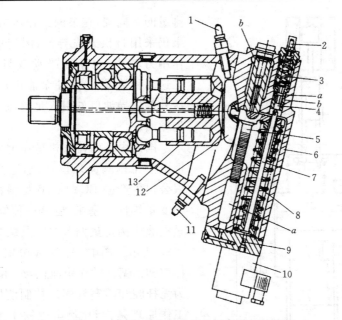

图 7-27　A7V 型电液比例排量调节泵结构图

1—最小流量限位螺钉　2—调节螺钉(带护罩)　3—起点控制调节弹簧　4—控制阀芯

5—变量控制活塞　6—端盖　7—推杆　8—反馈弹簧　9—调节套

10—比例电磁铁　11—最大流量限位螺钉　12—配流盘　13—缸体

a—变量控制活塞小腔(常通压力油)　b—变量控制活塞大腔(控制腔)

排量方向移动,实现变量。与此同时,反馈弹簧 4 不断被压缩。在反馈弹簧力的作用下,控制阀芯 3 向左移,直至反馈弹簧力略大于比例电磁铁的电磁推力,此时控制阀口关闭。该变量机构通过位移-力反馈使变量控制活塞定位在与输入电流信号成正比的新位置上,泵也就输出与之对应的排量。

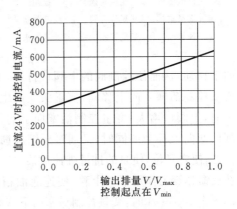

图 7-28　控制电流与排量的关系曲线

这种比例排量调节泵的控制电流与排量的关系曲线如图 7-28 所示。为了消除控制阀的死区,以及使差动缸建立初始的压力平衡,比例电磁铁需要输入一定的电流。这个电流称为起始控制电流。由图 7-28 可知,该泵的起始控制电流约为 300 mA,最大排量时的控制电流约为 630 mA。

比例排量调节泵的先导压力油可以是来自于泵自身的出口,也可以是来自于外部辅助油源。但外控油源在以下两种情况下是必需的,即要求在泵排量为零或工作压力低于某一定值(如 4 MPa)时启动变量。在排量为零时,泵不能产生足够的流量和压力,即使有控制信号输入,也无能量推动变量机构移动,这种情况下是无法改变

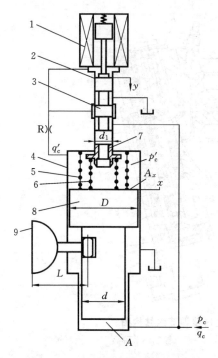

图 7-29　BCY14-1B 型斜盘式电液比例
变量轴向柱塞泵结构简图

1—比例电磁铁　2—比例阀阀套　3—控制阀芯
4—变量缸体　5—复位弹簧　6—反馈弹簧
7—弹簧座　8—变量控制活塞　9—变量头

排量的。同理,在泵的工作压力很低时,如果仍采用自供式先导油,因变量缸的差动作用力较小,也不能推动变量机构移动。在这两种情况下,为使泵能正常工作,必须从外部先导油口处引入足够流量和压力的先导油。

国内由济南铸锻机械研究所根据力反馈电液比例阀原理设计,启东高压油泵有限公司生产的 BCY14-1B 型斜盘式电液比例变量轴向柱塞泵,也是一种位移-力反馈式电液比例排量调节泵。其结构简图如图 7-29 所示。图中,A_x 和 A 分别为变量缸无杆腔和活塞杆的作用面积,p_c' 和 p_c 则分别为无杆腔和活塞杆端的控制油压力。泵的工作原理是:当比例电磁铁 1 无输入信号电流时,控制阀芯 3 在反馈弹簧 6 的作用下被推至上端位置,此时变量缸的上、下两腔都进先导压力油。由于变量缸上腔的作用面积大于下腔的作用面积,变量控制活塞被推至最下位置,变量头 9 的偏角为零,泵的输出排量也为零。当比例电磁铁有输入信号电流时,控制阀芯 3 在电磁力推动下

向下移动,从而使控制阀的上阀口打开,变量缸上腔的压力油回油箱,上腔压力降低,变量控制活塞 8 向上移动,变量头 9 产生偏角,泵输出相应排量。在输入信号电流增大时,上阀口增大,变量控制活塞向上的位移增大,随之泵的排量也增加。在变量控制活塞向上移动的同时,又通过压缩反馈弹簧 6 作用在控制阀芯 3 上,将其推至平衡位置,使之复位,使泵的排量维持在某一定值。反之,在输入信号电流减小时,控制阀芯在反馈弹簧力作用下向上移,使连通油箱的上阀口减小,变量缸上腔压力 p_c' 增大,当 $p_c' \cdot A_x > p_c \cdot A$ 时,变量控制活塞向下移动,直至电磁力等于反馈弹簧力,此时控制阀芯 3 又回到平衡位置,使 $p_c' \cdot A_x = p_c \cdot A$,变量控制活塞又在一个新的位置上平衡。可见,BCY14-1B 型电液比例变量泵的输入电流、变量控制活塞的位移和泵的输出排量之间存在着一一对应的关系,通过改变输入电流可实现其输出流量的比例控制。该泵的死区电流一般为 $150 \sim 180$ mA,最大排量的输入电流一般为 $500 \sim 700$ mA。

7.3.3　位移-电反馈式电液比例排量调节泵

位移-电反馈式电液比例排量调节泵是把反映排量信息的变量控制活塞的直线

位移或斜轴(斜盘)的倾角转换成电信号,并把它反馈到输入端由控制器进行处理,得出控制排量改变的信号,然后施加给控制元件,经比例阀控制变量缸来操纵变量头实现排量调节的。其工作原理如图 7-30 所示。

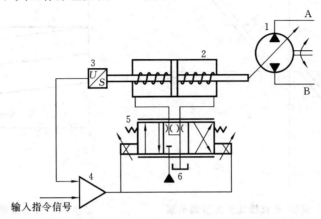

图 7-30　位移-电反馈式电液比例排量调节泵原理
1—双向变量泵基泵　2—变量缸　3—位移传感器　4—比例阀电控器　5—电液比例方向阀　6—先导油源

这种泵变量机构的控制活塞位移或变量头的倾角反映了泵的输出流量信息,由位移传感器 3 检测和形成反馈。这实际上是一种间接的流量反馈形式。因为它是双向变量机构,需要采用辅助先导油源向比例阀供油,使主泵在排量为零的位置时变量机构仍能可靠工作。变量机构由弹簧对中,在控制失效时,通过比例阀的中位节流口实现油液体积平衡而回零。

图 7-31 所示为该泵的控制电压与斜盘倾角之间的控制特性。因为倾角与流量成比例,所以图示曲线也代表了输入信号与输出流量的关系。由曲线图可见静态特性中存在死区 u_0 和滞环 $\Delta\alpha$。

图 7-32 所示为泵的稳态压力-流量特性曲线。其流量随压力升高有一定的负偏差,这是泵的内泄漏随压力升高而增大引起的。可见,比例排量调节泵的输出流量能在带载状态下跟随输入信号做连续比例变化,但由于泵的容积效率会随工作压力升高而下降,故比例排量调节泵的输出流量会受负载变化的影响,得不到精确控制。又由于这种泵采用的是电液比例控制元件,因负载变化而减小或增加的流量,可以通过电气控制方法增加或减小输入控制信号,使排量产生适当的变化而得到补偿,故而有比例流量调节泵等。

综上所述可知,电液比例变量泵的先导控制分自控式与外控式,变量方式分单向与双向两种。自控式双向变量泵必须解决变量机构过零位的动力问题,通常采用配置蓄能器等措施。自控式单向变量泵,在无控制信号输入时依靠弹簧力保持在几何排量最大位置;外控式双向变量泵,在无控制信号输入时依靠双弹簧保持在几何排量为零的位置。单向变量缸大小腔面积比通常取 2∶1,且小腔常通压力油,大腔为控制敏感腔。

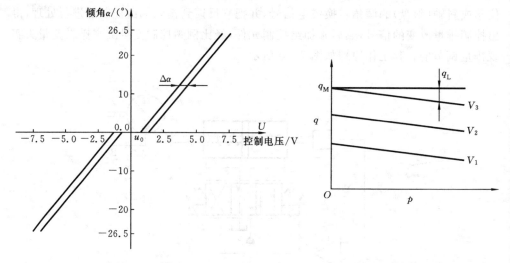

图 7-31　位移-电反馈比例排量调节泵　　　　图 7-32　比例排量调节泵的稳态
　　　　　的控制特性曲线　　　　　　　　　　　　　　压力-流量特性

7.4　电液比例控制系统的工作原理与技术优势

从广义来说,凡是输出量如力或力矩、压力、流量、位移、速度等,能随输入电信号按比例连续变化的系统,都称为比例控制系统。在这个意义上,伺服控制也是一种比例控制,两者有很多相似之处,但专业习惯的称呼还是加以区别,通常所说的比例控制系统是特指以电液比例阀(或比例变量泵)作为电液控制元件的液压控制系统。与伺服控制系统相比,比例控制系统在一般工业应用中有其技术优势。随着现代科学技术的发展,电液比例元件设计原理,微电子技术、传感器技术与计算机控制集成的控制技术都日臻完善,因此,比例控制系统赢得了越来越广泛的应用。

7.4.1　电液比例控制系统的工作原理

从控制原理的角度看,电液比例控制系统分开环控制和闭环控制。当采用电液比例阀进行开环控制时,其控制原理方框图如图 7-33 所示。图中,输入电压信号 u 经电子放大器放大后产生一个驱动电流信号 I,电流信号又使比例电磁铁产生一个与之成比例的力 F_d,去推动液压控制阀阀芯,控制阀随之输出一个强功率的液压信号(压力 p 和流量 q),使执行元件带动负载以期望的速度 v 运动。改变输入信号 u 的大小,便可改变负载的运动速度。若需提高系统的性能和控制精度,可以采用闭环控制方式,图 7-34 所示为电液比例闭环控制系统方框图。

闭环控制是在开环控制的基础上增加一个检测反馈元件,实时检测系统的输出量 v,并将其转换成与之成比例的反馈电压信号 u_2,反馈到系统的输入端,同输入电压信号 u_1 相比较,形成偏差信号 e,此偏差信号 e 又经放大、处理(按某种控制规律运

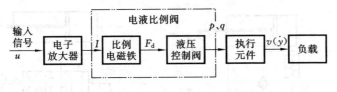

图 7-33　电液比例开环控制系统方框图

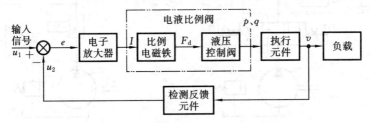

图 7-34　电液比例闭环控制系统方框图

算)后,加到电液比例阀的比例电磁铁上,从而产生强功率的液压信号 p 和 q,驱动执行元件,以带动负载朝着消除偏差的方向运动,直到输出量的实际值与期望值的偏差 e 趋于零为止。

电液比例控制系统和电液伺服控制系统同属于电液控制系统大类,由图 7-34 也可看出,从大体上说,电液比例控制系统同电液伺服控制系统一样,也是由电气信号处理部分与液压功率放大部分和输出部分组成的。电液比例控制系统构成的基本元件包括输入元件、电子放大器、电液比例阀、执行元件、检测反馈元件及被控对象等。其中,电液比例阀用于电液转换和功率放大,它将比例阀电控器输出的电信号转换成与之成比例的油液压力或流量(包括方向)信号,是比例控制系统的关键元件。

7.4.2　电液比例控制系统的技术优势

众所周知,电气、电子技术在信号的检测、放大、处理和传输等方面与其他方式相比具有明显优势,而在功率转换放大单元和执行部件方面,液压技术又有更多的优越性。电液比例控制系统也同电液伺服系统一样,集合了电控与液压技术的长处,是微电子技术与工程功率系统之间的接口,是一种颇具竞争优势的控制模式。

下面从工程应用的角度,来探讨电液比例控制系统的技术优势。

1. 可明显简化液压系统构成,增加系统功能、改善性能和实现复杂的控制规律

通过使输入信号按预定的规律变化,连续成比例地调节受控工作机构作用力或力矩、往返速度或转速、位移或转角等,是比例控制技术的基本功能。这一基本功能,不仅可改善系统的控制性能,而且能大大简化液压系统,降低费用,提高可靠性。图 7-35 所示为采用普通开关阀与比例阀的调速系统对比图。

图 7-35(a)所示为一个采用普通开关阀控制的进口节流调速系统。当 1DT 通电时压力油经方向阀左位进入液压缸的无杆腔,其运行速度取决于被选中的调速阀的开度。调速阀的选中由 3DT 至 nDT 是否通电来决定。若要求在循环中变换多级

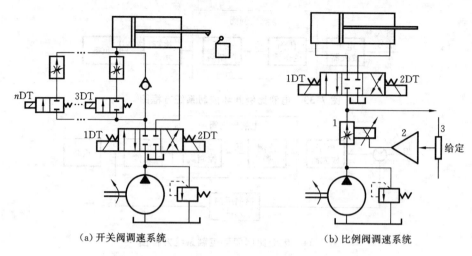

(a) 开关阀调速系统　　　　(b) 比例阀调速系统

图 7-35　普通开关阀与比例阀的调速系统对比图

速度,则要求设置多个调速阀,而速度通过调节调速阀的开度来预置,速度的切换可利用行程开关发信号控制。反向时 2DT 通电,液压缸快速返回。该普通开关阀控制的调速系统只能实现正向的有级调速。

如图 7-35(b)所示的采用比例阀控制的调速系统,是一个能实现正、反两个方向无级调速的开环比例调速系统。图中,1 为电液比例调速阀,2 为比例放大器,3 为指令电位器。比例调速阀 1 的输出流量与给定输入电信号成正比。活塞运动方向则取决于 1DT 和 2DT 两个电磁铁的通电情况。通过改变输入信号的大小可方便地实现无级调

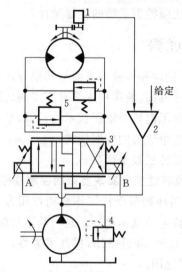

图 7-36　闭环比例调速系统
1—转速传感器　2—双通道比例放大器
3—比例方向阀　4—溢流阀　5—溢流阀

速。可见,采用比例控制方式增加了系统功能,提高了系统的自动化程度,而且使系统构成简化,增强了可靠性。

在一个工作循环中,当执行元件按工艺要求需要频繁变化推力和速度,或者当负载较大且运动速度又较快时,为防止冲击、减小振动等,均适宜采用开环比例控制,对控制精度不太高并具有较复杂工况的设备也很适宜。

图 7-36 所示为闭环比例调速系统。它是在开环控制的基础上增加了速度反馈元件而构成的。经转速传感器产生与液压马达转速成正比的电信号,通过匹配放大器放大后,与给定输入信号比较,得到偏差信号。偏差信号再经功率放大后输给比例电磁铁 A 或 B,从而控制比例方向阀的开口量及油流方向,达到调节液压马达转速的目的。

　　相比较而言,图 7-35(b)所示的调速系统由于不对被控量进行检测和反馈,因此当出现活塞杆速度与期望值有偏差时不能进行补偿,这种开环系统一般控制精度不高。但与图 7-35(a)所示的开关阀调速系统相比,控制性能和方式都有改进和简化,它能使被控量实时复现控制信号的变化规律,且由于不存在信号和能量的反馈,因此系统的稳定性好,容易设计。图 7-36 所示系统引入了反馈,它用被控量与输入(给定)信号的偏差作为控制信号,使系统的输出量尽量与输入量一致。在系统受到干扰时仍能消除偏差或把偏差控制在要求的精度内。系统的被控量能准确地复现输入信号的变化规律。

2. 利用电信号便于远距离控制及实现计算机或总线检测与控制

　　采用电液比例控制系统不但可实现远距离有线或无线控制,还可改善主机设计的柔性,并且还可实现多通道并行控制。例如,关节式消防云梯液压系统若采用电液比例控制,在篮车上的工作人员就可以自己操作电控器实现所需空间位置的精细遥控。又如工程机械中的多路阀通常必须集中设置在操纵室,以便与操纵连杆相连接。这就使得每一受控液压缸或马达与阀的连接管路加长,增加了系统的复杂性,也增加了管路损失,对系统的动态特性也很不利。采用比例阀代替手动多路阀,有可能将阀布置在最合适的位置,提高了主机总体设计的柔性,对减少管路损失和改善操作特性也十分有利。而且还可设计为移动式或多个电控操纵站,以适应不同场合的工程操作要求,或者实现多裕度安全控制。

3. 利用反馈控制提高控制精度或实现特定的控制目标

　　图 7-37 所示为圆盘切割机负载敏感恒速控制系统。锯片旋转由感应电动机 M 驱动,切割进给由比例调速阀控制液压缸的运动速度来实现。当切割负荷增大或减小时,感应电动机的相电流也随之变化,偏差信号经电流互感器和比例阀控制放大器,实现反馈控制,以调整进给速度和改变切削负荷,从而达到锯片恒速运行的目标。

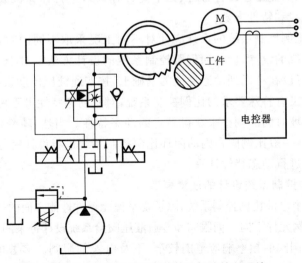

图 7-37　圆盘切割机负载敏感恒速控制系统

该系统由于采用了电液比例调速阀,实现了负载功率敏感闭环恒速调节,使切割机效率提高,并可避免由于过载而引起的设备故障。

7.5　电液比例控制系统的设计

7.5.1　电液比例控制系统的设计特点、注意事项及步骤

1. 电液比例控制系统的设计特点

至今,电液比例控制系统还没有像伺服控制系统那样形成相对规范、成熟的设计方法及步骤。开环电液比例控制系统的设计和分析方法与普通液压传动系统的基本相似,关键步骤是用比例阀置换普通系统中相应的液压阀,另一方面,电气部分要针对比例阀电控器的输入控制方式做相应改变。设计者可根据使用场合与具体要求,通过技术经济性能比较综合考虑,从手动输入方式、可编程序控制器(PLC)、单片机或工控计算机控制输入信号给定值的方式中选择一种。用比例控制阀替代普通液压阀调制液压输出参数,实现对液压系统压力、流量及方向的连续控制,为液压系统提供一种平滑、渐进、无开关阀突变的控制过程,这是比例控制系统的特点和优势。

当用比例阀构成闭环电液比例控制系统时,其组成环节和工作原理与电液伺服系统基本相同。因此,闭环比例系统的设计方法及步骤基本上可参照伺服系统的进行,但也必须注意由于两者控制元件特性的不同所带来的一些差异。当系统在大范围内变化且变化速度也很快时,比例阀不仅要工作在零位附近,而且需要运行于大开口状态,若在系统动态设计时对存在的许多非线性因素进行线性化处理,采用传递函数法进行分析误差将较大,往往引出错误的结果。为能得到符合实际的结论,可列出系统的原始方程(如流量连续性方程、力平衡方程等),进行计算机数值仿真,获得系统的动态响应曲线和特性参数。

总之,电液比例控制系统的设计应针对不同工况采取不同的对策。对于高性能要求比例控制系统的设计,应参照伺服控制系统的设计方法。对于一般控制精度的比例控制系统,可以在考虑到动态性能的基础上,按普通液压传动系统的设计方法进行。对动态特性没有特殊要求的比例控制系统,对其动态特性可不做特别考虑,待实际调试时通过斜坡时间的调整来获得满意的动态特性。当然,随着伺服比例阀的出现,在对采用包括一般比例阀在内的闭环比例控制系统进行设计时,最好也参照伺服控制系统的方法进行动态特性计算。

2. 电液比例控制系统设计的注意事项

要设计好一个电液比例控制系统,除了要掌握元器件性能方面的知识外,还应注意由于采用电液比例元件不同于伺服阀和普通液压阀给系统设计带来的一些特殊问题。

(1) 电液比例阀的频率响应范围较窄,不及电液伺服阀。多数电液比例阀的频宽为 $10 \sim 25 \text{ Hz}$,该频率值与执行元件-负载的固有频率相近或者更低。因此,不能

忽略电液比例阀自身的动态响应特性。比例阀的幅宽 ω_b 通常可在其产品样本中查到,其传递函数可近似表示为

$$G_{PV}(s) = \frac{Q}{I} = \frac{K_{PV}}{\dfrac{S}{\omega_b}+1} \tag{7.1}$$

式中　K_{PV} 为电液比例阀的流量增益;ω_b 为电液比例阀的 $-3dB$ 幅频宽(rad/s)。

（2）电液比例阀与伺服阀的静态参数不同。虽然比例阀的静态特性已经接近伺服阀的性能,但有些指标仍有明显差别。例如:比例阀的中位死区较大,一般为额定控制电流的 10%～15%(见图 7-38)。又因为电液比例阀往往在较大的参数调节范围内工作,故控制回路中的非线性因素通常也不能忽略。在运用线性化理论分析和计算其频率特性时,理论与实际特性之间误差较大。为了减小死区影响,可在模拟电路组成的比例放大器内,设置相应的电路以消除死区,这就要求比例放大器的特性曲线如图 7-39 所示。

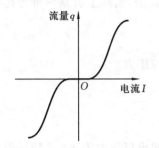

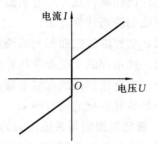

图 7-38　电液比例阀的死区特性　　　　图 7-39　具有消除死区功能
　　　　　　　　　　　　　　　　　　　　　　　的放大器特性曲线

（3）比例控制系统和伺服系统的阻尼比不同。由于比例阀和伺服阀的加工精度不同,其径向间隙的数值就不同,从而使阀的流量-压力系数值也不同。在计算系统阻尼比时,比例阀的流量-压力系数可根据产品样本所提供的负载特性曲线估算。有些产品样本中未给出此曲线,则可直接取阻尼比 $\xi_h=0.1\sim0.2$。

（4）比例放大器和伺服放大器的输出功率不同。比例放大器和伺服放大器的电路原理基本相同,两者有所不同的是伺服放大器输出的电流较小,仅几十毫安,而比例放大器输出的电流一般为 0.8～1.0 A。通常,电液比例阀都有与之配套的比例放大器(或称比例电控器)供选用。

（5）电液比例阀和伺服阀的使用要求不同。电液比例阀的抗污染能力较强,对油液的过滤精度要求与普通液压阀系统相近,低于伺服控制系统。

3. 电液比例控制系统设计的步骤

电液伺服系统设计比较关注的是系统的动态特性,因此,性能要求较高的闭环电液比例控制系统设计可参照伺服系统的设计方法,或者直接采用计算机数值仿真的方法,进行精确的设计计算。下面介绍一般要求的电液比例控制系统的设计步骤。

对于一般要求的电液比例控制系统,更注重它的稳态特性,对动态特性只做一种保证性验算。其设计步骤大体分为:

(1) 进行工况分析,明确设计依据。准确地对设计任务进行分析和描述,是确定最佳方案和搞好设计十分重要的第一步。

(2) 确定传动与控制系统的方案。

(3) 进行设计计算,确定系统的性能参数及元件的性能规格参数。

(4) 根据计算结果选择比例元件,并对重要的技术性能和参数进行验算。

(5) 绘制工作图。

7.5.2　电液比例控制系统的设计计算

综上可知,电液比例控制系统设计的核心步骤是设计计算和性能、参数验算。对一般要求的比例控制系统,可按以下步骤进行设计计算和参数验算。它是一种尽可能考虑比例控制特点并经过实践考验的经验设计方法,实际上就是一种考虑了系统动态性能的静态计算方法。

(1) 估算液压缸面积与系统压力。

(2) 按系统的工况要求核算液压缸面积与系统压力。

(3) 确定比例阀的规格参数。

(4) 核算系统的固有频率。

1. 液压缸面积与系统压力的估算

设一比例控制系统,其执行元件为液压缸,泵的出口压力为 p_p,系统的管道损失为 Δp_L,则系统可供做功的压力为 $p_p-\Delta p_L$。根据实践经验,将这部分压力的 1/3 用于克服负载,1/3 用于产生速度,还有 1/3 用于产生加速度,如此来估算液压缸面积一般是比较合理的。倘若其中用于加速的部分低于 1/3,则活塞在由匀速转到减速的过程中,比例控制阀阀口的面积会有过大的变化,导致阀芯转换时间增加。

首先根据加减速的需要计算液压缸的面积。由 $F=Ma$ 可得用于产生加速度的液压力为

$$\Delta p=\frac{1}{100}a \cdot M/A_1$$

$$\Delta p=\frac{1}{2}\left(p_p-\Delta p_L-\frac{F_{st}+F_R}{100 \cdot A_1}\right) \tag{7.2}$$

式中　Δp 为用于产生加速度的压力(MPa);a 为活塞的加速度(m/s²),$a=v/t_B$,其中 v 为活塞的运动速度(m/s),t_B 为加速段时间(s);A_1 为活塞的作用面积(cm²);F_{st} 为静态负载(N);F_R 为摩擦力(N);M 为运动部分质量(kg)。

据此,可推导出在加速度段活塞所需要的作用面积公式(此时外负载尚不起作用)

$$A_1=\frac{2[Mv/t_B+(F_{st}+F_R)/2]}{100(p_p-\Delta p_L)} \text{ (cm}^2) \tag{7.3}$$

在匀速段活塞所需要的作用面积为

$$A_1 = \frac{F_{st} + F_W + F_R}{100(p_p - \Delta p_L - \Delta p_1)} \ (cm^2) \tag{7.4}$$

式中　F_W 为液压缸外负载（N）；Δp_1 为比例控制阀阀口压差（MPa），可取 $\Delta p_1 = 1$ MPa。

选上述两个面积值中较大的一个来确定液压缸的直径。以上是先确定泵的出口压力 p_p 再算出液压缸面积的计算方法。也可在先确定液压缸尺寸的前提下，利用上述公式，求出液压泵所需设定的压力。

2. 按系统的工况要求核算液压缸面积与系统压力

图 7-40(a)所示为一个典型的比例控制系统示意图，其速度曲线如图 7-40(b)所示。在设计计算时，首先需分析各工作阶段液压缸所受的负载，并以此来校核预选液压缸的尺寸是否满足工作过程各阶段的要求。

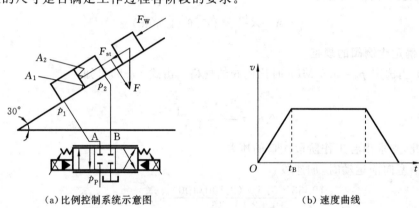

（a）比例控制系统示意图　　　　　　　（b）速度曲线

图 7-40　典型的比例控制系统示例

在本例中，已知：$M = 700$ kg，$F = 7\,000$ N，$F_{st} = F \cdot \sin 30° = 3\,500$ N，$v = 2$ m/s，$t_B = 0.25$ s。

根据给定条件，可算出加、减速段的惯性力

$$F_A = M \frac{v}{t_B} = 5\,600 \text{ N}$$

进而求出：

（1）液压缸前进时各阶段所需的力

加速段：　　　　　$F_{G1} = F_A + F_{st} = (5\,600 + 3\,500) \text{ N} = 9\,100 \text{ N}$

匀速段：　　　　　　　　$F_{G2} = F_{st} = 3\,500 \text{ N}$

减速段：　　　　　　$F_{G3} = F_{st} - F_A = -2\,100 \text{ N}$

（2）液压缸退回时各阶段所需的力

加速段：　　　　　$F'_{G1} = F_A - F_{st} = (5\,600 - 3\,500) \text{ N} = 2\,100 \text{ N}$

匀速段：　　　　　　　$F'_{G2} = -F_{st} = -3\,500 \text{ N}$

减速段：　　　　$F'_{G3} = -F_A - F_{st} = -5\ 600 - 3\ 500 = -9\ 100\ \text{N}$

通过以上计算,可估算出液压缸的尺寸：

活塞直径 $D = 50\ \text{mm}$,则　　　$A_1 = 19.63\ \text{cm}^2$

活塞杆直径 $d = 36\ \text{mm}$,则　　　$A_2 = 9.46\ \text{cm}^2$

设比例阀阀口压力损失 $\Delta p_1 = \Delta p_2 = 0.5\ \text{MPa}$,则可求出液压泵所需的压力

$$p_P = \left[\frac{F_{G\max}}{100} + \Delta p_1(A_1 + A_2) \right] \frac{1}{A_1}\ (\text{MPa}) \tag{7.5}$$

对本例,液压缸前进时加速段所需的力最大,因此

$$P_P = \left[\frac{9\ 100}{100} + 0.5(19.63 + 9.46) \right] \frac{1}{19.63}\ \text{MPa} = 5.38\ \text{MPa}$$

选取 $p_P = 5.5\ \text{MPa}$。

液压缸所需的流量为

$$q = A_1 v \times \frac{60}{10} = 235.6\ (\text{L/min})$$

3. 确定比例阀的规格

(1) 当选定 $p_P = 5.5\ \text{MPa}$ 时比例阀的规格　　由式 (7.5)可知

$$\Delta p_1 = \frac{A_1 \cdot p_P - \dfrac{F_G}{100}}{A_1 + A_2} \tag{7.6}$$

据此,先求出各工作阶段阀口的压差。

在活塞向前运动时,加速段：

$$\Delta p_1 = \frac{19.63 \times 5.5 - (9\ 100/100)}{19.63 + 9.46}\ \text{MPa} = 0.6\ \text{MPa}$$

$$p_v = 2\Delta p_1 = 1.2\ \text{MPa}$$

匀速段：

$$\Delta p_1 = \frac{19.63 \times 5.5 - (3\ 500/100)}{19.63 + 9.46}\ \text{MPa} = 2.5\ \text{MPa}$$

$$p_v = 2\Delta p_1 = 5\ \text{MPa}$$

减速段：

$$\Delta p_1 = \frac{19.63 \times 5.5 + (2\ 100/100)}{19.63 + 9.46}\ \text{MPa} = 4.5\ \text{MPa}$$

$$p_v = 2\Delta p_1 = 9\ \text{MPa}$$

在活塞退回时有

$$\Delta p_1 = (A_2 p_P - (F_G/100))/(A_1 + A_2)$$

因此,加速段：

$$\Delta p_1 = \frac{9.46 \times 5.5 - (2\ 100/100)}{19.63 + 9.46}\ \text{MPa} = 1.1\ \text{MPa}$$

$$p_v = 2\Delta p_1 = 2.2\ \text{MPa}$$

匀速段：

$$\Delta p_1 = \frac{9.46 \times 5.5 + (3\ 500/100)}{19.63 + 9.46} \text{ MPa} = 3 \text{ MPa}$$

$$p_v = 2\Delta p_1 = 6 \text{ MPa}$$

减速段：

$$\Delta p_1 = \frac{9.46 \times 5.5 + (9\ 100/100)}{19.63 + 9.46} \text{ MPa} = 4.9 \text{ MPa}$$

$$p_v = 2\Delta p_1 = 9.8 \text{ MPa}$$

选择 $p_v = 1$ MPa 时 $q_v = 150$ L/min 的电液比例方向阀,其流量特性曲线如图 7-41 所示。从图上可以看出,当活塞由匀速转到减速段时,比例控制阀的控制电流要从 83% 降到 72%,约有 11% 的变化,其变化幅度较大,阀芯做相应的变化所需时间较长。

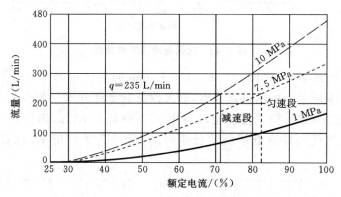

图 7-41　比例阀流量特性曲线

(2) 当选定 $p_p = 10$ MPa 时比例阀的规格　为了提高控制性能,可将泵的出口压力提高到 $p_p = 10$ MPa,这时各工作阶段阀口的压差为

在活塞向前运动时,加速段：

$$\Delta p_1 = \frac{19.63 \times 10 - (9\ 100/100)}{19.63 + 9.46} \text{ MPa} = 3.6 \text{ MPa}$$

$$p_v = 2\Delta p_1 = 7.2 \text{ MPa}$$

匀速段：

$$\Delta p_1 = \frac{19.63 \times 10 - (3\ 500/100)}{19.63 + 9.46} \text{ MPa} = 5.5 \text{ MPa}$$

$$p_v = 2\Delta p_1 = 11 \text{ MPa}$$

减速段：

$$\Delta p_1 = \frac{19.63 \times 10 + (2\ 100/100)}{19.63 + 9.46} \text{ MPa} = 7.5 \text{ MPa}$$

$$p_v = 2\Delta p_1 = 15 \text{ MPa}$$

在活塞退回时的 p_v 计算从略。

若仍选用 $p_v = 1$ MPa 时 $q_v = 150$ L/min 的电液比例方向阀,由图 7-42 可以看出,活塞由匀速转到减速阶段时,比例控制阀的控制电流将由 72% 降到 68%,仅有 4% 左右的变化,因而阀的转换时间将比取 $p_p = 5.5$ MPa 时有较大的减小,提高了控制性能,但阀的最大电流只有 72%,分辨率不够理想。

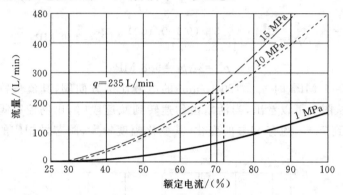

图 7-42 比例阀流量特性曲线

为此,可改选 $p_v = 1$ MPa 时,$q_v = 100$ L/min 的电液比例方向阀。其流量特性曲线如图 7-43 所示。由图可以看出,最大控制电流将由 72% 提高到 87%,活塞由匀速转到减速阶段时,阀的控制电流将由 87% 降低到 83%,仍只有 4% 左右的变化。显然,改选此阀既降低了阀的转换时间,又提高了分辨率,具有比较理想的性能。

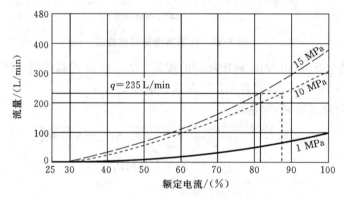

图 7-43 比例阀流量特性曲线

通过此例可以看出,除了需要考虑比例系统的基本要求外,还要结合系统整个工况,对电液比例阀的分辨率、转换时间和阀口压差做综合分析,这样才能正确地选定比例阀,这和普通阀按最大流量来选择的情况有很大的不同。

4. 考虑液压缸面积比和阀口面积比时,比例方向阀阀口压差的计算

上述计算都是在设 $\Delta p_1 = \Delta p_2$ 的条件下进行的,这个条件只有在液压缸面积比和阀口面积比相等的条件下才成立。如果液压缸面积比和阀口面积比不相等,则阀口压差应按以下方法计算。

设图 7-40 中 P-A 通道阀口面积为 a_{PA}，B-O 通道阀口面积为 a_{BO}。一般 $a_{PA}=a_{BO}$，也有的 $a_{PA}=2a_{BO}$（以适应面积比为 $A_1/A_2=2$ 的液压缸）。其他比值的阀通常需要专门订货。

设 P-A 通道的流量为 q_{PA}，B-O 的通道流量为 q_{BO}，则有

$$q_{PA}=a \cdot a_{PA} \cdot \sqrt{\Delta p_1}$$

所以

$$a_{PA}=\frac{q_{PA}}{a \sqrt{\Delta p_1}} \tag{7.7}$$

取

$$\frac{a_{PA}}{a_{BO}}=X$$

则

$$a_{BO}=\frac{q_{PA}}{X \cdot a \cdot \sqrt{\Delta p_1}} \tag{7.8}$$

而

$$q_{BO}=\alpha \cdot a_{BO} \cdot \sqrt{\Delta p_2} \tag{7.9}$$

将式(7.8)代入式(7.9)，得

$$q_{BO}=\frac{q_{PA} \cdot \sqrt{\Delta p_2}}{(X \cdot \sqrt{\Delta p_1})} \tag{7.10}$$

由于

$$\frac{q_{BO}}{q_{PA}}=\frac{A_2}{A_1}$$

所以

$$q_{BO}=\frac{A_2}{A_1}q_{PA} \tag{7.11}$$

将式(7.10)和式(7.11)联立，便可求得

$$\Delta p_2 = X^2 \left(\frac{A_2}{A_1}\right)^2 \Delta p_1 \tag{7.12}$$

活塞向前运动时的力平衡方程为

$$\frac{F_G}{100}=A_1(p_P-\Delta p_2-\Delta p_1)-A_2\Delta p_2$$

将 Δp_2 代入后得

$$\Delta p_1=\frac{A_1^2[(p_p-\Delta p_2)A_1-F_G/100]}{A_1^3+A_2^3X^2}$$

因而

$$\Delta p_2=\frac{A_2^2[(p_p-\Delta p_2)A_1-F_G/100]X^2}{A_1^3+A_2^3X^2}$$

由以上推导分析可知，当 $A_1/A_2=2$ 和 $a_{PA}/a_{BO}=2$ 时，有 $\Delta p_1=\Delta p_2$。

5. 系统固有频率的校核

在上面的计算中，加、减速度值是预先设定的。从系统快速性考虑，希望此值愈大愈好，但对于液压缸工作速度较慢的系统，设定过大的加速度并不合理。如图 7-44所示，对于 $v=0.5$ m/s 的系统，当加速度 $a>4$ m/s^2 之后，加、减速段时间 t_B 的变化很小，加、减速度设定过高是不合理和不经济的。

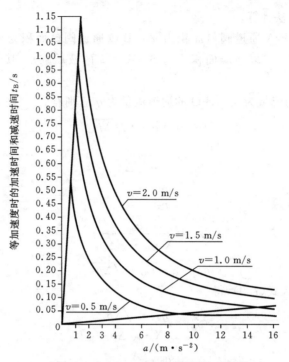

图 7-44　加速度值对等加、减速时间的限制

系统加、减速度的设定值,除了受运动部分质量、液压缸面积及系统压力等因素限制外,还受到系统固有频率的限制。因此,必须校核系统的固有频率,审定它是否满足所设定加减速度的要求。

(1) 系统固有频率 ω_0 的计算　当设计一个比例控制系统时,特别是希望用较快的速度驱动一个大惯量负载时,系统固有频率是非常重要的参数。因为它决定了系统允许的加、减速度值,如果超过了这个限值,活塞的运动会不稳定。

根据物理学的定律,无阻尼振荡的固有频率公式为

$$\omega_0 = \sqrt{\frac{k}{m}} \ \text{rad/s} \tag{7.13}$$

式中　k 为系统弹簧刚度(N/m);m 为运动部分的质量(kg)。

液压系统弹簧刚度的大小与液压缸的行程位置有关,并与比例阀阀口到液压缸之间管道内油液的容积有关。

对于双出杆液压缸(见图 7-45),其活塞作用面积 $A_1 = A_2$,设管道容积 $V_{L1} = V_{L2}$,这种情况下,液压缸处于中位时弹簧刚度最小,其总弹簧刚度为

$$k_{\min} = \frac{2\beta_e A_1^2}{V_{L1} + A_1 \dfrac{S}{2}} \tag{7.14}$$

式中　A_1 为活塞作用面积(cm^2);β_e 为油液容积弹性模量(kg/cm·s^2);S 为液压缸

全行程(mm)；V_{L1} 为一根管道的容积(cm^3)。

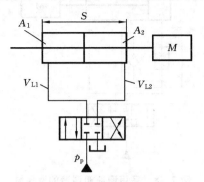

图 7-45　双出杆液压缸

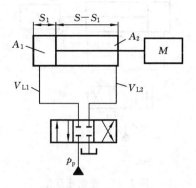

图 7-46　单出杆液压缸

对于单出杆液压缸(见图 7-46)，由于它为不对称缸，两腔面积不等，弹簧刚度需要分别计算，总刚度为 $k=k_1+k_2$。其中：

$$k_1=\frac{A_1^2\beta_e}{A_1S_1+V_{L1}} \tag{7.15}$$

$$k_2=\frac{A_2^2\beta_e}{A_2(S-S_1)+V_{L2}} \tag{7.16}$$

令 $\dfrac{dk}{dS}=0$，可求得 k_{min} 时的 S_1'，得

$$S_1'=\frac{A_2S/\sqrt{A_2^3}+V_{L2}/\sqrt{A_2^3}-V_{L1}/\sqrt{A_1^3}}{1/\sqrt{A_1}+1/\sqrt{A_2}}$$

则

$$k_{min}=\frac{A_1^2\beta_e}{A_1S_1'+V_{L1}}+\frac{A_2^2\beta_e}{A_2(S-S_1')+V_{L2}} \tag{7.17}$$

对于差动液压缸(见图 7-47)，在差动回路中，由于液压缸右腔的环形面积上始终作用着恒压 p_p，所以当活塞向前运动时，该腔可以认为是刚性的。故有

$$k_{min}=k_{1min}=\frac{A_1^2\beta_e}{A_1S+V_{L1}} \tag{7.18}$$

对于采用调速阀调速的液压缸(见图 7-48)，在该系统中，由于液压缸的运动速度不随负载变化而变化，所以回油腔压力是恒定的，可认为该腔是刚性的。这种系统的最小弹簧刚度产生在液压缸退回行程的末端。故有

$$k_{min}=k_{2min}=\frac{A_2^2\beta_e}{A_2S+V_{L2}} \tag{7.19}$$

系统的固有频率为

$$f_0=\frac{\omega_0}{2\pi}=\frac{1}{2\pi}\sqrt{\frac{k_{min}}{M}}\ (Hz) \tag{7.20}$$

(2) 验算系统的加速度 a　比例控制系统的阻尼比一般为 $\zeta_h=0.1\sim0.2$，为使系统有较好的稳定性，其速度增益应为固有频率的 1/3 左右，即 $K_v=\omega_0/3$。

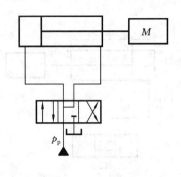

图 7-47　差动液压缸

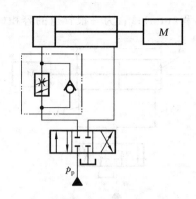

图 7-48　采用调速阀调速的液压缸

由于 $\omega_c \approx K_v$,因此时间常数

$$T = \frac{1}{\omega_c} = \frac{3}{\omega_0}$$

为了获得稳定的运动,一般应取加速时间

$$t_B = 6T$$

即

$$t_B = \frac{18}{\omega_0} \tag{7.21}$$

这样,可得到加速度的限制值,即

$$a \leqslant v_{max} \cdot \frac{\omega_0}{18} \ (\mathrm{m/s^2}) \tag{7.22}$$

式(7.22)就是比例控制系统驱动负载的加速度 a 所应满足的条件。

7.5.3　电液比例阀的选用原则

通常比例元件的选择在设计计算之后进行,因为这时系统的主要性能参数,如压力、流量、工作循环、最大加速度等已经基本确定,它们是选用比例元件的依据。比例元件的选择包括各种电液比例阀、比例阀电控器及与之有关的 PLC 或计算机和接口板的选型。这里只介绍几种主要电液比例阀的选型要点。

选用电液比例阀应遵循的一般原则,同普通液压阀及电液伺服阀类似,由系统的控制要求确定电液比例阀的控制机能。如系统压力精度要求较高时采用电液比例压力阀;系统速度性能要求高时采用电液比例流量阀;系统对运动方向与位移以及速度要求不受外负载影响时,宜选用电液比例复合阀。

选用电液比例阀时还要考虑的其他因素包括阀的安装尺寸、寿命、价格、供货期、生产厂家的信誉及售后质量保证体系等。

当然,电液比例阀有其自身特性,它的选用原则和伺服阀、普通液压阀也有所不同,以下介绍三类电液比例控制阀的选用原则。

1. 比例压力阀的选用原则

(1) 压力等级选择　可按大于或等于系统要求的最高工作压力来选择压力等

级。最好在 1.0~1.2 倍之间,或按系统额定压力的 1.2~1.5 倍选取。应尽量使阀在较大的电信号范围内调节压力,以便得到较好的分辨率。

(2) 最低设定压力　比例压力阀都有一个最低设定压力,它与通过溢流阀的流量有关。如果选择阀的通径过小,则最低设定压力应偏高。当最低设定压力不能满足系统的最低压力要求时,就应采取其他措施使系统卸荷或得到较低的压力。先导式溢流阀的最低设定压力为 0.6~0.7 MPa。

(3) 通径选择　比例压力阀的通径选择要考虑两方面因素。一方面应考虑尽量减小调压偏差;另一方面要考虑最低设定压力,以便扩大调压范围。从两方面考虑都要求有足够大的通径,推荐比例压力阀的额定流量选择为系统最大流量的 1.2~1.5 倍,然后根据比例阀样本查出该流量所对应的阀通径。

(4) 动态特性(调压时间)的考虑　产品样本中通常给出比例压力阀的切换时间,即压力从最小到最大或相反过程时所需的阶跃响应时间。对于一般调压系统,可以不考虑这项指标,但对于要求较高的压力控制系统,还必须注意选择较短的切换时间来满足系统设计的要求。

2. 比例流量阀的选用原则

(1) 压力等级选择　选择的压力等级应大于或等于系统最高工作压力,以免阀的密封件被损坏,或者使泄漏量增大。

(2) 通径选择　应按实际工作要求正确选定比例流量阀的通径,以获得较好的流量调节分辨率。选择过大的通径,会造成在速度和分辨率方面降低执行元件的控制精度。因通过阀的流量与阀压降和通径都有关,选择通径时应同时考虑这两个因素。通常以阀压降为 1 MPa 所对应的流量曲线作为选择依据,要求在 1 MPa 阀压降下的额定流量为系统最大流量的 1.0~1.2 倍,然后根据此值从比例阀样本中查出所对应的通径。这样既可以获得较小的阀压降,又可使控制信号范围尽量接近 100%,从而提高分辨率。

(3) 节流口形式的选择　有些比例节流阀的节流口有三种形式可选,如图 7-49 所示。图中,曲线 1 为线性递增型,曲线 2 为普通递增型,曲线 3 为二级递增型,它们分别适用于不同场合。线性型在整个调节范围内,控制电流与流量之间呈较好的线性关系,用在要求流量与控制信号严格成比例的场合。如果要求在低速控制范围内有较高的分辨率和较好的线性,则可选择二级递增型的节流口形式。

(4) 动态特性的考虑　当用于高性能的速度跟踪控制时,有必要考虑比例流量阀的频率响应和阶跃响应特性。一般比例流量阀的阶跃响应时间为 80~110 ms,频

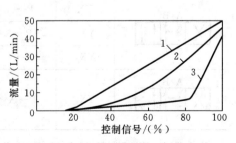

图 7-49　不同形式节流口的特性曲线

宽为 5 Hz 左右。

3. 比例方向阀的选用原则

比例方向阀是流量与方向控制复合阀,用于速度控制时,其特点是进、出口都节流,这是选择比例方向阀应注意的。

(1)压力等级选择　选择的压力等级应大于或等于系统最高工作压力。

(2)通径选择　比例方向阀控制的过流量与阀压降密切相关,且比例方向阀有两个节流口。当用于控制差动缸时,两个节流口的过流量并不相同,一般以进口的流量作为选择的依据。此外,阀压降定义为两个节流口的压降之和,即为阀的总压降。所以比例方向阀的通径选择是以上述的阀压降和通过的流量作为依据的。

(3)阀中位机能的选择　由于比例方向阀的双节流特殊性,应注意其中位机能与普通方向阀的不同之处。实际应用中常见的比例方向阀机能及内部流通状况如表7-4所示。采用不同机能的方向阀控制执行元件,所得到的效果是不同的,推荐的不同机能的比例方向阀与液压执行元件的配用方案如表7-5所示。

(4)动态性能的考虑　只有在比例方向阀用于闭环控制,或者用于驱动快速往返执行机构时,或者有快速启动和制动的场合,才需要考虑其动态特性。一方面应尽可能提高液压动力机构的液压固有频率,这样才能增加频宽,提高快速性,这就要求比例方向阀与执行元件之间的连接管路尽可能短,以减小系统的时间常数;另一方面应考虑比例方向阀的流量增益系数不能过大,否则难以满足稳定性条件。为此,就不得选用全周口的阀芯。典型的比例方向阀的阶跃响应时间为 50～60 ms,频宽约为 10 Hz。

表 7-4　常见比例方向阀的滑阀机能及通流状态

滑阀机能图	代号	通 流 状 态
	O	$P{\rightarrow}A=q_{max}$;$B{\rightarrow}T=q_{max}$　$P{\rightarrow}B=q_{max}$;$A{\rightarrow}T=q_{max}$
	O_1	$P{\rightarrow}A=q_{max}$;$B{\rightarrow}T=q/2$　$P{\rightarrow}B=q/2$;$A{\rightarrow}T=q_{max}$
	O_2	$P{\rightarrow}A=q/2$;$B{\rightarrow}T=q_{max}$　$P{\rightarrow}B=q_{max}$;$A{\rightarrow}T=q/2$
	O_3	$P{\rightarrow}A=q_{max}$;$B{\rightarrow}T=$封闭　$P{\rightarrow}B=q_{max}$;$A{\rightarrow}T=q_{max}$
	YX	$P{\rightarrow}A=q_{max}$;$B{\rightarrow}T=q_{max}$　$P{\rightarrow}B=q_{max}$;$A{\rightarrow}T=q_{max}$
	YX_1	$P{\rightarrow}A=q_{max}$;$B{\rightarrow}T=q/2$　$P{\rightarrow}B=q/2$;$A{\rightarrow}T=q_{max}$
	YX_2	$P{\rightarrow}A=q/2$;$B{\rightarrow}T=q_{max}$　$P{\rightarrow}B=q_{max}$;$A{\rightarrow}T=q/2$
	YX_3	$P{\rightarrow}A=q_{max}$;$B{\rightarrow}T=$封闭　$P{\rightarrow}B=q_{max}$;$A{\rightarrow}T=q_{max}$

注:① 对 O_1、YX_1 型阀芯,P→A 的节流口面积是 P→B 的 2 倍;
　　② 对 O_2、YX_2 型阀芯,P→B 的节流口面积是 P→A 的 2 倍。

表 7-5　不同机能的比例方向阀与执行元件的配用示例

液压执行元件	配用阀芯机能	控制回路示例
对称或面积比接近 1 : 1 的液压执行器（液压马达，对称液压缸，面积比接近 1 : 1 的单出杆液压缸）	O 型 YX 型	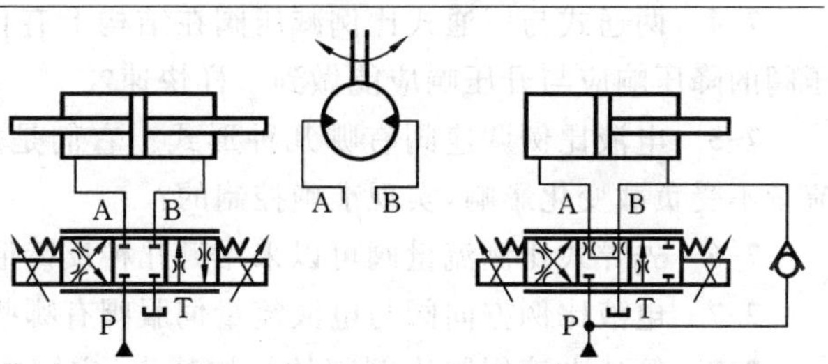
非对称液压执行器（面积比接近 2 : 1 的单出杆液压缸）	O_1、O_2 型 YX_1、YX_2 型	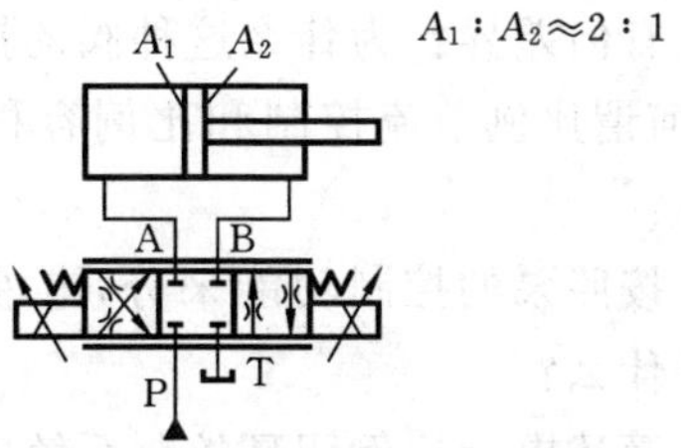
非对称液压执行器（面积比接近 2 : 1 的单出杆液压缸实现差动控制）	O_3 型 YX_3 型	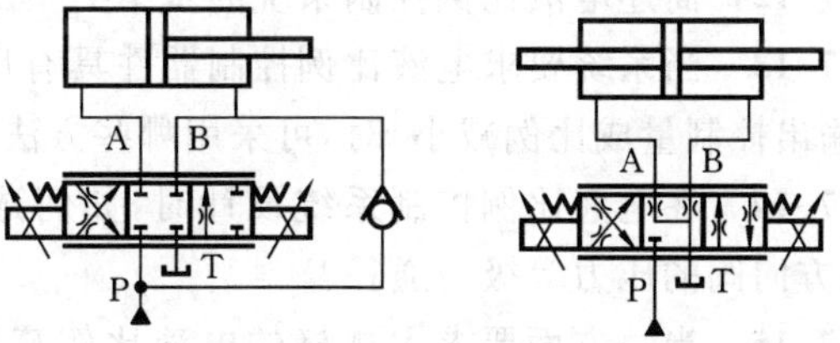

4. 其他应注意的原则

除了要考虑上述选择比例阀的原则外,还要考虑一般控制系统设计应注意的问题。

（1）在选择电液比例阀的静、动态品质参数时,要根据系统的精度和性能要求,在满足主要性能指标的前提下,希望滞环要小、线性度要好、重复精度要高。

（2）系统的固有频率是表征系统性能品质的一个重要指标及衡量最短加速或减速时间的尺度。系统的固有频率不能太低,若太低则系统的加速和减速特性就不好。除此之外,在低速时还可能出现爬行现象。

思考题及习题

7-1　试述电液比例控制阀的基本组成、各部分功能及分类。

7-2　电液比例控制阀与普通液压阀、电液伺服阀相比,它在稳态控制特性、动态响应特性、加工精度要求、油液过滤精度要求、阀内压力降及价格诸方面有何特点?

7-3　普通溢流阀用不同刚度的调压弹簧来改变调压等级,电液比例溢流阀采用什么方法获得不同的调压等级?

7-4　两通式与三通式比例减压阀在结构上有什么不同? 为什么三通式比例减压阀的降压响应与升压响应能做到一样快速?

7-5　电液比例调速阀有哪几种形式? 它们是如何进行压力补偿,使阀的输出流量不受负载变化影响,实现准确控制的?

7-6　先导式比例流量阀可以采用哪几种反馈形式? 各有什么特点?

7-7　电液比例方向阀与电液流量伺服阀有哪些主要不同处?

7-8　简述电液伺服比例阀的结构特点,它同电液伺服阀和普通比例控制阀在结构性能上有何差异? 为什么这种阀的控制特性能优于普通比例控制阀?

7-9　何谓比例节流控制和比例容积控制系统? 比例容积控制有什么特点,适用什么场合?

7-10　按照泵的控制功能来分,电液比例变量泵有哪几类? 它们各自的检测、反馈参数是什么?

7-11　简述电液比例闭环控制系统的基本原理及组成。

7-12　简述电液比例控制系统的基本类型及电液比例控制技术的主要优势。

7-13　当系统要求电液比例控制器件具有反比例特性(即随着输入电信号的增加,输出控制量成比例减小)时,可采用哪些方法实现? 试绘出其原理图加以说明。

7-14　在电液比例控制系统设计时,如何选择电液比例压力阀、比例流量阀和比例方向阀的压力等级与通径?

7-15　当一方面要求大规格的电液比例流量控制阀能对较大流量实行比例控制,另一方面又要求其小流量区的分辨率较高时,在阀构件设计中应采用哪些措施?

7-16　试说明比例方向阀控制阀口过流面积的计算原则与开关型方向阀有何不同,并简要分析存在差异的原因。

第8章

电液控制系统的相关技术

电液控制系统的相关技术所包含的内容十分广泛,在系统的设计、制造、试验及运行保障等不同阶段都涉及不同的相关技术。本章选取三个相关方面的内容进行介绍:液压油源装置是电液控制系统运行的动力来源,同普通开关式液压系统动力源相比,电液控制系统动力源有着自身特殊的要求;污染控制是液压控制系统运行过程中的一个非常关键的问题,是系统可靠运行的保障;振动和噪声控制则是对电液控制系统性能的更高要求,更深刻地反映了液压控制系统等现代机电装备的技术水平。

8.1 液压油源装置

8.1.1 液压控制系统对油源的要求

电液控制系统对液压能源的要求比较严格,除了满足系统的压力、流量要求外,还应满足以下要求。

(1) 保证油液的清洁度 这是保证电液控制系统可靠工作的关键。据统计,液压系统的故障 60%～70% 是由于油液的污染造成的,对于电液控制系统比例则更高,可达到 80% 左右。通常液压伺服系统要求采用 10 μm 的过滤器,对要求比较高的系统,则应采用 5 μm、3 μm 甚至 1 μm 的过滤器。对于比例控制系统一般要求采用 10 μm 或更精密的过滤器。

(2) 防止空气混入 空气混入将造成系统工作不稳定,如液压缸的爬行等,同时还会降低油液的体积弹性模量,并最终影响系统的快速性能。因此油液中空气含量不能超过规定值,一般油中的空气含量不应超过 2%～3%。工程上可采用加压油箱(1.5×10^5 Pa)来避免空气混入。

(3) 保持油温恒定 温度过高,将加速油液的氧化变质,破坏液压元件摩擦副之间的良好润滑状态,降低液压元件寿命;同时油温变化大,控制元件和检测元件的零漂加大,将影响系统的控制性能。一般油温控制在 35～45 ℃之间。

(4) 保持油源压力稳定,减小油源压力波动 一般在液压控制系统的液压能源中,均设有蓄能器以吸收油源的压力脉动,从而提高系统的响应能力和控制精度。

8.1.2　液压控制系统油源的基本形式

液压系统中的常用油源,根据其输出的主要液压参数特点可以分为三类,即恒压源、恒流源和恒功率源。电液控制系统通常采用恒压源。一般恒压源有以下三种形式。

1. 定量泵-溢流阀恒压源

这种液压油源的系统原理图如图 8-1 所示。一般采用一个恒定转速的定量泵与溢流阀并联,液压泵的输出压力由溢流阀调定并保持恒定。在这种系统中,液压泵的流量按照负载所需的峰值流量进行选择,当负载流量较小时,多余的流量从溢流阀溢出。如果系统所需求的峰值流量维持时间短,又允许油源压力有些波动(例如冲击试验台的液压源),则可以在液压泵的出口接一蓄能器,用以储存足够的油量来满足短时峰值流量的要求。这时可选排量较小的液压泵,从而降低功率损失和温升。同时,蓄能器还可以减小系统压力脉动和冲击。

这种恒压源的优点是结构简单、压力波动小,但效率低、油的温升快,所以只适用于小功率的电液控制系统。另外,这种恒压源的输出压力与负载流量之间的动态关系取决于溢流阀的动态特性。溢流阀的结构形式多样,流量压力特性也各不相同,因此,恒压源的流量压力特性也各异。

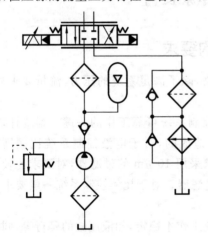

图 8-1　定量泵-溢流阀恒压源

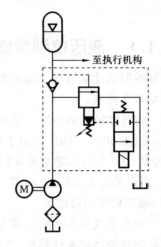

图 8-2　定量泵-蓄能器-卸荷阀恒压能源

2. 定量泵-蓄能器-卸荷阀恒压源

如图 8-2 所示,液压泵的供油压力由电磁卸荷溢流阀控制。该阀为先导式结构,同时集成了一个单向阀。使该阀处于卸荷状态的方式有两种,一是通过控制电磁铁得电或失电;二是通过遥控口进行控制。前一种方式可以使液压泵在卸荷状态下启动。采用后一种方式时,当系统压力达到一定值时,蓄能器的压力作用在先导式电磁卸荷溢流阀的遥控口,使得该阀完全打开,液压泵处于卸荷状态,蓄能器和液压泵之间由单向阀隔开,系统压力由蓄能器保持。当系统压力降到某一值时,卸荷溢流阀关闭,液压泵通过单向阀向系统供油,同时向蓄能器充油。

这种恒压源结构简单、能量损失小、效率高,适用于高压、大流量、大功率系统,而且可向几套液压系统供油。由于蓄能器内气体的膨胀很快,因此,这种油源的动态响应高。但这种油源的供油压力波动较大,将引起伺服系统放大系数的变化。

3. 恒压变量泵液压源

恒压泵是具有压力反馈的变量泵,当输出压力有变化时,通过(恒压变量机构)改变变量泵的排量,因此在泵的转速不变的情况下,其输出流量也相应变化,从而维持系统输出压力不变。图 8-3 所示为恒压泵的工作原理图。

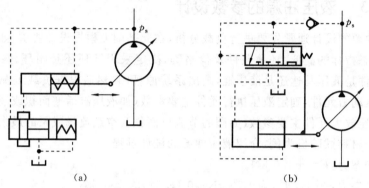

(a)　　　　　　　　　　　　(b)

图 8-3　恒压泵工作原理

在对压力恒定要求不高的中低压系统中,为了节能,常用限压式变量泵替代定量泵并联溢流阀形式的恒压能源。

恒压泵式能源的工作特性如图 8-4 所示。图 8-4(a)所示为限压式泵的特性,图 8-4(b)所示为恒压泵的特性。限压式变量泵中弹簧需要直接平衡液压力,刚度大,弹簧力对变量缸的位移变化敏感,因此压力随流量变化率较大,恒压精度比阀控恒压泵低。

恒压变量泵油源的特点是泵的输出流量自动调节到与负载流量相匹配,系统无溢流损失,因而效率高,适用于大功率系统,也适用于流量变化很大的系统或间歇工

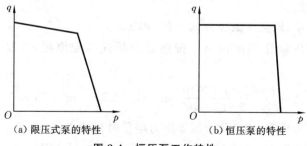

(a)限压式泵的特性　　　　　　　(b)恒压泵的特性

图 8-4　恒压泵工作特性

作系统。在使用中要注意:恒压泵在系统压力未达到调定压力时,类似于排量最大的定量泵。在采用恒压泵为动力源的系统中,若系统安全阀的调定压力 p_y 低于泵的恒压调定值 p_b,则恒压泵无法进入恒压工况,恒压泵始终处于定量泵阶段,向系统提供最大流量,多余流量以安全阀的调定高压力 p_y 溢流,将导致系统很快发热。正确的关系是: $p_b < p_y$。恒压泵的缺点是当负载流量变化较大时,恒压变量结构的响应速度较低(约 1 Hz),泵在自动调节流量的过程中,会引起系统压力变化较大。因此对性能要求较高的系统,恒压泵油源常安装蓄能器,这时蓄能器只起稳压缓冲作用,因此蓄能器的容量较小。恒压泵-蓄能器恒压源已广泛地应用于各种液压控制系统,由恒压泵组-蓄能器组构成的集中式恒压油源,可以同时向几套大功率控制系统供油。

8.1.3　液压油源的参数设计

液压油源的设计通常先要进行负载分析,在此基础上根据设计要求,如控制功率的大小、动态指标的高低、环境条件及价格等,决定采用开环还是闭环、泵控还是阀控、执行元件是液压马达还是液压缸,画出系统原理图,然后根据负载工况按最佳匹配设计液压动力元件,确定液压执行元件主要参数(如液压缸活塞面积或液压马达排量等)及液压放大元件主要参数(如阀的节流口面积及空载流量或泵的最大流量等)。下面以一个材料试验机为例,介绍液压油源的设计过程。

最大静态力: $F = \pm 100$ kN。

最大动态力:20 Hz 时,为 ± 70 kN;40 Hz 时,为 ± 40 kN。

最大位移幅值:0.5 Hz 时,为 ± 3.0 cm;12 Hz 时,为 ± 0.14 cm。

工作频率范围:0.01~50 Hz。

(1) 负载分析　该系统负载为正弦负载。

(2) 拟订方案　该系统执行元件为液压缸,闭环控制,采用阀控液压源。

(3) 供油压力　系统的供油压力一般在 5.0~31.5 MPa 范围内,不同的应用部门常按惯例选用不同的系统压力。

在同样的输出功率下,选择较高的供油压力可以减小泵、阀、液压缸和管道等部件的尺寸和质量,使装置结构紧凑,材料及功率消耗减小。选择较低的供油压力,可延长元件和系统的寿命、泄漏小、系统稳定性好、容易维护,长行程时还有利于提高液压缸的压杆稳定性。

在本例设计中,取液压源压力 $p_s = 20$ MPa。

(4) 计算液压缸作用面积 A　按照效率最优匹配原则,若取负载压力 $p_L = (2/3)p_s$,则

$$A = \frac{F}{p_L} = \frac{3 \times 100 \times 10^3}{2 \times 20 \times 10^6} \text{ m}^2 = 7.5 \times 10^{-3} \text{ m}^2 = 75 \text{ cm}^2$$

为使系统更为可靠,或者使液压源压力略低时仍能工作,应留一定裕量,并根据液压缸系列,选取 $A = 90$ cm^2 的双出杆缸,则实际 $p_L \approx 11$ MPa。

(5) 选择电液控制阀　不论控制系统采用哪种阀，都必须将负载特性包容在阀的负载特性曲线内。典型的电液控制阀有电液比例阀、电液伺服阀和电液数字阀。比例阀的选择在供油压力确定后进行，主要选择流量。比例阀的流量一般是指在阀压降为 $1.0 \sim 1.2$ MPa 时的流量，有时也可用阀的通径值代表流量。选择伺服阀时，当负载处在一些特殊点，如最大功率点或最大速度和最大负载力（转矩）点时，一般按最大功率点进行计算，选择最大功率点与伺服阀的最高效率点重合，使 $p_{\mathrm{L}}=(2/3)p_{\mathrm{s}}$，则阀的压降 $p_{\mathrm{v}}=(1/3)p_{\mathrm{s}}$。根据系统供油压力 p_{s} 和负载流量 $q_{\mathrm{vL}}=Av$，即可选择伺服阀。必须注意伺服阀的负载流量在不同供油压力下是不同的，按标准规定，伺服阀的额定流量是指在 7 MPa 阀压降时的流量，其他阀压降时的流量需要根据相关公式进行折算。

当负载为正弦惯性负载时，一般取 $p_{\mathrm{L}}=\dfrac{2}{3}p_{\mathrm{s}}=\dfrac{mX\omega^2}{\sqrt{2}A}$（$m$ 为负载质量，X 为最大振幅，ω 为角速度）处为负载曲线和伺服阀特性曲线的切点，如图 8-5 所示，负载曲线横轴最大值为 $\dfrac{mX\omega^2}{A}=\dfrac{2\sqrt{2}}{3}p_{\mathrm{s}}$，纵轴最大值为 $X\omega A$。

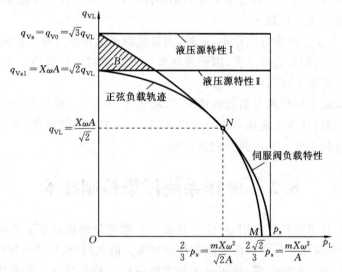

图 8-5　负载、伺服阀和液压源的匹配

系统所需的负载流量，根据试验机技术指标要求，需按两种频率时的位移计算：

当 $f=12$ Hz、$X_0=0.14$ cm 时，负载曲线中的流量为
$$q_{\mathrm{vs1}}=AX_0\omega=90\times0.14\times2\pi\times12\ \mathrm{cm}^3/\mathrm{s}=950\ \mathrm{cm}^3/\mathrm{s}=57.0\ \mathrm{L/min}$$

当 $f=0.5$ Hz、$X_0=3$ cm 时，负载曲线中的流量为
$$q'_{\mathrm{vs1}}=AX_0\omega=90\times3\times2\pi\times5\ \mathrm{cm}^3/\mathrm{s}=848.2\ \mathrm{cm}^3/\mathrm{s}=50.9\ \mathrm{L/min}$$

取最大值 $q_{\mathrm{vs1}}=57.0$ L/min，则负载曲线与伺服阀负载曲线 $p_{\mathrm{L}}=\dfrac{2}{3}p_{\mathrm{s}}$ 的相切点处

$$q_{\mathrm{vL}}=\frac{q_{\mathrm{vs1}}}{\sqrt{2}}=40.3\ \mathrm{L/min}$$

　　查有关伺服阀样本,选取某系列中额定流量(阀压降为 7 MPa 时)为 50 L/min 的喷嘴挡板二级流量伺服阀。其空载流量为 $q_{vLmax}=\sqrt{3}q_{vL}=86.6$ L/min。

　　(6) 液压源的选择　一般情况下,选负载最大功率点为伺服阀的最高效率点,如图 8-5 中的 N 点,在确定了包容曲线即伺服阀特性曲线后,即可决定液压源的压力和流量。必须注意,伺服阀的供油流量并非系统的负载流量 q_{vL},若按负载流量选择将不能满足需要,一般应按伺服阀的空载流量选择,使 $q_{vs}=q_{v0}=\sqrt{3}q_{vL}$,如图 8-5 中液压源特性 I 所示。

　　流量很大时,为了节能,可以采用蓄能器补油,使液压源所需的功率减小。在正弦运动时采用蓄能器补油,最大可使供油流量下降到 $\frac{2}{\pi}$,即减小 36.3%。在随机运动时,当流量变化很大时,可选取运动过程的平均流量供油,超过部分由蓄能器补油,蓄能器的容量根据最大流量和平均流量之差及允许压差进行选择。

　　在正弦运动时,为更进一步节能,有时可取在负载特性曲线的最大值处为供油流量 q_{vs1},如图 8-5 中液压源特性 II 所示,因图中 B 处不在负载工作范围内,所以在运动过程中流量不需要用到 q_{vs}。

　　实际上,由于系统中存在泄漏,此外,当液压源流量和所需流量相同时,受溢流阀性能的限制,系统的压力波动大,因此液压源一般都取得比计算值大一些,只有系统流量很大时才考虑上面的情况。

　　按照试验机中伺服阀及负载的情况,选取压力 20 MPa,流量为 80 L/min 或 100 L/min 的液压源,从节省能耗考虑可选择 80 L/min 流量的液压源,从降低系统压力波动考虑可选择 100 L/min 流量的液压源。

8.2　液压系统污染控制技术

　　随着液压技术的广泛应用,对液压设备的工作可靠性提出了更高的要求。特别是在航空、航天及深海作业等高风险和作业难度大的领域,设备的可靠性更是被放到优先考虑的位置。实践证明,液压设备的工作可靠性和寿命与工作介质的污染状况有密切的关系。随着液压设备向高速、高压和高精度方向发展,污染造成的危害更加突出。因此,液压介质的污染控制已愈来愈受到国内外工程界的高度重视。

8.2.1　污染物的形态与来源

　　所谓污染物是指对液压系统正常工作、使用寿命和工作可靠性产生不良影响的外来物质或能量。油液中的污染物质根据其物理形态可分为固态、液态和气态等三种类型。固态污染物通常以颗粒状态存在于系统油液中;液态污染物主要是从外界侵入系统的水;气态污染物主要是空气。液压系统油液中污染物按来源分主要有以下几种。

1. 残留的污染物

新的液压设备中往往包含一定数量的残留污染物,包括元件和系统在加工、装配、试验、包装、储存及运输过程中残留下来而未被清除的污染物,典型的残留污染物有毛刺、切屑、飞边、土、灰尘、纤维、砂子、潮气、管子密封胶、焊渣、油漆及冲洗液等。另外,油液中的化学污染物如溶剂、表面活性剂、油液提炼过程中残留的化学物质等也会构成污染。

在系统冲洗期间所去除的污染物数量不仅取决于所用过滤器的有效性,而且与冲洗液的温度、黏度、流速和流动状态有关。除非达到高流速及紊流,否则许多污染物直到系统投入运行前都难以被清出窝点,从而可能导致元件的突发性故障。

2. 侵入的污染物

周围环境的污染物可能侵入液压及润滑系统中,侵入的主要途径有:油箱通气口和液压缸活塞杆。另外,还有注油和维修过程侵入的污染物。

3. 生成的污染物

元件磨损产生的磨屑,管道内的锈蚀剥落物,油液氧化和分解所产生的固体颗粒和胶状物质均为生成的污染物,其中磨屑是系统中最危险、最具破坏性的污染物,因为这些磨屑在元件磨损过程中经"冷作硬化"后,其硬度比它们原来所在表面的硬度更高,在污染磨损方面更具破坏性。油液高温氧化分解产生的有害化合物也是生成的污染物。对于以水作为介质的系统,长时间运行后形成的水垢等也属于生成的污染物。

4. 已被污染的新油

新油污染的原因是多方面的,包括在炼制、分装、运输和储存等过程中产生的污染。另外,新油在长期储存过程中,油液中的颗粒污染物有聚结成团的趋势。调查表明,目前一部分新油的污染度大约为 NAS 10—14 级。50%新油的污染度超过液压元件的污染耐受度水平。

5. 微生物污染

微生物一般常见于水基液压液中,因为水是微生物生存和繁殖的必要条件。对于目前引起广泛关注的水压传动技术(包括海水和淡水),其遭受微生物污染的危险性很大。对于在海洋中工作的系统,如果采用开式形式(没有水箱和回水管等),从海洋中直接吸水,更容易受到微生物的污染和腐蚀。

从广义来说,系统中存在的静电、磁场、热能及放射线等也是一种以能量形式存在的污染物质。静电可能引起元件的电流腐蚀,还可能导致矿物油中的挥发物碳氢化合物燃烧。磁场的吸力可能使磁性磨屑吸附在零件表面或间隙内,引起元件的污染磨损和堵塞、卡紧等故障。系统中过多的热能将使油温升高,导致油液润滑性能下降,泄漏增加,加速油液变质和密封件老化。放射性将使油液酸值增加、氧化稳定性降低、挥发性增大,还将加速密封材料的变质。

8.2.2　油液被污染的危害

1. 固体颗粒污染物的危害

固体颗粒污染物是液压和润滑系统中最普遍、危害最大的污染物,据统计,由于固体颗粒污染物引起的液压系统故障占总污染故障的 $60\%\sim70\%$。

固体污染颗粒对液压元件和系统主要有以下三个方面的危害。

(1) 元件的污染磨损　固体颗粒进入元件摩擦副间隙内,对元件表面产生磨料磨损及疲劳磨损。高速液流中的固体颗粒对元件表面引起冲蚀磨损,使密封间隙扩大,泄漏增加,甚至使表面材料受到破坏。

(2) 导致元件卡紧或堵塞　固体颗粒进入元件摩擦副间隙内,可能使摩擦副卡死而导致元件失效;进入液压缸内,可能使活塞杆拉伤。固体颗粒也可能堵塞元件的阻尼小孔或节流口,如先导型溢流阀的阻尼小孔、液压泵滑靴斜盘摩擦副静压支承中的固定阻尼孔等,从而使元件不能正常工作。

(3) 加速油液的性能劣化及变质　油液中的水、空气及热能是油液氧化的必要条件,而油液中的金属微粒对油液氧化起着催化作用。试验证明,当油液中同时存在金属颗粒和水时,油液的氧化速度急剧增加,铁和铜的催化作用使油液氧化速度分别增加 10 和 30 倍以上。

2. 空气污染物的危害

液压及润滑系统中常含有一定量的空气,它来源于周围的大气环境。油液中的空气有两种存在形式:溶解在油液中和以微小气泡状态悬浮在油液中。

各种油液均具有不同程度的吸气能力。在一定压力和温度条件下,各种油液可以溶解一定量的空气。空气在油液中的溶解度与压力成正比,与温度成反比。当压力减少或温度升高时,溶解在油液中的部分空气就会分离出来形成悬浮的气泡。

溶解气体并不改变油液的性质,但油液中的悬浮气泡将对液压系统产生如下危害作用。

(1) 降低油液的容积弹性模量,使系统的刚度变小、响应特性变差。若油液中混有 1% 的空气泡,则油液的弹性模量将降低到只有纯净油液的 35.6%。

(2) 导致气蚀,加剧元件表面材料的剥蚀与损坏,并且引起强烈振动和噪声。

(3) 空气中的氧加速油液的氧化变质,使油液的润滑性能下降,酸值和沉淀物增加。

(4) 油液中的气泡破坏摩擦副之间的油膜,加剧元件的磨损。

(5) 气泡的存在,使油液的可压缩性增大,不仅使得压缩油液过程中要消耗的能量增多,而且会使油温升高。

3. 水污染物的危害

液压和润滑系统中的水主要来自于周围的潮湿空气环境。例如,从油箱呼吸孔吸入的潮气冷凝成水珠滴入油箱中,或通过液压缸活塞杆密封等部位侵入系统。

由于油和水的亲和作用,几乎所有矿物油都具有不同程度的吸水性。油液的吸水能力取决于基础油的性质和所加的添加剂,以及温度等因素。油液吸水量的最大限度称为饱和度。油液暴露在潮湿大气中,其吸水量经过数周即可达到饱和。矿物油型液压油的吸水饱和度一般为 0.02%～0.03%;润滑油的吸水饱和度为 0.05%～0.06%。在一定的大气湿度条件下,油液的温度越高,其吸水量越大。

油液的含水量在饱和度以下时,水以溶解状态存在于油液中。当含水量超过饱和度时,过量的水则以微小水珠状态悬浮在油液中,或者以自由状态沉积在油液底部,或者浮在油液表面(取决于油液的密度)。处于自由状态的水在系统中经过激烈的搅动(如通过液压泵和阀)后,往往形成乳化状,这样将大大降低油液的润滑性能。油液的黏度越高,表面张力越小,则形成的乳化液越稳定。此外,油液中的氧化物和固体颗粒,以及某些添加剂有促进乳化液稳定的作用。为了防止油液的乳化,应在油液中加入适量的破乳化剂,使油液中的水分离出来以便去除。

水对液压和润滑系统的危害作用主要表现在以下几个方面。

(1) 水与油液中某些添加剂和清净剂的金属硫化物或氯化物作用,产生酸性物质,对元件产生腐蚀作用。经验表明,当油液中同时存在固体颗粒污染物与水时,水对元件的腐蚀作用比水单独存在时要严重得多。这是因为固体颗粒磨去了元件表面的氧化物保护膜,使元件不断暴露出新的表面,以致水的腐蚀作用加剧。

(2) 水与油液中某些添加剂作用产生沉淀物和胶质等有害污染物,加速油液的劣化变质。

(3) 使油液乳化,降低油液的润滑性能。

(4) 在低温工作条件下,油液中的微小水珠可能结成冰粒,堵塞控制元件的间隙或小孔,导致元件或系统故障。

8.2.3　油液污染度等级标准及测量

1. 污染度等级

油液污染度是指单位体积油液中固体颗粒污染物的含量,即油液中固体颗粒污染物的浓度。对于其他污染物,如水和空气,则用水含量和空气含量表达。油液污染度是评定油液污染程度的一项重要指标。

油液污染度主要采用下列两种表示方法。

(1) 质量污染度　即单位体积油液中所含固体颗粒污染物的质量,一般用 mg/L 表示。

(2) 颗粒污染度　即单位体积油液中所含各种尺寸范围的固体颗粒污染物的数量。颗粒尺寸范围可以用区间表示,如 5～15 μm,15～25 μm 等;也可以用大于某一尺寸表示,如 >5 μm,>15 μm 等。

质量污染度表示方法虽然比较简单,但不能反映颗粒污染物的尺寸及其分布。实际上,颗粒污染物对元件和系统的危害作用与其颗粒尺寸分布及数量密切相关,目前普遍采用颗粒污染度的表示方法。

为了定量地评定油液污染程度,下面分别介绍常用的两个标准:美国 NAS 1638 油液污染度等级标准及 ISO 4406:1999《液压传动油液固体颗粒污染等级代号》国际标准。

1) NAS 1638 污染度等级标准

这是美国宇航学会标准,目前被美国和世界许多国家广泛采用。它以颗粒浓度为基础,按照 100 mL 油液中 $5\sim15$ μm、$15\sim25$ μm、$25\sim50$ μm、$50\sim100$ μm 和 >100 μm 共 5 个尺寸区域内的最大允许颗粒数划分为 14 个污染等级(见表 8-1)。可以看出,相邻两个等级颗粒浓度的比为 2,因此当油液污染度超过表中 12 级时,可用外推法确定其污染度等级。英国液压研究协会(HBRA)将 NAS 1638 的最高污染度等级扩大到了 16 级。

表 8-1　NAS 1638 污染度等级(100 mL 中的颗粒数)

污染度等级	颗粒尺寸范围/μm				
	$5\sim10$	$10\sim25$	$25\sim50$	$50\sim100$	>100
00	125	22	4	1	0
0	250	44	8	2	0
1	500	89	16	3	1
2	1 000	178	32	6	1
3	2 000	356	63	11	2
4	4 000	712	126	22	4
5	8 000	1 425	253	45	8
6	16 000	2 850	506	90	16
7	32 000	5 700	1 012	180	32
8	64 000	11 400	2 025	360	64
9	128 000	22 800	4 050	720	128
10	256 000	45 600	8 100	1 440	256
11	512 000	91 200	16 200	2 880	512
12	1 024 000	182 400	32 400	5 760	1 024

实际液压系统中颗粒尺寸分布与标准中的尺寸分布并不一致,标准中的小尺寸颗粒数相对较少,这可能是由于当时制定该标准时,颗粒分析技术不够完善,小颗粒计数结果偏少。因此在使用过程中,NAS 标准有局限性,往往是根据大、小尺寸颗粒评定的等级可能相差 $1\sim2$ 级以上,故无法仅用一个污染度等级数码来描述油液实际污染度。鉴于 NAS 1638 标准的影响,它目前仍被广泛应用。

2) ISO 4406 污染度等级标准

表 8-2 所示为 ISO 4406 规定的油液污染度等级数码和相应的颗粒浓度,共分为 30 个等级,颗粒浓度越大,代表等级的数码越大。该标准采用三个代码并在其间加

两个斜线代表油液污染度等级。根据实测结果,对照表 8-2,查出相应的大于 2 μm、5 μm 和 15 μm 颗粒数的等级代码,即可以确定油液的污染度等级。

表 8-2　ISO 4406 油液污染度等级

每毫升颗粒数		等级数码	每毫升颗粒数		等级数码
大于	上限值		大于	上限值	
2 500 000	—	>28	80	160	14
1 300 000	2 500 000	28	40	80	13
640 000	1 300 000	27	20	40	12
320 000	640 000	26	10	20	11
160 000	320 000	25	5	10	10
80 000	160 000	24	2.5	5	9
40 000	80 000	23	1.3	2.5	8
20 000	40 000	22	0.64	1.3	7
10 000	20 000	21	0.32	0.64	6
5 000	10 000	20	0.16	0.32	5
2 500	5 000	19	0.08	0.16	4
1 300	2 500	18	0.04	0.08	3
640	1 300	17	0.02	0.04	2
320	640	16	0.01	0.02	1
160	320	15	0.00	0.01	0

用显微计数法测量颗粒数时,第一个代码表示 1 mL 油液中尺寸大于 2 μm 的颗粒数等级,第二个代码表示 1 mL 油液中尺寸大于 5 μm 的颗粒数等级,第三个代码表示 1 mL 油液中尺寸大于 15 μm 的颗粒数等级。例如污染度等级 22/18/13 表示每 1 mL 油液中大于 2 μm 的颗粒数量为 20 000~40 000 个,大于 5 μm 的颗粒数量为 1 300~2 500 个,大于 15 μm 的颗粒数量为 40~80 个。如果仿照旧标准用两个代码表示,则缺少的一个代码用"—"表示(即缺少大于 2 μm 颗粒数量的代码),例如—/18/13,其清洁度与 22/18/13 相同。

当用自动颗粒计数法测量颗粒数时,第一个代码表示 1 mL 油液中尺寸大于 4 μm(c)的颗粒数等级,第二个代码表示 1 mL 油液中尺寸大于 6 μm(c)的颗粒数等级,第三个代码表示 1 mL 油液中尺寸大于 14 μm(c)的颗粒数等级。两种计数方法采用不同的方式计算颗粒直径,显微计数法采用最大直径作为颗粒粒径,而自动颗粒计数法使用等效投影直径作为颗粒粒径,在两种计数法中,数值 4 μm(c)、6 μm(c)、14 μm(c)正好与 2 μm、5 μm、15 μm 对应。

目前 ISO 4406 标准已被世界各国普遍采用,我国也依据此标准制定了国标 GB/T 14039—2002《液压传动 油液 固体颗粒污染等级代号》。

2. 污染度测定方法

油液污染度的测定方法主要有质量分析法及颗粒分析法。

1) 质量分析法

质量分析法用于测定单位体积油液中所含固体污染物的质量,其单位通常为 mg/L(或 mg/100 mL)。它采用滤膜过滤装置,将一定容积样液中的颗粒污染物收集在微孔滤膜上,通过称量过滤前后的滤膜质量,即可得出污染物含量。滤膜直径约为 47 mm,过滤孔直径为 0.8 μm。

国际标准 ISO 4405:1991《液压传动 油液污染度 采用质量法测定颗粒污染度》对该方法作了具体规定和说明。此方法可检测的最小污染质量浓度为 0.2 mg/L。

质量分析法所需的测试装置比较简单,但操作过程耗费的时间长,测定结果只能反映油液中颗粒污染物的总量,而不能反映颗粒的大小和尺寸分布,质量分析法将逐渐被颗粒计数法所代替。

2) 显微镜计数法

用光学显微镜测定油液中颗粒污染物的尺寸分布与浓度,是应用比较普遍的一种方法。国际标准有 ISO 4407:2002《液压传动 液压液污染用光学显微镜计数法测定》。我国参照该标准制定了显微镜颗粒计数法标准。

显微镜颗粒计数法是用微孔滤膜过滤一定体积的样液,将样液中的颗粒污染物全部收集在滤膜表面,然后在显微镜下测定颗粒的大小,并按要求的尺寸范围计数。滤膜孔径为 0.8 μm 或 1.2 μm。为了便于计数,可采用印有正方格的滤膜,方格的边长为 3.08 mm、直径为 50 mm 的滤膜有效过滤面积大约等于 100 个方格面积。显微镜的组合放大倍数通常为 100~400 倍。可检测的最小颗粒尺寸为 5 μm。颗粒尺寸大小根据目镜内的测微尺测定。颗粒计数采用统计学的方法,根据滤膜上颗粒分布密度的大小选定若干个正方格作为计数面积,对选定方格面积内的颗粒按规定的尺寸范围进行计数,然后折算出整个有效过滤面积上的颗粒数。

显微镜计数法采用普通光学显微镜,设备比较简单,操作比较容易,能够较直观地观察到污染物的形貌和大小,并能大致判断污染颗粒的种类。不受污染物尺寸和浓度的限制,不受样液理化性能的限制,也不受样液中水珠、气泡等的影响,并可用于乳化液及其他水基难燃液的污染颗粒分析。

显微镜法的缺点是其计数准确性很大程度上取决于操作人员的经验和主观性;计数重复性较差,显微镜法的重复性偏差高达 30% 左右;对尺寸小、数量多的颗粒、检测精度较差。

3) 自动颗粒计数法

在油液污染分析中广泛应用自动颗粒计数器,具有计数快、精确度高和操作简便等优点。按照工作原理不同,自动颗粒计数器有遮光型、光散射型和电阻型等几种类型。但在油液污染分析中,应用较多的是遮光型自动颗粒计数器。

遮光型传感器有白炽光传感器和激光传感器两种类型。激光传感器采用激光二极管,与白炽光传感器相比,它具有分辨率高、颗粒浓度极限高、寿命长及对机械振动不敏感等优点。目前颗粒计数器普遍采用激光传感器。

在选择传感器时,主要考虑所需测定的颗粒尺寸范围和工作液体的性质。对于污染严重的油液可选用高浓度型传感器。对于某些溶剂和酸、碱性液体,则需选用专用的传感器。

使用自动颗粒计数器时,样液的颗粒浓度必须低于所选用传感器的颗粒浓度极限,否则会出现两个或多个颗粒同时通过传感器窗口的情况,从而引起计数误差。此外,样液通过传感器的流量必须调节在所用传感器所要求的流量范围内。

光学原理的自动颗粒计数器对油液中悬浮的微小气泡和水珠,如同对固体颗粒一样进行计数,因而样液中不得含有气泡和水珠。

颗粒计数器在出厂前,其传感器都已经过精确的校准,每个传感器都附有一张校准曲线图,即阈值电压与颗粒尺寸的对应关系。在使用颗粒计数器时,首先要按照传感器的校准曲线将各个通道的阈值电压设置为与所要测定的颗粒尺寸相对应的值,然后对一定体积的样液进行计数。

8.2.4　污染控制措施及实例

1. 污染控制平衡图

液压系统污染控制的基本内容和目的是,通过污染控制措施使系统油液的污染度保持在系统内关键元件的污染耐受度以内,以保证液压系统的工作可靠性和元件的使用寿命。

美国俄克拉荷马州立大学费奇(E. C. Fitch)教授在分析研究液压元件污染寿命与各因素之间关系的基础上,提出了污染控制平衡图,形象地描述了污染控制平衡关系及各因素对元件寿命的影响,如图 8-6 所示。

污染控制平衡图是通过两台天平来描述的,天平的砝码就是与污染控制各个因素有关的参数。平衡图中左边的天平反映系统的过滤特性,即系统油液污染度与过滤器精度、流量和污染物侵入率之间的关系。右边的天平概括了液压元件污染磨损理论和污染耐受度的基本内容,反映了元件抗磨性、油液抗磨性、污染物磨损性,以及工作条件(如工作压力、温度和转速等)等因素对元件污染耐受度和污染寿命的影响。

从污染控制平衡图可以看出,提高元件工作寿命和可靠性主要有两个途径:一是提高元件的耐污染能力;二是降低油液的污染度。

元件的耐污染能力主要取决于元件对污染物的敏感性和工作条件。从设计方面考虑,为提高元件耐污染能力,可采取以下措施:保证合理的运动副间隙和润滑状况;合理选择对偶摩擦副材料和表面处理工艺,提高摩擦表面的抗磨性和耐蚀性等。

从使用及管理的角度出发,加强油液污染控制措施,降低油液污染度,是提高元件寿命和可靠性的经济而有效的途径。

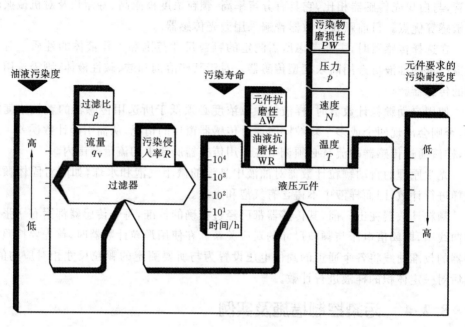

图 8-6   污染控制平衡图

2. 污染源及控制措施

液压系统油液中的污染源可分为系统内部残留的、工作过程外界侵入的和内部生成的等三类。为了有效地控制污染,必须针对一切可能的污染源,对系统设计、制造、使用、维护和管理等各个环节采取有效措施,实施全面和全过程的污染控制。表8-3列举了液压系统可能的污染源及相应的控制措施。

3. 油液的净化方法

根据不同的污染物和对油液净化的要求,可采用的净化方法有:过滤、离心、聚结、静电、磁性、真空和吸附法等。而过滤是目前液压和润滑系统应用最广泛的净化方法。

过滤是利用多孔隙的可透性介质滤除悬浮在油液中的固体颗粒污染物。表 8-4列举了各种类型的过滤介质及其性能。

过滤介质对液流中颗粒污染物的滤除作用主要可分为直接阻截和吸附作用两种。按照结构和过滤原理的不同,过滤介质可分为表面型和深度型两类。表面型过滤介质是靠介质表面的孔口阻截液流中的颗粒,属于这一类型的过滤介质有金属网式、线隙式和片式等。深度型过滤介质为多孔材料,如滤纸和非织品纤维等。

决定过滤器基本性能的参数主要有过滤精度、压差特性和纳垢容量。

1) 过滤精度

过滤精度是指过滤器对不同尺寸颗粒污染物的滤除能力。过滤器的过滤精度直接决定系统的污染控制水平,过滤精度愈高,系统油液的清洁度愈高,即污染度愈低。

表 8-3　污染源及其控制措施

污染源		控制措施
残留污染物	液压元件加工装配残留污染物	各道加工工序后进行清洗;元件装配后清洗,要求达到规定的清洁度;对受污染的元件在装入系统前进行清洗
	管件、油箱残留污染物和锈蚀物	系统组装前对管件和油箱进行清洗(包括酸洗和表面处理),使其达到规定的清洁度
	系统组装过程中的残留污染物	系统组装后进行循环清洗,使其达到规定的清洁度
外界侵入污染物	更换和补充油液	对清洁度不符合要求的新油,使用前必须过滤,新油的清洁度一般应高于系统油液 1~2 级
	油箱呼吸孔	采用密闭油箱,装设空气过滤器,其过滤精度一般应不低于系统中的精过滤器;对于要求控制空气中水分侵入的情况,可装设吸水或阻水空气过滤器
	液压缸活塞杆	采用可靠的活塞杆防尘密封,加强对密封的维护
	维护和检修	保持工作环境和工装设备的清洁;彻底清除维修中残留的清洗液或脱脂剂;维修后循环过滤,清洗整个系统
	侵入水	油液除水处理
	侵入空气	排放空气或进行脱气处理;防止将油箱内油液中的气泡吸入泵内
内部生成污染物	元件磨损产物	选用耐污染磨损,污染生成率低的元件;合理选择过滤器,滤除尺寸与关键元件运动副油膜厚度相当的颗粒物,制止磨损的链式反应
	油液氧化分解产物	选用化学稳定性良好的工作液体;去除油液中的水和金属微粒,控制油温,延缓油液的氧化,对于油液氧化产生的胶状黏稠物,可采用静电净油法处理

表 8-4　过滤介质的类型

类型	实例	可滤除的最小颗粒/μm
金属元件	片式,线隙式	5
金属编织网	金属网式	5
多孔刚体介质	陶瓷	1
微孔材料	金属粉末烧结式	3
	泡沫塑料	3
	微孔滤膜	0.005
纤维织品	天然和合成纤维织品	10

类　型	实　例	可滤除的最小颗粒/μm
非织品纤维	毛毡,棉丝	10
	滤纸	5
	合成纤维	5
	玻璃纤维	1
	不锈钢纤维	1
	石棉纤维,纤维素	亚微米
松散固体	硅藻土,膨胀珍珠岩,非活性炭	亚微米

制造厂需要在过滤器的技术规格中标明其过滤精度,以反映其过滤效能。自从使用过滤器以来,人们曾采用过多种评定过滤器精度的方法,下面介绍常用的几种。

(1) 名义过滤精度　名义过滤精度的评定值用 μm 表示。例如,名义精度为 10 μm 的过滤器,其精度的定义为:在过滤器上游油液中加入标准试验粉尘,该过滤器对大于 10 μm 的颗粒能够滤除 98% 以上(按质量计)。由于这种评定方法是在污染浓度很高的试验条件下进行的,与过滤器的实际工况相差甚远,因而名义精度不能确切地反映过滤器的实际过滤性能。

(2) 绝对过滤精度　绝对过滤精度是指能够通过过滤器的最大球形颗粒的直径,以 μm 表示。绝对过滤精度能比较确切地反映过滤器能够滤除和控制的最小颗粒尺寸,这对实施污染控制有实用意义。但污染物并不都是球形的,其形状一般是不规则的,长度尺寸大于绝对精度的扁长形颗粒有可能通过滤芯而到达下游;此外绝对精度不能反映对不同尺寸颗粒的滤除能力。

(3) 过滤效率　过滤效率是指被过滤器滤除的污染物量与进入过滤器上游的污染物的量之比。污染物的量可以用质量表示,也可以用各种尺寸的颗粒的数量表示。

(4) 过滤比 β　过滤比 β 的定义是:过滤器上游油液单位体积中大于某一给定尺寸的污染颗粒数与下游油液单位体积中大于同一尺寸的颗粒数之比,即

$$\beta_x = \frac{N_u}{N_d}$$

式中　β_x 为相对于某一颗粒尺寸 x(单位为 μm)的过滤比;N_u 为单位体积上游油液中大于尺寸 x 的颗粒数;N_d 为单位体积下游油液中大于尺寸 x 的颗粒数。

由于过滤器对不同尺寸颗粒污染物的滤除能力是不同的,因而对不同尺寸颗粒污染物的过滤比也不相同。过滤比 β 值随颗粒尺寸的增大而增加。因此,当用过滤比表示过滤精度时,必须注明其对应的颗粒尺寸,如 β_{10} 或 β_5 等。为了便于比较,ISO 4572:1981《液压传动-过滤器-测定过滤特性的多次通过法》规定用 β_{10} 作为评定过滤器过滤精度的性能参数。

过滤比评定法是以颗粒计数为基础的。随着颗粒计数器的发展,颗粒计数的精

确性提高,因而过滤比能够比较确切地反映过滤器对于不同尺寸颗粒污染物的滤除能力。过滤比评定方法已被 ISO 采纳为评定过滤器精度的标准方法。

在过滤比 β 值中,有几个值具有特定的意义。$\beta_x = 1$,意味着过滤器上、下游油液中,尺寸大于 x 的颗粒数相等;$\beta_x = 2$,即说明对于尺寸大于 x 的颗粒,过滤器能滤除 50%,因而可以认为 x 是该过滤器的平均过滤精度;$\beta_x = 75$,即说明绝大部分尺寸大于 x 的颗粒能被滤除,因而可以认为 x 是该过滤器的绝对过滤精度。

2) 压差特性

油液流经过滤器时,由于黏性阻力会产生一定的压力损失,因而在过滤器进口和出口之间产生一定的压差。过滤器在使用过程中,滤芯不断被污染物堵塞,其压差逐渐增大,当达到某一定值后,压差急剧增大,直到滤芯破裂。图 8-7 所示为一特定过滤器在一定流量和黏度下的压差特性曲线,图中曲线的拐点表示滤芯严重堵塞的开始,因而拐点压差可认为是过滤器的饱和压差,也就是过滤器的最大极限压差,达到这个压差时,应更换滤芯或进行清洗。在这个压差下过滤器的发信装置应发出堵塞报警信号。对于带安全阀的过滤器,阀的开启压差的设定值应比饱和压差大 10% 左右。

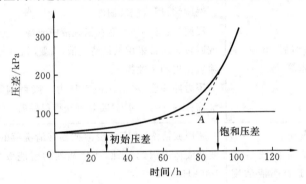

图 8-7 过滤器的压差特性曲线

3) 纳垢容量

过滤器在工作过程中,随着被截留的污染物数量的增加,压差增大,当压差达到规定的最大极限值时,滤芯使用寿命结束。在过滤器整个使用寿命期间被滤芯截留的污染物总量称为过滤器的纳垢容量。纳垢容量越大,则使用寿命越长。

纳垢容量与过滤面积及滤材的孔隙度有关。过滤面积越大,则纳垢容量越大。对于外形尺寸一定的折叠式圆筒形滤芯,适当增大折叠深度可以增大过滤面积,从而延长过滤器使用寿命。

4. 污染控制实例

1) 液压元件和系统的清洗

在加工、装配的每一个工艺环节,都不可避免地残留有污染物,因而必须采取有效的净化措施,使元件达到要求的清洁度。清洁度不符合要求的元件装入系统后,在液流冲刷和机械振动等作用下,元件内部残留的污染物会释放到油液中,使系统受到污染。此外,内部残留污染物往往是造成元件早期失效的主要原因。

　　元件的清洗应从加工制造的最初工序开始。每一工艺过程后,都需采取相应的净化措施。元件装配完成后的清洗主要是清除装配时带入的污染物。这样不仅可减轻元件最后的清洗工作,而且元件的清洁度容易得到保证。

　　液压元件生产过程中的清洗程序和可采用的方法如表 8-5 所示。目前元件清洁度已定为反映液压元件产品质量的一项指标。我国机械行业标准 JB/T 7858—2006《液压元件清洁度评定方法及液压元件清洁度指标》,对液压元件内部残留污染物含量的检测方法以及按允许残留量确定的清洁度指标作了具体的规定。

表 8-5　液压元件生产过程中的清洗

清洗程序	要　　求	清 洗 方 法
材料或铸件清洗	去除氧化物、型砂等	喷丸法。 在旋转筒中翻滚。 化学方法(如盐浴法):适用于形状复杂的铸件
零件粗洗	去除切屑、磨粒、毛刺、油脂等	洗刷法:用清洗液刷洗。 浸渍法:将零件浸泡在清洗液中或将浸泡的零件上下摇动或回转。通常采用碱性清洗液,需要时也可用酸性清洗液去除氧化皮和锈蚀物。 压力冲洗法:将清洗液在压力下喷射到零件表面进行清洗,高压(1~10 MPa)喷射可获得很好的清洗效果
零件精洗	一般在粗洗后进行,用于表面清洁度要求很高的零件	超声波清洗:将零件浸泡在盛有清洗液的槽内,利用超声波在液体中引起气蚀,产生强烈的清洗效果(频率为 20~100 kHz)。 蒸气浴洗:将零件放置在加热的溶剂蒸气中,蒸气在零件表面冷凝,从而将污染物洗去
元件装配后的清洗	达到元件清洁度的要求	晃动涮洗法:往元件内注入适量的清洁清洗液,将元件密封,用机械方法强烈晃动元件,使元件内部残留污染物全部冲刷到清洗液中。此方法一般适用于静态元件,如油箱、过滤器壳体等。 流通清洗法:将元件接入专门的清洗装置或试验台系统中,使液流循环通过元件,将元件内部污染物全部冲刷到清洗液中并即时滤除。此方法适用于动态元件,如泵、马达、缸和阀等

　　液压系统在组装完毕后需要进行全面的清洗,以清除在系统组装过程中带入的污染物。组装后的系统采用流通法进行清洗,可以利用液压系统的油箱和液压泵,也可采用专用的清洗装置。清洁装置应具有很强的过滤净化能力。

对于复杂系统可分为几个回路分别清洗。对于系统中对污染敏感的元件或对液流速度有限制的元件,在清洗时应先将这些元件用管件旁路。

选用的清洗液应与系统元件相容,最好直接用该系统的工作液体作为清洗液。清洗液黏度不应过高,以 50 ℃时黏度达 $10\sim20~mm^2/s$ 为宜。

为了加强循环清洗效果,应尽可能采用较高的液流速度,使液流呈充分的紊流状态。

在清洗过程中,按一定的时间间隔从系统取油样进行污染度测定。清洗操作一直进行到系统油液的清洁度达到规定的要求为止。

2) 过滤器的选择与设置

过滤器在液压系统中的设置位置应随其所要求实现的功能不同而变化,以下按防止污染物侵入、保持系统油液清洁及保护与隔离关键元件等三方面功能来讨论过滤器的合理布置位置。

(1) 防止污染物侵入　主要措施如下。

① 油箱呼吸孔应装置空气过滤器　进入油箱的所有空气都必须经过过滤。要保证油箱是完全密闭的,所有交换空气都只经过一个通气口(对于大型系统可能有两个通气口)。该通气口上必须装空气过滤器,此空气过滤器的过滤精度根据不同要求可选择为 $3\sim10~\mu m$。

② 新油过滤　新油并不一定清洁,所有进入系统的油液在加入系统之前均需通过一个高效过滤器进行过滤。过滤器精度根据需要可选用 $3\sim10~\mu m$。过滤方式有下列几种:

● 通过一个在泵的下游装有过滤器的输油车灌油,或利用过滤小车将油桶中的新油灌入到油箱;

● 通过回油管路过滤器将油液灌入系统中;

● 利用系统外过滤系统的循环泵作为灌油泵,用循环回路中的过滤器来净化新油。

(2) 保持系统油液的清洁度　为了滤除液压系统油液中的污染物,保持油液的清洁度,过滤器可以根据需要安装在吸油路、压力油路及回油路中,也可以在主系统之外组成单独的外过滤循环系统。

① 吸油路过滤　为了防止液压泵从油箱吸油时将污染物吸入泵内,一般在吸油口或吸油管中装吸油过滤器。吸油口过滤器浸没在油箱底部,极易被污染物堵塞,并且维护困难,因此在吸油口一般采用不带壳体的网式或线隙式粗过滤器,过滤精度为 $100\sim180~\mu m$,其作用是阻止大颗粒污染物进入泵内。

安装在吸油管路中的过滤器精度可以稍高,但受液压泵吸油特性的限制,其压差不能太大。如果过滤器压差过大,容易导致液压泵吸空而产生气蚀。因此要求吸油路过滤器的初始压差一般不应超过 0.003 MPa,使用中最大压差不得大于 0.02 MPa。由于受压差的限制,吸油路过滤器的精度不能太高,其过滤比 β_{10} 一般不应超过 2,绝对精度最高为 $30\sim50~\mu m$,而且过滤器尺寸应该选择得比较大。

使用难燃液的液压系统,在选择吸油路过滤器时,应注意泵的吸入特性。难燃液的密度比矿物油大,需要更大的压差才能迫使油液进入泵内,特别是水基难燃液的汽化压力较高,很容易产生气蚀。要求对吸油过滤器的压差进行严格限制,以保证泵的入口有足够大的压力。为此,通常将油箱提高或采用增压泵。

② 压力油路过滤　在压力油路装设过滤器,主要用来保护泵下游的液压元件。压力油路过滤器在压差方面限制不是很严格,因而可选用高精度过滤器。最大允许压差一般为 $0.35\sim0.5$ MPa,初始压差为 $0.07\sim0.14$ MPa。压力油路过滤器的强度要能承受系统最大的工作压力和可能出现的压力脉动及压力峰值。

压力油路过滤器可安装在溢流阀上游。无旁通阀的过滤器一般应装设在溢流阀下游,当过滤器压差较大时,溢流阀可对过滤器起保护作用。但是在这种情况下,流过过滤器的流量通常是变化的。为了保持通过过滤器的流量稳定,一般将过滤器安装在溢流阀上游接近油泵出口处,这时过滤器对溢流阀也起保护作用。

所有液压泵均有若干对摩擦副,且承受较大的 pv 值,不可避免地要产生一些颗粒磨屑,这些磨屑的破坏作用是很大的。为了保护系统中其他的元件,对于下列系统,均应装设压力油路过滤器:带有伺服阀的系统;带有比例阀的系统;额定压力超过 15 MPa 的定量泵系统;额定压力超过 10 MPa 的变量泵系统等。

③ 回油路过滤　从安装位置来看,在系统回油路中安装过滤器是比较理想的。在系统油液流回油箱之前,过滤器将侵入系统和系统内产生的污染物滤净,为液压泵提供清洁的油液。然而,由于液压马达和液压缸在回油路内引起流量脉动,使过滤器的过滤性能降低。特别是大容积油缸,当在高压下突然接通回油路,油液突然卸压,此时产生的瞬间流量冲击很大,不仅使过滤效果显著下降,而且容易使滤芯破裂。因此,只有在系统流量比较稳定的情况下,回油路过滤才能得到预期的效果。此外,回油路过滤器不能滤除侵入油箱的污染物,应特别注意系统运转前油箱的清洗和采取一些能有效防止污染物侵入油箱的措施。

回油路过滤器承受的压力为回油路的背压,一般不应超过 1 MPa。回油路过滤可采用精度高的过滤器。对采用单活塞杆液压缸的液压系统,在计算过滤器的通过流量时,需考虑液压缸活塞两端有效面积之差。例如,活塞端有效面积为活塞杆端有效面积的两倍,则回油路过滤器的通过流量要比液压泵流量大一倍。回油路过滤器的初始压差一般为 $0.035\sim0.05$ MPa,最大允许压差为 $0.20\sim0.35$ MPa。

在液压泵(马达)泄漏油液的管路中,一般不宜装过滤器。因为泵(马达)的轴封要求在低压下工作,如果在泄漏油路上装过滤器,会使泵壳体内的背压增加,轴封加速磨损。如果需要在泵(马达)泄漏油液管路中装过滤器,则应考虑它对轴封寿命的影响。

④ 系统外过滤　在压力油路和回油路过滤系统中,过滤性能都不同程度地受流量和压力脉动的影响,过滤效率显著降低。为了消除流量和压力脉动的影响,可以采

用系统外过滤,即在主液压系统之外,设置一个独立的过滤系统,这个系统采用单独的液压泵对油箱内油液进行循环过滤。为了提高过滤效果,其吸油口与排油口应相互隔开,吸油口应靠近主系统回油口,排油口应靠近主系统的吸油口。在外过滤系统中,可以采用高精度过滤器。外过滤系统的压力很低,一般为 $0.20\sim0.35$ MPa。流量与工作环境有关:若环境较脏,过滤系统流量为油箱容积的 20% 左右;环境较清洁,取 5%;一般情况下取 10% 左右。

外过滤系统优点很多:第一,能消除主系统流量、压力脉动对过滤器性能的不良影响;第二,可以在任何时候更换滤芯而不影响主系统的工作;第三,可以在主系统启动以前使过滤系统工作,降低油箱油液的污染度,有效地保护液压泵;第四,在变量泵系统中,当泵在小流量下工作时,过滤器效率很低,而外过滤系统则不受主泵流量大小的影响;第五,外过滤系统可以与油液脱气、除水、加热和冷却等装置结合在一起,实现对系统油液的调节与控制。

⑤ 保护和隔离敏感元件　过滤器在液压系统中另一个重要作用是保护和隔离系统中个别关键元件,防止可能发生的突发性故障。这种过滤器应安装在紧靠所需保护元件的上游,或者直接安装在元件内,它的主要作用是滤除可能侵入重要元件上游的较大尺寸的危险颗粒,因而精度要求并不很高。

要求在上游加过滤器进行保护的元件主要有以下几类:容易发生污染物淤积和堵塞的液压控制元件,如伺服阀、比例阀等;直接影响安全性的元件,如车辆操作系统、起重系统、制动系统等的控制阀;位于管路盲端或不经常工作的元件,如安全阀等;元件上游存在产生大颗粒的污染源,如锈蚀油箱、锈蚀管道及软管等;液压泵等。

(3) 过滤器精度的选择　在每个液压系统所包含的元件中,有些对固体颗粒污染物是最敏感的,例如,伺服阀、比例阀、液压泵等。在考虑过滤器精度时,首先应确定液压系统中对颗粒污染物最敏感的元件,然后针对系统中最敏感的元件及系统工作条件来确定目标清洁度及过滤器精度,具体步骤如下:

① 确定系统中最敏感的元件;

② 根据元件生产厂家的推荐,按最敏感元件确定目标清洁度(清洁度与污染度互为反义词,采用同一等级标准)。

以下介绍美国伊顿-威格士液压公司关于确定元件目标清洁度的方法供参考。

首先,根据最敏感元件按表 8-6 所推荐的各类元件清洁度等级来确定油液清洁度。表中额定压力值是指系统整个工作循环周期内所能达到的最高工作压力。表中用三个数码表示油液清洁度,它们依次表示按 ISO 4406:1999 确定的大于 2 μm,大于 5 μm 和大于 15 μm 的颗粒浓度等级。

其次,针对不同的油液类型调整油液清洁度要求。如果液压系统中的油液不是 100% 的矿物油型液压油,则对油液的目标清洁度等级要求应增加一级。例如,如果原来推荐的油液清洁度为 17/15/13,由于用的不是矿物油,而是水-乙二醇或其他难燃液,则推荐的目标清洁度应变为 16/14/12。

表 8-6　伊顿-威格士公司推荐的各类元件清洁度等级

元　　　件	压力/MPa		
	<14	14~21	>21
定量齿轮泵	20/18/15	19/17/15	18/16/13
定量叶片泵	20/18/15	19/17/14	18/16/13
定量柱塞泵	19/17/15	18/16/14	17/15/13
变量叶片泵	18/16/14	17/15/13	17/15/13
变量柱塞泵	18/16/14	17/15/13	16/14/12
方向阀(电磁阀)	—	20/18/15	19/17/14
压力控制阀(调压阀)	—	19/17/14	19/17/14
流量控制阀(标准型)	—	19/17/14	19/17/14
单向阀	—	20/18/15	20/18/15
插装阀	—	20/18/15	19/17/14
螺纹插装阀	—	18/16/13	17/15/12
充液阀	—	20/18/15	19/17/14
负载传感方向阀	—	18/16/14	17/15/13
液压遥控阀	—	18/16/13	17/15/12
比例方向阀(节流阀)	—	18/16/13	17/15/12①
比例压力控制阀	—	18/16/13	17/15/12①
比例插装阀	—	18/16/13	17/15/12①
比例螺纹插装阀	—	18/16/13	17/15/12
伺服阀	—	16/14/11	15/13/10①
缸	20/18/15	20/18/15	20/18/15
叶片马达	20/18/15	19/17/14	18/16/13
轴向柱塞马达	19/17/14	18/16/13	17/15/12
齿轮马达	21/19/17	20/18/15	19/17/14
径向柱塞马达	20/18/15	19/17/13	18/16/13
斜盘结构马达	18/16/14	17/15/13	16/14/12①
静液传动装置 (环路内油液)	17/15/13	16/14/12①	16/14/11①
球轴承系统	15/13/11①	—	—
滚柱轴承系统	16/14/12①	—	—
滑动轴承(高速)	17/15/13	—	—
滑动轴承(低速)	18/16/14	—	—
一般工业减速机	17/15/13	—	—

注:需要精确取样检测以检验清洁度等级是否达到。

如果液压设备或系统经历以下工况中的任意两种,则应将油液的目标清洁度等级要求再增加一级:

- 在环境温度－18 ℃以下频繁冷启动;
- 在超过 71 ℃的油液温度下间歇工作;
- 在强烈振动或强烈冲击下工作;
- 子系统或工作循环中任一部分与整个系统的工作之间有紧密的相互依从关系;
- 系统故障可能危及操作者或设备附近其他人员的人身安全。

对于试验台,油液的目标清洁度等级,要比将要被试验的对污染物最敏感的元件所要求的清洁度再增加一级。例如,按表 8-6,在 21 MPa 压力下工作的变量柱塞泵,要求油液清洁度为 17/15/13;如果对这种泵进行试验,那么试验台的油液清洁度应为 16/14/12。

③ 按目标清洁度选择过滤器的精度　当目标清洁度确定以后,选择过滤器精度时需要考虑工作环境、系统对污染物侵入的控制程度及系统参数等因素。对于不同类型的液压系统,可以对照和参考表 8-7 所推荐的过滤器精度,进行最后的选择。

表 8-7　推荐过滤精度

液压系统类型	目标清洁度 ISO 4406	推荐过滤精度 $x/\mu m$ ($\beta_x \geqslant 75$)
可靠性要求极高,对污染非常敏感的液压控制系统,如航天实验系统、高性能伺服阀等	13/9	1~2
工业设备伺服系统和重要的高压系统,如飞机、精密机床伺服阀和比例阀等	15/11	3~5
高压系统,如工程机械、车辆、高压泵和阀等	18/14	10
中压、中高压系统,如通用机械和移动设备等	19/15	10~20
元件间隙较大的低压系统	21/17	20~30

(4)过滤器尺寸的确定　过滤器尺寸与通过流量之间有对应关系。如果仅按系统流量来确定过滤器尺寸,其滤芯使用寿命往往很短,需要频繁更换,增加了停机时间和维修费用。因此在确定过滤器尺寸时,其额定流量一般应大于系统流量若干倍。

(5)检测并确认目标清洁度是否达到　一旦目标清洁度和过滤器精度已经确定,过滤器已选好并布置在系统中,最后应确认和监测该目标清洁度是否达到。通常在液压设备试运行阶段,取出有代表性的样液,经检测即可知道目标清洁度是否达到。

① 如果目标清洁度已达到,则应转入正常维护阶段。在系统运行过程中,要定期抽取样液并检查油液的污染度。如果油液污染度等级提高,则应尽快找出原因,及

时采取措施,使油液污染度尽早恢复到原设计所要求的正常范围内。其措施有:其一,检查油箱上的空气过滤器是否失灵;其二,检查油箱上的入孔门是否完全密封;其三,检查液压缸活塞杆上的防尘密封圈是否失效;其四,检查过滤器是否旁通;其五,检查过滤器滤芯是否破裂;其六,检查是否有元件磨损严重。

② 如果目标清洁度没有达到,则应对过滤系统进行检查与修正。如果所设计的过滤系统无法保证目标清洁度的达到,则应检查过滤系统的设计是否合适,过滤器的选择和质量是否有问题,控制外界污染物侵入的防范措施是否有效,如果仍然不能解决问题,最有效的解决措施是给油箱增设一个外循环过滤系统。

8.3　液压系统振动和噪声控制技术

8.3.1　振动和噪声的基本概念

振动与噪声是液压系统工作中经常发生的两种现象。除了某些利用振动原理工作的液压设备(如液压镐、液压冲击钻等液压机具及电液激振台等)外,多数情况下振动是有害的。它会影响主机和液压系统的工作性能和使用寿命,并引起液压元件、辅件或管道的损坏等。噪声的影响和危害是多方面的,不但影响人们的正常工作和休息,还危害人体健康。噪声污染已成为当今世界性的问题,与空气污染和水污染一起构成了当代环境的三大污染源。

现代液压系统的高压、高速及大功率化,使振动与噪声随之加剧。因此降低振动和噪声已成为目前液压技术的重大研究课题。

1. 振动

在振动问题中,整个液压装置或某个液压元件可等效成具有一定质量、弹性和阻尼的振动系统,通常为单自由度简谐激振力作用的强迫振动系统,如图 8-8 所示。

振动系统的运动微分方程为

$$\ddot{x}+2\xi\omega_0\dot{x}+\omega_0^2 x=f_0\sin\omega t \tag{8.1}$$

式中　x、$\dot{x}$、$\ddot{x}$ 为系统位移、速度、加速度;ω_0 为无阻尼固有频率;ξ 为阻尼比,$\xi=C_e/(2\sqrt{Km})$;f_0 为单位质量所受的力幅值 $f_0=\dfrac{F_0}{M}$;F_0 为激振力的振幅;C_e 为阻尼系数;K 为弹簧刚度;M 为系统质量。

方程(8.1)的解为一通解 x_1 加一特解 x_2,即

$$x=x_1+x_2$$

其中,通解

$$x_1=Ae^{-\xi\omega_0 t}\sin(\omega_0 t\sqrt{1-\xi^2}+\theta)$$

表示有阻尼的自由振动(衰减振动),它仅在开始的

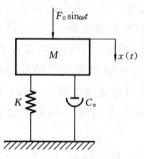
图 8-8　单自由度振动系统模型

一段时间内才有意义,故又称瞬态解,一般情况下可不予考虑。特解 x_2 表示在简谐力激振下的强迫振动,因其等幅而不衰减,故又称稳态振动。

大多数振动与噪声问题只研究稳态振动。稳态振动的计算式为

$$x = x_2 = B\sin(\omega t - \varphi)$$

式中　B 为强迫振动的振幅,$B = f_0 / \sqrt{(\omega_0^2 - \omega^2)^2 + 4\xi^2 \omega_0^2 \omega^2}$;$\omega$ 为强迫振动的角频率;φ 为位移与激振力的相位差,$\tan\varphi = 2\xi\omega_0 / (\omega_0^2 - \omega^2)$。

由上可知,产生振动的根本原因是系统存在激振力,振动的大小取决于激振力的大小和系统固有参数。所以防振、减振和消振的主要途径是消除或减小激振源(力),合理确定和匹配系统参数。

2. 噪声

振动是弹性物体的固有特性,它是一种周期性的运动。机械振动可以通过固体、液体或气体等弹性媒质传播。机械波可以在很宽的频率范围发生。不是所有的振动都会产生声音,只有在一定频率范围即声频范围内的振动,才能被人的听觉感受。所谓声频范围,是指正常人的听觉所能感受到的振动频率范围。实验测出,频率低于 16 Hz 或 20 Hz 的振动,就不能被大多数人听到,通常称为次声波;频率高于 20 kHz 的振动也不能被大多数人听到,称为超声波。因此,一般声频范围是指 20(或 16)~20 000 Hz。

(1) 波长　声波是机械振动在弹性媒介中的传播。在传播途径上,两相邻同相位质点之间的距离称为波长,也即振动经过一个周期,声波传播的距离,记作 λ,单位是米(m)。

(2) 频率　1 s 内媒质质点振动的次数称为声波的频率,记作 f,单位是赫兹(Hz)。在声频范围内,声波的频率越高,显得越尖锐,反之显得越低沉。通常将频率低于 300 Hz 的声音称为低频声,300~1 000 Hz 的声音称为中频声,1 000 Hz 以上的声音称为高频声。

(3) 声速　声波在弹性媒质中的传播速度称为声速,记作 c,单位是米/秒(m/s)。值得注意的是,声速不是质点的振动速度,而是振动状态传播的速度。频率 f、波长 λ 和声速 c 之间的关系是 $c = \lambda f$。声速由媒质的弹性、密度及温度等因素决定,与振动的特性无关。声波在空气中的传播速度可由下式表示:

$$c = 331.45 + 0.61t$$

式中　t 为摄氏温度,℃。

(4) 声压与声压级　在声波的传播过程中,媒质中各处存在着稠密和稀疏的交替变化,因而各处压强也相应变化。设没有声波作用时,媒质中的压强为 p_0,称为静压强。当有声波传播时,媒质中某处的压强为 p_1。压强的改变量 $p_1 - p_0$ 称为声压,则声压 p 为

$$p = \Delta p = p_1 - p_0$$

声压的单位是牛顿/米²(N/m²)或(Pa)。媒质中任一点的声压都是随时间变化的,每

一时刻的声压称为瞬时声压,某段时间内瞬时声压的均方根值称为有效声压,即

$$p_e = \sqrt{\frac{1}{T}\int_0^T p^2(t)\,dt}$$

对于简谐声波,有效声压等于瞬时声压的最大值除以$\sqrt{2}$,即

$$p_e = \frac{p_{max}}{\sqrt{2}}$$

通常所指的声压如未加说明,即指有效声压。

人耳可听到的声压变化范围很大,正常人耳能听到的声音的声压2×10^{-5} Pa,当声压达到 20 Pa 时,人耳产生疼痛感。为了方便起见,习惯上以声压级 L_p 来代替声压,其定义为

$$L_p = 10\lg\left(\frac{p}{p_0}\right)^2 = 20\lg\left(\frac{p}{p_0}\right)$$

式中　L_p 为声压级,是无量纲的相对量,其单位为分贝,记作 dB;p_0 为基准声压,其值为 2×10^{-5} Pa;p 为实际声压,单位为 Pa。

为了对声压级有个大致的概念,现将几种常听到的声音的声压级列于表 8-8 中。

表 8-8　几种声音的声压级

声　　音	声压 p/Pa	声压级 L_p/dB
正常谈话	2×10^{-2}	60
一般金属加工车间	$6.3\times10^{-2}\sim2\times10^{-1}$	$70\sim80$
消声不佳的摩托车	$6.3\times10^{-1}\sim2$	$90\sim100$
锯木车间	$6.3\sim2\times10$	$110\sim120$
汽车喇叭	2×10	120

(5) 声功率和声功率级　声源在单位时间内辐射出的总声能称为声功率。和声压一样,人们听觉所能承受的声功率的范围很大,常用声功率级来表示,即

$$L_N = 10\lg\frac{N}{N_0}$$

式中　L_N 为声功率级,是无量纲的相对量,其单位为分贝,记作 dB;N 为声功率(W);N_0 为基准声功率,其值为 10^{-12} W。

表 8-9 给出了部分常见声源的声功率和声功率级。

(6) 声强与声强级　声强是指单位面积上的声波功率,其单位为 W/m²。声强 I 与声压 p 之间的关系如下

$$I = \frac{p^2}{\rho c}$$

式中　ρ 为介质密度(kg/m³);c 为声速(m/s);ρc 为声阻抗率(Pa·s/m)。

表 8-9　常见声源的声功率和声功率级

声　源	声功率 N/W	声功率级 L_N/dB
喷气式飞机	10^4	160
大型鼓风机	10^2	140
气锤	1	120
汽车(72 km/h)	0.1	110
钢琴	2×10^{-2}	103
轻声耳语	10^{-9}	30

由上式可见,声强与声压的平方成正比。同时与媒质的声阻抗率有关。例如在空气和水中有两列相同频率、相同声压的平面声波,这时水中的声强要比空气中的声强大3600 倍左右,即在声阻抗率较大的媒质中,声源只需用较小的振动速度就可以发射出较大的声能量,从声辐射的角度看这是很有利的,从噪声控制角度看是不利的。

人耳对声强的感受范围很宽,听阈声强的值为 10^{-12} W/m²,痛阈声强的值为 1 W/m²。声强级 L_1(dB)的定义为

$$L_1 = 10\lg \frac{I}{I_0} = 20\lg \frac{p}{p_0}$$

式中　I 为实际声强(W/m²);I_0 为基准声强,10^{-12}(W/m²)。

(7) 频谱　声音的频率不同,给人耳的感觉是音调高低不同。声振动的频率决定了发声音调的高低。

单一频率的声音(纯音)听起来非常单调,如音叉敲击后发出的声音,就是单一频率的纯音。通常噪声都是由多种频率组成的,把某一信号中所包含的频率成分,按其幅值(或它的分贝值)或相位作为频率的函数作出的分布图,称为该信号的频谱图。如果声信号包含的频率成分是不连续的,即是离散的,则这样的频谱称为离散谱或线谱,在频谱图上是一系列竖直线段(见图 8-9(a))。连续谱是一定频率范围内含有连续频率成分的谱,在频谱图中是一条连续曲线(见图 8-9(b))。大部分噪声属于连续谱。图 8-9(c)所示为复合谱,它是连续频率成分和离散频率成分组成的谱。

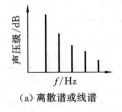 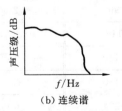 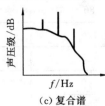

　(a) 离散谱或线谱　　　　　(b) 连续谱　　　　　(c) 复合谱

图 8-9　声音的三种频谱

(8) 频程　对于连续频谱信号,要求出每一频率成分的幅值是不可能也是不必要的,有时候可以把某一范围的频率划分成若干个小的频率段,每一段以它的中心频

率为代表,然后求出声信号在各频率段的中心频率上的幅值,作为一种频谱。将这样划分出来的频率段称为频程。实验表明,对两个不同频率的声音进行相对比较时,有决定意义的是两个频率的比值,而不是它们的差值。因此,在划分频程时,往往不是把整个频率范围等分,而是使每一个频率段的下限频率和上限频率的比值为确定的常数。令每一个频率段的下限频率 f_2 和上限频率 f_1 的比值为

$$\frac{f_2}{f_1} = 2^n$$

式中　n 为正实数,当 $n=1$ 时,称为倍频程;当 $n=2$ 时,称为 2 倍频程;当 $n=1/3$ 时,称为 1/3 倍频程。倍频程和 1/3 倍频程较常用。

各倍频程的中心频率 f_c 是指上、下限的几何平均值,即

$$f_c = \sqrt{f_1 f_2}$$

ISO 推荐的可闻声范围内各频带的中心频率及频率范围分别如表 8-10 和表 8-11所示。

表 8-10　倍频程中心频率及频率范围(Hz)

中 心 频 率	31.5	63	125	250	500
频 率 范 围	22.4～45	45～90	90～180	180～355	355～710
中 心 频 率	1 000	2 000	4 000	8 000	16 000
频 率 范 围	710～1 400	1 400～2 800	2 800～5 600	5 600～11 200	11 200～22 400

表 8-11　1/3 倍频程中心频率及频率范围(Hz)

中 心 频 率	频 率 范 围	中 心 频 率	频 率 范 围
25	22.4～28	800	710～900
31.5	28～35.5	1 000	900～1120
40	35.5～45	1 250	1 120～1 400
50	45～56	1 600	1 400～1 800
63	56～71	2 000	1 800～2 240
80	71～90	2 500	2 240～2 800
100	90～112	3 150	2 800～3 550
125	112～140	4 000	3 550～4 500
160	140～180	5 000	4 500～5 600
200	180～224	6 000	5 600～7 100
250	224～280	8 000	7 100～9 000
310	280～355	10 000	9 000～11 200

中 心 频 率	频 率 范 围	中 心 频 率	频 率 范 围
400	355～450	12 500	11 200～14 000
500	450～560	16 000	14 000～18 000
600	560～710		

从表中可以看出,10 个倍频程覆盖了整个可闻声的频率范围;而 1/3 倍频程的中心频率,在可闻声的频率范围内,对 10 个相连的频带,最高的中心频率是最低中心频率的 10 倍。

8.3.2　液压系统振动和噪声的来源

液压系统的噪声主要包括流体噪声和机械噪声。

1. 流体噪声

液压元件和系统中,流体噪声是极为常见的,例如,由于气蚀、压力冲击、漩涡流动等引起的噪声都属于流体噪声类型。

1) 气蚀噪声

在液压系统中,当局部压力降低或温度升高时,系统工作介质中空气泡和/或蒸气泡将萌生和长大。对于以矿物型液压油为介质的情况,由于其中的空气溶解量大,产生的多是空气泡。对于以水作介质的情况,由于其中的空气溶解量较矿物油小,而汽化压力远高于矿物油,因此产生的多是蒸气泡。无论是哪种气泡,当进入高压区后,气泡体积迅速缩小直至破灭。这种气泡生成、长大和破灭的现象,称为气穴。

气穴破灭过程中对零件表面造成的破坏作用称为气蚀。目前比较一致的看法认为气蚀的破坏作用是由于气泡溃灭的机械作用造成的。在分析气泡的溃灭过程时,一种解释认为气泡破坏基本上是由于从气泡溃灭中心辐射出来的冲击压力波而产生的,称为冲击压力波模式。这种模式认为如在固体边界附近有一孤立的溃灭气泡,其溃灭压力冲击波将从气泡中心传到边界上,使边界形成一个球面凹形蚀坑。另一种解释认为气蚀是由较大的气泡溃灭时形成的微射流所造成的。流速很大的微型射流在溃灭结束前的瞬间穿透气泡内部,如溃灭离边界很近,则射流会射向固体边界造成气蚀。不管是哪一种解释,气蚀在液压元件中发生,均会产生如下影响。

(1) 增加元件工作时的噪声及振动。气蚀发生的过程是气泡不断产生和溃灭的过程。气泡的溃灭会产生很大的噪声,同时由于气泡溃灭而产生的压力冲击也会造成很大的噪声。这种噪声有时会是啸叫或尖叫,达到令人不能忍受的程度,并引起系统的强烈振动。

(2) 造成零部件的卡死,导致元件的失效。据统计,泵的失效有 10% 是由气蚀造成的。气蚀不单会直接损坏液压元件零部件的表面,而且会导致碎片产生,进入液压元件的配合间隙中,很容易造成运动部件如液压泵中的柱塞、液压阀中的阀芯等卡死,从而使液压元件失效。

(3) 影响零件的耐磨程度,降低元件的工作寿命。在液压元件中,气泡崩溃后产生的压力波对零件表面存在很强的冲击作用,压力冲击会使零件表面形成大大小小的凹坑,凹坑的形成不仅会破坏摩擦副间润滑膜的形成,还会破坏零件表面的光洁度,从而加快与之配对的零件的磨损,降低元件的使用寿命。另外,气蚀产生的局部高温还可能使配对材料产生黏结现象,加速元件的失效。

气蚀噪声的频谱一般为连续谱,频率分布主要在 1 000 Hz 以上,听起来是"嘘嘘"的尖叫声。液压元件发生气蚀时,噪声可比原来增加 10 dB 左右。为了防止气蚀噪声,主要是防止气穴的产生。为此,对于以矿物油作为工作介质的液压系统应通过合理的结构设计,把液体中最低压力限制在空气分离压以上,这样既能防止混入空气形成的气穴,也能防止液体汽化形成的气穴,因为矿物油的饱和蒸气压力低于空气分离压。

2) 压力冲击声

在液压系统中,阀门的快速启闭和外负载的阶跃变化,均会引起压力冲击。液压冲击波不仅会在冲击处产生压力冲击,导致振动和噪声,同时,还会沿着整个管道系统传播,成为液压系统的一个噪声源。因此,对液压冲击产生的振动和噪声,应该给以足够的重视。

3) 压力脉动声

一般而言,液压泵的瞬时流量总是脉动的,由于液阻的存在,流量的脉动必将导致压力脉动,而且压力脉动的基频与流量脉动的基频相同。当管中压力波不发生干涉时,由流量脉动引起的压力脉动的幅值一般不大。但是,一旦发生干涉,形成驻波,则波腹处振幅显著增大,从而发生管路的谐振,噪声也随之增大。

4) 旋涡脱离声

液流绕过一个非流线型的圆柱体时,若雷诺数较大,附面层不能包围住圆柱体的背面,而在圆柱体最宽截面的附近,附面层将从圆柱体表面的两侧脱开,形成两个在流动中向尾部延伸的剪切层。这两个自由的剪切层形成了尾流的边界。因为自由剪切层的最内层相对于和自由流相接触的最外层移动慢得多,于是这些自由剪切层就倾向于卷成不连续的打旋的旋涡,在尾流中就形成了一个规则的旋涡流型。这种具有一定图形的旋涡流动和圆柱体的相互作用,成为诱发振动效应的根源。当旋涡交替地从圆柱体的两侧脱落时,在圆柱体上就激发起周期性的脉动力。这种力会使具有一定弹性的圆柱体产生振动并发出声音。当旋涡脱离的频率与圆柱体的固有频率接近时,往往产生"呜——呜"的声音,这就是气流流过电线,产生旋涡脱离现象而激发成声音的缘故。

在液压元件及系统中,液流流经各种阀口或过流断面发生变化的地方,都可能产生旋涡,这不仅会使元件受力不平衡而产生振动,同时在旋涡中心由于压力较低而容易产生气穴,结果可能激发噪声。

2. 机械噪声

由于机械部分的运动或相互间的作用,产生振动而激发的噪声,称为机械噪声。例如,质量不平衡的部件在高速旋转时会产生振动而激发噪声,两个相互接触的部件由于碰撞或摩擦而发声等,这些噪声都属于机械噪声的类型。下面对液压系统中机械噪声产生的原因作简要介绍。

(1) 轴承噪声　在液压泵和马达中广泛使用了轴承。轴承作为一个组件,其振动所产生的噪声对相应的液压元件的噪声有明显的影响。一般而言,滑动轴承比滚动轴承的噪声低。

一个完整的滚动轴承一般由滚动体、内外圈滚道、保持架等组成。由于零件制造存在误差,装配时有一定配合间隙,使得滚动体在运转时与保持架及内、外圈之间发生碰撞和摩擦,从而激发噪声。此外,不同的受力情况、润滑条件等,对轴承噪声的大小都有影响。

对同一个滚动轴承来说,滚动体,内、外圈和保持架对噪声的影响按比例为 4 : 3 : 1。同一类型的轴承,其内径越大,引起的振动和噪声也越大,直径增加 5 mm,振动级增加约 $1\sim2$ dB。滚动体直径越大,振动与噪声也越大。对不同类型的轴承,球轴承比圆锥滚子轴承噪声低,因为球形滚子对内、外圈的几何精度及装配质量的要求低一些,而圆锥滚子要求则高一些。

降低轴承的噪声,对制造厂家来说,需要提高各零件的几何精度和尺寸精度,以及整体装配精度。在液压元件中,要注意选用低噪声轴承;同时,要改善轴承的受力条件,选择适当的配合,提高安装精度等。

(2) 机械撞击声　液压控制阀可动零件的机械接触、电磁阀的电磁铁吸合及阀芯的冲击、锥(球)阀的阀芯与阀座的冲击,都可能造成机械噪声。其中:有的是瞬时性振动,如换向阀换向时发出的冲击声;有的是持续性振动,如溢流阀溢流时阀芯所产生的高频振动等。

另外,齿轮泵的齿轮啮合精度不高,叶片泵的叶片脱离定子型面,柱塞泵柱塞头松动,以及管道细长弯头多而又未被固定等,都会造成机械振动和噪声。

(3) 回转体不平衡　液压传动装置中,由于电动机、液压泵和液压马达的转子,以及其他回转件不平衡而产生振动,当振动传到其他部件,如油箱、管道时,将导致很大的噪声。为了降低液压装置的噪声,对于电动机、液压泵、马达等的转子必须进行静、动平衡试验。

(4) 联轴器的不同轴　联轴器是联系电动机与液压泵的部件,它不仅会产生旋风噪声,还会产生机械噪声。旋风噪声是指大直径的联轴器,在转动时使周围一部分空气随着转动而产生的呼呼风声。产生机械噪声的主要原因是加工或安装不当造成电动机轴线与液压泵轴线不同轴,使联轴器偏斜。试验表明,当两者同轴度为 0.02 mm 时,就会产生振动,发出噪声;如果同轴度超过 0.08 mm 时,振动与噪声都较大。此外,在运转时要注意防止联轴器松动。

8.3.3 振动和噪声的测量

噪声的物理量度用声压与声压级、声强与声强级、声功率与声功率级及噪声频谱表示。声压、声强和声功率分别从压力和能源的角度来衡量声音的强弱。"级"是为了表示方便而引入的一种对数计值方法。通常人耳听觉范围在 $2\times10^{-5}\sim20$ Pa 的声压之间,对应于声压级 $0\sim130$ dB。声压级可以直接测量,而声强与声功率不能直接测量,须根据测得的声压级来换算。噪声频谱反映了噪声的频率组成和相应的能级大小。在噪声测量中通用的噪声谱采用倍频程与 1/3 倍频程谱。

1. 噪声测量仪器

噪声测量最主要的是声压级测量和声功率级测量。测量仪器主要有传声器、声级计和频率分析仪。

(1) 声级计　声级计又称噪声计,是噪声测量中最常用、最简便的测试仪器。它不仅可以单独进行声级测量,而且还可以和相应的仪器配套进行频谱分析、振动测量等。

声级计是由传声器、放大器、衰减器、频率计权网络及读数表所组成。其工作原理是将声压信号通过传声器转换成电压信号,经过功率放大器加以放大,再通过频率计权网络,最后在读数表上显示出分贝数来。

声级计的输入是噪声的客观物理量声压。人耳对声音的感受"响"或"不响"是基于对声压和频率的综合反应,一般都是用一主观量——响度级来描述。响度级是一个由实验确定的相对量,它是以 1 000 Hz 的纯音作为基准,当噪声听起来与该纯音一样响时,就把这个纯音的声压级称为该噪声的响度级,单位为方(phon)。例如,一个噪声与声压级是 85 dB 的 1 000 Hz 纯音一样响,则该噪声的响度级就是 85 方。声强相同的声音,在 1 000~4 000 Hz 之间人耳听起来最响,随着频率的降低和升高响度越来越弱,频率低于 20 Hz 或高于 20 kHz 的声音人耳一般听不见。因此,人耳实际上是一个滤波器,对不同频率的响应不一样。模拟人耳对各种频率声音敏感程度不同的特点,声级计对不同频率采用不同的放大率,这就是计权问题。一般声级计常用的有 A、B、C 三种频率计权网络,它所接收的声音按不同的程度滤波。A 计权网络模拟人耳对 40 方纯音的等响曲线,测出的值称为 A 声级,记作 dB(A)。B 计权网络模拟人耳对 70 方纯音的等响曲线,称为 B 声级,记作 dB(B)。C 计权网络模拟人耳对 100 方纯音的等响曲线,称为 C 声级,记作 dB(C)。

由于 A 计权网络使测量仪器对高频敏感,对低频不敏感,这正与人耳对噪声的感觉一样,因此,用 A 计权网络测得的噪声值较为接近人耳对声音的感觉。在实际应用中往往用 A 计权网络测得的 A 声级来表示噪声的大小。C 计权网络一般用来测量声压级。B 计权网络一般应用较少。

声级计按精度和稳定性划分为 0、Ⅰ、Ⅱ、Ⅲ 四种类型。0 型声级计用作实验室参考标准;Ⅰ型除供实验室使用外,还供在符合规定的声学环境或需严加控制的场合使用；Ⅱ型声级计适合于一般室外使用；Ⅲ型声级计主要用于室外噪声调查。按习惯 0 型和Ⅰ型声级计为精密声级计，Ⅱ型和Ⅲ型声级计为普通声级计。

（2）频率分析仪　使用声级计只能测出噪声级，但单纯根据噪声级很难研究降低噪声的措施，多数情况下要求测出液压元件的频率分析特性。根据它可以了解噪声尖峰值的大小及其频率，进而才可能分析发生噪声的原因及应采取的措施。

频率分析仪是用来测量噪声频谱的仪器，主要由两部分组成，一是测量放大器，二是滤波器。测量放大器的原理与声级计大致相同，所不同的是它还可以测量吸声系数、电压、峰值、平均值等其他参数。滤波器是对一种频率有选择性的电路，它将复杂的噪声成分按需要分成若干个带宽，测量时只允许某个特定频率的声音无衰减地通过，而使带宽以外的频率成分全部衰减掉。

频率分析仪把频率域分成若干小频段，靠一组带滤波器取出各段中心频率附近的声压级，然后以各频段的中心频率为横坐标，以该频段的声压级为纵坐标，得到的频带声压级与中心频率的关系曲线即为噪声的频谱图。

通常，将声级计与倍频程或 1/3 倍频程的滤波器连用，就可进行倍频程或 1/3 倍频程的频谱分析。国家标准规定在噪声测量中频谱分析均以倍频程或 1/3 倍频程为准，但在噪声研究中，除了采用上述两种标准外，往往需要作频率分辨率更高的谱分析。目前许多高性能频谱分析仪均兼有声学测量功能，可以实现窄带滤波，如倍频程滤波、1/3 倍频程滤波、1/12 倍频程滤波等，专门供噪声研究使用。有些声级计还带有倍频程或 1/3 倍频程滤波器，可以直接对噪声进行频谱分析。

2. 液压设备噪声测量方法

噪声测量比较理想的是在人为建成的自由音场的无响室中进行。无响室要求室为与外界的振动和噪声隔绝，室内要求壁面的吸音条件良好，没有反射声，除了被测牛外，其他装置都要设在它的外面，以免造成影响。因此这种噪声测量的无响室都是特别设计的。

在工程实际中，往往不具备这种无响室的条件而要求在一般试验室或工作场所来进行测量。这时，为了使测量结果具有足够的准确性，应该避免其他声音的干扰和声音反射等影响。

一般现场测量主要是测量 A 声级及倍频程噪声频谱。有时为了仔细分析噪声成分，还需要测量 1/3 倍频程频谱。

一般现场测量适用于工厂、工地现场及不具备无响室的单位。在这种情况下，由于声源多，房间的大小又有一定限度，测量时噪声计的传声器应尽量靠近被测元件的辐射面，以免其他噪声源的干扰。但又不宜靠得太近，避免因声场不稳定而测不准。

如果声源不是均匀地向各个方向辐射的噪声，则应在元件四周测试几个点，各点与被测元件的距离是 1 m。根据各点测试结果，找出 A 声级最大的一点，以此作为评价噪声的主要依据，同时，也应把其他几点的 A 声级和频谱作为参考依据，或者得出噪声在方向性上的分布。

当噪声随时间变化时,作如下规定:

(1) 如噪声基本不变,取其平均值;

(2) 如噪声是呈规律性变化的,取其最高值和最低值;

(3) 如噪声是不规则变化的,取其最高值。

在测量噪声时,还应注意避开反射声的影响。因此,应尽量使传声器远离反射面。

1) A 声级测量

A 声级测量是一种最基本的测量,大多用声级计进行。对液压设备来说,由于现场条件的局限性,许多测量不得不在较近的距离内进行,但如果现场条件能满足距被测声源 1 m 与 2 m(或 0.5 m 与 1 m)处测得的 A 声级之差不小于 5 dB,将得到较高的测量精度。

测量时传声器一般在距机器表面 1 m 处放置,若机器零件很小,距离应适当减小。传声器须正对机器的几何中心。测点的数量由声源的大小和复杂程度来决定,一般不少于 4 点。为了减小反射声的影响,应注意测点距周围反射物(如大型设备、墙壁等)的距离小于 2 m 为宜。人体也是反射面,声级计的读数人员距传声器以 2 m 为宜。

现场属多声源环境,存在背景噪声的影响,当测点上的 A 声级与背景噪声的 A 声级之差小于 10 dB 时,从声级计得到的各测点上 A 声级的读数值并不完全代表声源在该点的噪声级,需按表 8-12 规定的修正值进行修正。如某测点声级计读数为 92 dB(A),背景噪声为 85 dB(A),声级差为 7 dB(A),查表可得到修正值为 1 dB(A)。这时该点上 A 声级的测定值应为 91 dB(A)。在声级差小于 3 dB 时,必须设法降低背景噪声后再测量。

表 8-12　背景噪声修正值

声源工作时测得的 A 声级与背景噪声 A 声级之差	3	4	5	6	7	8	9	10	>10
应从测得的声压级中减去的修正量/dB	3	2	2	1	1	1	0.5	0.5	0

设备总的噪声级取各测点 A 声级测定值的算术平均值。如果设备不是均匀地向各个方向辐射噪声时,则应找出 A 声级最大点作为评价设备噪声的主要依据,其他点上的 A 声级可作为参考依据。

2) 噪声频谱测量

根据需要可选择倍频程或 1/3 倍频程用带有滤波器的声级计或频谱分析仪进行。首先按中心频谱逐点测量设备噪声频带声压级和背景噪声频带声压级,在同一中心频率下两者差值在 3~10 dB 时,也须按表 8-12 进行修正。

3）声功率的测量

在一定的工作状态下，机器设备的声功率级是一个常量，它不像声压级那样随测量位置和距离的不同而改变。同时，声功率级和声压级之间具有特定的函数关系，由测得的声压级可以推算出声功率级，或者从已知的声功率级可以推算声压级。因此，要客观反映机器设备的噪声特性，声功率级是一个重要的物理量。

声功率级的测定和计算通常有三种方法：自由场法、混响场法和标准声源法。液压泵噪声测量通常规定在反射面上的自由声场进行。

（1）测量环境要求　除地面以外应尽量不产生反射，一般应满足环境修正值≤7dB（环境修正值是由声反射或声吸收对表面声压级的影响而引入的修正项，关于测定方法见 GB/T 3768—1996《声学　声压法测定噪声源　声功率级——反射面上方采用包络测量表面的简易法》）。

（2）测点位置　除大型多级泵和大型立式泵采用矩形六面体测量表面外，一般液压泵的声功率级测定均在半球测量表面上进行。测量表面半径 r 取泵基准矩形六面体最大尺寸的 2 倍。测点位置由图 8-10 给出。

（3）测量表面平均声压级　首先在规定测点上进行 A 声级测量，并且按表 8-12 进行背景噪声的修正。然后按下式进行测量表面平均声压级的 L_{PA} 的计算

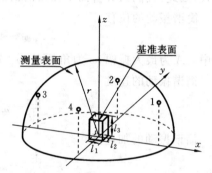

图 8-10　半球表面上测点位置
　○—基本测点

$$L_{PA} = 10\lg\left[\frac{1}{N}\sum_{i=1}^{N}10^{0.1(L_{PAi}-K_{1i})}\right] \qquad (8.2)$$

式中　L_{PA} 为测量表面平均 A 声级（dB），基准值为 20 μPa；L_{PAi} 为第 i 测点测量的 A 声级读数值（dB），基准值为 20 μPa；K_{1i} 为第 i 测点背景噪声修正量（dB）；N 为测点总数。

当第 i 点的测定值 L_{PAi}- K_{1i} 的变动范围不超过 5.0 dB 时，可使用算术平均值代替式（8.2）的能量平均值，其计算误差不大于 0.7 dB。

（4）A 计权声功率级　A 计权声功率级 L_{NA} 由下式计算：

$$L_{NA} = (L_{PA}-K_2)+10\lg\left(\frac{S}{S_0}\right) \qquad (8.3)$$

式中　L_{NA} 为 A 声功率级（dB），基准值为 1 pW；S 为测量表面面积（m²）；S_0 为基准面积 1 m²；K_2 为环境修正值（dB）。

对于半球测量表面，式（8.3）中的 S 由 $S=2\pi r^2$ 计算，其中 r 为半球半径（m）。

对于矩形六面体形测量表面，式（8.3）中 S 的计算式为

$$S=4(ab+bc+ca) \qquad (8.4)$$

式中　$a=(l_1/2)+d$；$b=(l_2/2)+d$；$c=(l_3/2)+d$；l_1、l_2、l_3 为基准体的长、宽、高(m)；d 为测量距离(m)。

环境修正值 K_2 可由下式求得

$$K_2=L_N-L_{Nr}$$

式中　L_N 为在被测声源(泵)环境测得的标准声源的声功率级(dB)；L_{Nr} 为标准声源标定的声功率级(dB)。

3. 振动的评价和测量

1) 振动的评价方法

描述振动的物理量有：频率、位移、速度和加速度。

无论振动的方式多么复杂，通过傅氏变化总可以将其离散成若干个简谐振动的形式，因此，我们只分析简谐振动的情况。

简谐振动的位移

$$x=A\cos(\omega t-\varphi)$$

式中　A 为最大振幅；ω 为角频率，$\omega=2\pi f$；t 为时间；φ 为初始相角。

简谐振动的速度

$$v=\frac{\mathrm{d}x}{\mathrm{d}t}=\omega A\cos\left(\omega t-\varphi+\frac{\pi}{2}\right)$$

简谐振动的加速度

$$a=\frac{\mathrm{d}^2x}{\mathrm{d}t^2}=\omega^2 A\cos(\omega t-\varphi+\pi)$$

速度相位相对于位移提前了 $\pi/2$，加速度相位则提前了 π。加速度的单位为 $\mathrm{m/s^2}$，有时也用 g 来表示，g 为重力加速度，$g=9.8\ \mathrm{m/s^2}$。

(1) 振动加速度级　振动加速度级定义为

$$L_a=20\lg\frac{a_e}{a_{ref}}$$

式中　a_e 为加速度的有效值，对于简谐振动，加速度有效值为加速度幅值的 $\frac{1}{\sqrt{2}}$ 倍；a_{ref} 为加速度参考值，国外一般取 $a_{ref}=1\times10^-$ $\mathrm{m/s^2}$，而我国习惯取 $a_{ref}=1\times10^{-5}\ \mathrm{m/s^2}$。

人体对振动的感觉与振动频率的高低、振动加速度的大小和在振动环境中暴露时间长短有关，也与振动的方向有关。综合这些因素，国际标准化组织建议采用如图 8-11 所示的等感度曲线。振动级定义为修正的加速度级，用 L_{ac} 表示，有

$$L_{ac}=10\lg\sum10^{(L_{ai}+C_i)/10}$$

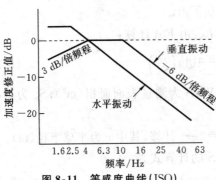

图 8-11　等感度曲线(ISO)

式中　L_{ai} 表示每个频率的振动加速度级；C_i 为表 8-13 所示的修正值。

表 8-13　垂直与水平振动的修正值

中心频率/Hz	1	2	4	8	16	31.5	63
垂直方向修正值/dB	-6	-3	0	0	-6	-12	-18
水平方向修正值/dB	3	3	-3	-9	-15	-21	-27

例 8-1　频率为 2 Hz、8 Hz 和 16 Hz 的三种频率成分均以加速度 0.1 m/s² 振动，求其加速度级和振动级。

解　① 加速度级

$$a_e = \sqrt{\sum a_{ie}^2} = \sqrt{3 \times 0.1^2} \text{ m/s}^2 = \sqrt{3} \times 0.1 \text{ m/s}^2$$

$$L_a = 20\lg \frac{a_e}{a_{ref}} = 20\lg \frac{\sqrt{3} \times 0.1}{10^{-5}} \text{ dB} = 85 \text{ dB}$$

三种频率的加速度级均为

$$L_a = 20\lg \frac{a_e}{a_{ref}} = 20\lg \frac{0.1}{10^{-5}} \text{ dB} = 80 \text{ dB}$$

② 垂直振动级

$$L_{ac} = 10\lg(10^{7.7} + 10^8 + 10^{7.4}) \text{ dB} = 82.5 \text{ dB}$$

③ 水平振动级

$$L_{ac} = 10\lg(10^{8.3} + 10^{7.1} + 10^{6.5}) \text{ dB} = 83.3 \text{ dB}$$

（2）振动烈度　振动速度也常被用来作为衡量标准评定机械振动程度。美国和加拿大以速度的峰值来表示机器的振动特征。欧洲国家和我国多采用速度的有效值来衡量机器的振动。机械振动多为简谐振动，振动速度的峰值和有效值之间存在着简单的关系，即

$$v_{\max} = \sqrt{2} v_e = 2\pi f A \text{ mm/s}$$

式中　$v_{\max}$ 为振动速度的峰值，mm/s；v_e 为振动速度的有效值，mm/s；f 为频率，Hz；A 为振幅，mm。

国际标准化组织颁布了一种专门的量值——振动烈度作为评价机械振动的指标（见表 8-14）。遵照 ISO 的规定，按振动烈度 v_m 的大小来划分振动等级。从人体开始感觉得到的振动有效加速度 0.112 mm/s 开始，每增 1.6 倍（4 dB）为一个数量级，相当于振动响应的一个重要变化。为了便于实用，且不致过分复杂，再将它们归并成四个等级，每级相当于两个数量级的烈度范围。各个等级的含义如下：

A 级——不会使机械设备的正常运转发生危险的振级，通常标作"良好"；

B 级——可验收的、允许的振级，通常标作"许可"；

C 级——振级是允许的，但有问题，不满意，应设法降低，通常标作"可容忍"；

D 级——振级太大，不能允许，机器不能运转，通常标作"不允许"。

表 8-14　推荐的机械设备的振动标准

(振动速度级的基准取为 $v_{0(eff)} = 10^{-6}$ cm/s)

分级范围	振动烈度 v_m /mm·s⁻¹	$20\lg \dfrac{v_m}{v_{0(eff)}}$/dB	I	II	III	IV	V	VI	VII
0.11	0.071~0.112	81							
0.18	0.112~0.18	85	A						
0.28	0.18~0.28	89		A					
0.45	0.28~0.45	93			A				
0.71	0.45~0.71	97				A	A		
1.12	0.71~1.12	101	B					A	A
1.8	1.12~1.8	105		B					
2.8	1.8~2.8	109	C		B				
4.5	2.8~4.5	113		C		B			
7.1	4.5~7.1	117	D		C		B		
11.2	7.1~11.2	121		D		C		B	
18	11.2~18	125			D		C		B
28	18~28	129				D		C	
45	28~45	133					D		C
71	45~71	137						D	
112	71~112	141							D

以振动速度的方根均值来表示机器的振动烈度。根据 ISO 建议,振动的测量在三个方向——垂直、纵向、横向三个方向上进行,在这三个方向上有许多分散的点。以三个方向上振动速度的有效值的方均根值表示机器的振动烈度为

$$v_m = \sqrt{\left[\frac{\sum v_x}{N_x}\right]^2 + \left[\frac{\sum v_y}{N_y}\right]^2 + \left[\frac{\sum v_z}{N_z}\right]^2} \quad (mm/s)$$

式中 $\sum v_x$、$\sum v_y$、$\sum v_z$ 为垂直、纵向、横向三个方向上各自振动速度的有效值之和(mm/s);N_x、N_y、N_z 为垂直、纵向、横向三个方向上的测点数目。

机械设备的类型大致分类如下。

I 类:在正常条件下与整机连成一体的电动机和机器零件(如 15 kW 以下的生产用电动机;中心高≤225 mm、转速≤1 800 r/min 或中心高>225 mm,转速≤2 500 r/min 的泵)。

II 类:没有专用基础的中等尺寸的机器(如输出功率为 15~75 kW 的电动机);

刚性固定在专用基础上的发动机和机器,300 kW 以下(如转速>4 500～12 000 r/min、中心高≤225 mm 或转速>1 800～4 500 r/min、中心高>225～550 mm 或转速>1 500～3 600 r/min、中心高>550 mm 的泵)。

Ⅲ类:安装在刚度非常大的(在测振方向上)、重的基础上,带有旋转质量的大型原动机和其他大型机器(如转速>1 800～4 500 r/min、中心高≤225 mm 或转速>1 000～1 800 r/min、中心高>225～550 mm 或转速>600～1 500 r/min、中心高>550 mm 的泵)。

Ⅳ类:安装在刚度非常小的(在测振方向上)、带有旋转质量的大型原动机和其他大型机器(如透平发电机组,特别是轻型透平发电机组;中心高>225～550 mm、转速>4 500～12 000 r/min 或中心高>550 mm、转速>3 600～12 000 r/min 的泵;对称平衡式压缩机)。

Ⅴ类:安装在刚度非常大的(在测振方向上)基础上带有不平衡惯性力的机器和机械驱动系统(如由往复运动造成,包括角度式、对置式压缩机;标定转速≤3 000 r/min、刚性支承的多缸柴油机)。

Ⅵ类:安装在刚度非常小的(在测振方向上)基础上、带有不平衡惯性力的机器和机械驱动系统(如立式、卧式压缩机;刚性支承、转速>3 000 r/min 或弹性支承、转速≤3 000 r/min 的多缸柴油机);具有松动耦合旋转质量的机器(如研磨机中的回转轴);具有可变的不平衡力矩、能自成系统地进行工作而不用连接件的机器(如离心机);加工厂中用的振动筛、动态疲劳试验机和振动台。

Ⅶ类:安装在弹性支承上、转速>3 000 r/min 的多缸柴油机;非固定式压缩机。

2) 振动的评价标准

人体对振动的感觉是:刚能感觉到振动,加速度值是 $0.003g$,令人有不愉快感的振动加速度值是 $0.05g$,令人有不可容忍感的振动加速度值是 $0.5g$。振动有垂直与水平之分,人体对垂直振动比对水平振动更敏感。

振动的评价标准可以用不同的物理量来表示,用得比较多的有加速度级和振动级。评价振动对人体的影响远比评价噪声对人体的影响复杂。振动强弱对人体的影响,大体上有四种情况:

(1) 振动的"感觉阈",人体刚能感觉到的振动,对人体无影响;

(2) 振动的"不舒服阈",这时振动会使人感到不舒服;

(3) 振动的"疲劳阈",它会使人感到疲劳,从而使工作效率降低,实际生活中以该阈值为标准,超过者被认为有振动污染;

(4) 振动的"危险阈",此时振动会使人们产生病变。

3) 振动的测量

环境工程中,测量振动利用振动计直接读数即可。振动计的频率范围取 1～80 Hz,通常采用加速度级作为标准。振动测点的选择十分重要,可参考 GB 10071—1988《城市区域环境振动测量方法》的规定。

8.3.4　液压系统的振动与噪声控制

实际调查发现,液压元件产生噪声和传递辐射噪声的情况是各不相同的,其排列次序如表 8-15 所示。

表 8-15　常用液压元件噪声特性比较

元件名称	液压泵	溢流阀	节流阀	换向阀	液压缸	滤油器	油箱	管路
产生噪声次序	1	2	3	4	5	6	7	5
传递辐射噪声次序	2	3	4	3	2	4	1	2

从表中可知,液压泵、溢流阀是主要噪声源,而油箱由于体积大,则是噪声的主要辐射体,管路、油箱等可能把液压泵、溢流阀等产生的噪声放大。所以,在噪声控制中,应从元件产生的噪声和由于装置振动产生的噪声两个方面加以考虑。实践证明,除降低元件本身的噪声外,如若能对整个液压装置采取适当的防振降噪措施,则对控制噪声更加有效。下面对各类液压元件和系统产生噪声的原因及防治办法,分别作简要叙述。

1. 液压泵的噪声及其控制

液压泵的结构形式很多,产生噪声的原因不尽相同,噪声等级也有很大差异。噪声相对比较低的有叶片泵、螺杆泵和内啮合齿轮泵等。柱塞泵和齿轮泵的噪声较大。其中柱塞泵常用于高压场合,应用范围广,噪声问题尤为突出,下面以此为例对液压泵的噪声控制进行介绍。

(1) 旋转零件机械振动引起的噪声　泵中旋转件不平衡、轴承精度差、传动轴安装误差过大、联轴器偏斜、运动副之间的摩擦等,均会造成振动,激发噪声。其中旋转件偏心所引起的噪声的频率等于泵转速的基频($n/60$)。如轴承的滚子数为 N,则泵内轴承噪声的频率为

$$f_N = \frac{Nn}{60} \ (\text{Hz}) \tag{8.5}$$

式中　n 为泵的转速 (r/min)。

为了降低泵的噪声,必须对回转件如主轴、斜盘等进行静、动平衡试验,试验时需要将所有与回转零件一起旋转的零部件如轴承等安装在一起试验,通过配重的方式最终达到静动态平衡的要求。

(2) 困油及压力冲击噪声　柱塞泵在工作中,缸内流体在配流过程中由低压向高压或由高压向低压转换过程中的压力冲击是柱塞泵产生噪声的主要原因。同时,在某一旋转角度范围内,缸体、柱塞及配流盘形成的密闭容积会变化,导致其中的油液的压力会急剧变化,而此时密闭容积与进、回油腔均不相通。当密闭容腔减小时,其中油液压力急剧上升;当密闭容腔增大时,将形成真空,导致气穴和气蚀的产生。

此即为困油现象。困油现象是使柱塞泵产生噪声的一个重要原因。

以端面配流轴向泵缸内压力转换过程为例进行说明。缸体内流体与配流盘高压腔接通时形成压力冲击波。由于压力剧烈变化，产生很大的压力超调，而且还有振荡过程。同样，在由高压向低压转换过程中，也产生一个类似的卸压冲击过程。这种升压和卸压冲击噪声的频率

$$f_V = \frac{2zn}{60} = \frac{zn}{30}\ (\text{Hz}) \tag{8.6}$$

式中　z 为柱塞数目(个)；n 为泵的转速(r/min)。

为了降低这种噪声，目前都在配流盘上开预充压和预卸压的阻尼槽，并使配流槽腰形对称中心线相对于斜盘转过一个角度 α(见图 8-12)。这样，缸内液体在与配流盘腰形槽接通时，压力冲击大大减小，从而降低了泵的噪声。

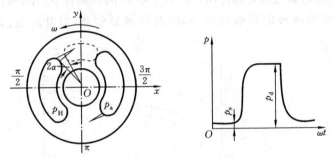

图 8-12　端面配流轴向泵缸内压力转换过程

在图 8-12 中，配流盘上预充压和预卸压阻尼槽的结构使泵的容积效率略有降低，但对降低泵的噪声却非常有效，因此已被广泛地采用。阻尼槽的尺寸与缸的容积、柱塞的行程和泵的工作压力有关，配流盘预压缩的转角 α 一般为 $3°\sim9°$，过大的转角会影响配流盘腰形槽的通油面积。上述阻尼槽尺寸和转角 α 的大小应通过试验确定。

(3) 气蚀激发的噪声　当泵的吸入管道及流道上的阻力损失太大时，在吸入区缸内介质中溶解的气体将逸出，形成大量气泡。如果缸内压力进一步降低到低于工作介质的汽化压力时，就要产生更多的蒸气泡。当缸孔与配流盘的高压腔接通时，气泡破裂，引起激烈的冲击、振动和噪声。

另外还应注意到，缸孔在吸油过程中，柱塞运动速度和吸油过流面积是变化的。在 $\varphi=3\pi/2$ 处，柱塞运动速度最大，而在 $\varphi=2\pi$ 处，过流面积最小，在这两处最容易产生气蚀。

(4) 斜盘力矩正负交变激发的噪声　缸孔内液压力的突变会引起泵内力矩的突变。对斜盘式泵来说，泵内力矩包括缸体所受的倾覆力矩及斜盘力矩。设斜盘由于液压力引起的力矩为 M，液压力对 x 轴的力矩 M_x 就是使缸体绕 x 轴转动的倾覆力

矩,两者的变化规律相同。在奇数柱塞的情况下,位于高压区的柱塞数在不断变化。由于间隙的存在,斜盘的变量部件在承受交变的力矩或力后,必将产生机械碰撞而激发噪声。在此过程中,力矩的变化率取决于缸孔内压力的变化率。通过结构措施可以使 M 变化平缓,并且使其变化不过零。这样,虽然斜盘仍然承受脉动力矩,但其方向不变,就可以避免变量部件的机械碰撞,从而降低噪声。理论分析表明,泵内部力矩对噪声的影响最大,而流量脉动影响很小,因此,应该着重对泵的力矩进行控制。

(5)工况参数对泵噪声的影响　图 8-13 所示为不同工况下泵的噪声级与工况参数的关系,可以看出,转速 n 对噪声 L_p 的影响最大,输出压力 p_d 次之,斜盘倾角 β 最小。其原因在于:n 增大,扰动源频率增高,噪声频率向高频部分转移,A 声级明显增大;而压力 p_d 对力和力矩的影响则主要表现在扰动幅值上,作用稍小一些;β 变化的影响主要是通过斜盘力矩起作用,然而,β 对 M 的影响比 p_d 小,所以,β 的影响最小。p_d、n 对泵噪声级的影响规律,不仅对柱塞泵如此,对叶片泵、齿轮泵也是相同的。

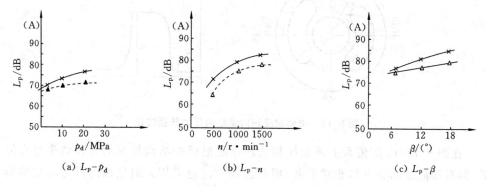

图 8-13　泵的噪声级与工况参数的关系

×—阻尼槽为节流孔型　△—阻尼槽为三角槽型

2. 液压控制阀的噪声及其控制

液压控制阀的噪声是液压系统噪声的主要来源之一,其诱因主要有以下几个方面。

1)阀芯振动或颤振噪声

为了控制压力(压力差)或使阀芯复位,液压控制阀的阀芯上均作用有弹簧力,这种阀芯-弹簧结构,是一个易振动体,其工作过程即为一个振荡过程。这种结构自身存在一个固有频率,因此当系统的油源存在周期性的流量脉动,且脉动频率与阀的固有频率相近或成整数倍时,阀芯将出现颤振,产生噪声。对于溢流阀,其颤振噪声主要是由导阀的不稳定引起的。导阀正常工作时,由于通过它的流量很小,所以在高压下,阀口开度很小时,流量很不稳定,稍有外界干扰就会产生振动。再加上导阀的导向性差、质量轻和阻尼小等原因,导阀很容易振动而不能稳定工作,从而发生高频的颤振噪声。对于高压阀(压力大于 21 MPa),颤振引起的啸叫声是必须注意解决的一个严重问题。为此,可选用瞬时理论流量均匀的泵作为油源,或者通过改变弹簧刚度以改变固有频率,或者设置液压阻尼削弱其影响。

2) 气穴噪声

当节流口前后压差较小时,其噪声仅为不大的流速声。但压差过大,阀口液流速度过高时,节流口出口流场中的局部压力可能低于油液中空气的分离压,使溶解于油液中的空气分离出来,或者局部压力低于油液的饱和蒸气压,使油液汽化。两种情况都会使油液中产生气泡,这些气泡随液流到压力较高处后会被瞬时压破,产生噪声,这类噪声称为气蚀噪声。为了改善这种状况,可采取的措施有以下三条。

(1) 合理选定控制阀节流口前后的工作压差 该压差一般取 $\Delta p = (0.3 \sim 0.5)$ MPa。还可采用多级节流形式以降低每一级的工作压差。由于在定量泵快进转工进但尚未碰到负载时,节流阀前后的压差很大,因此应尽量缩短这一转换时间。若负载变化很大,则不宜采用节流调速。

(2) 合理设置背压 溢流阀的调定压力与背压大小决定了该阀的前后压差。试验证明,在一定范围之内溢流阀的噪声随着其压差与流量的增加而增大。当溢流阀的调定压力与流量一定的情况下,溢流阀的噪声将随着背压的增加而变化。图 8-14 所示为背压对一个 30°阀芯与 60°阀座配对形成的锥阀口噪声特性曲线,其中阀口的进口压力保持为 3 MPa,p_2 为出口压力。声级计放在离装置 0.7 m 处,与装置在同一水平面。从图上可以看出在背压为 0.4~0.6 MPa 时,气穴噪声达到最大值,背压低于 0.4 MPa,噪声逐渐减小。气穴噪声主要是由于阀口下游侧高压区气泡的破灭造成的,噪声的大小取决于破灭的气泡数、气泡的大小和破坏的速度。在气穴初生阶段,发生的气泡数少,因背压 p_2 较高,所以气泡直径小,噪声也小。随着 p_2 下降,阀口两端压差增大,气泡数量增加,气泡的尺寸增大,气泡破灭的速度也加快,故噪声也增大。如果 p_2 再下降,虽然气泡的数量和尺寸增大,但因为背压低,气泡的破灭速度变得缓慢,同时气泡容易随着流体流回到油箱,因而噪声反而下降。为了减小控制阀的噪声,应合理选择背压,避免其落在 0.4~0.6 MPa 之内。

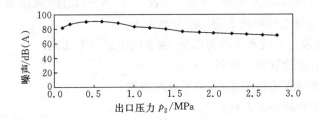

图 8-14 背压对气穴噪声的影响

(3) 在系统高处设置排气装置,排除阀内的空气。

3) 冲击噪声

换向阀快速换向时,油路的压力会急剧上升,以至于产生冲击噪声。若突然换向,使执行元件所产生的加速度 a 较大($a \geqslant 0.3g$)时,还会产生冲击振动噪声。为了降低冲击压噪声,常见的措施有:

(1) 在换向阀阀芯上设置锥面或三角槽,使阀口通流截面缓变;

(2) 选用直流电磁铁延长换向阀的换向时间;

(3) 采用电液比例换向阀,并通过调节阻尼器延缓主阀换向时间,或者将先导控制压力调至主阀芯换向所需的最低压力;

(4) 在液压缸中设置缓冲机构,以缓和撞击力。

4) 高速喷射涡流声

溢流阀工作时,高压大流量的油液经阀口高速泄压回油箱,此时全部压力能转化为动能和热能。由于液流的高速喷射造成流速极不均匀的涡流,或者由于液流被剪切而产生噪声。

3. 液压系统的噪声及其控制

液压系统的噪声控制,主要从以下三个方面着手:一是尽量选用低噪声液压元件;二是控制液压系统噪声源的噪声;三是控制噪声外传的途径。下面从系统设计、使用、维修的角度,介绍控制液压系统噪声的具体措施。

1) 防止气穴噪声

(1) 为防止空气侵入系统,主要采取以下四项措施:

① 使液压元件和管接头密封良好;

② 使液压泵的吸油和回油末端处于油位下限以下;

③ 减少液压油中的固体杂质颗粒,因为这些颗粒表面往往附有一层薄的空气;

④ 避免液压油与空气的直接接触而增加空气在油液中的溶解量。

(2) 排除已混入系统的空气,应采取的措施是:

① 油箱设计要合理,使油在油箱中有足够的分离气泡的时间;

② 液压泵的吸油和回油口之间要有足够距离,或者在两者之间设置隔板;

③ 在系统的最高部位设置排气阀,以便排出积存于油液中的空气;

④ 在油箱内倾斜(与水平成 30°角)放置一个 60~80 目(最佳为 60 目)的消泡网,这样能十分有效地使油液中的气泡分离出来。

(3) 为防止液压系统产生局部低压,主要应注意以下几点:

① 液压泵的吸油管要短而粗;

② 吸油滤油器阻力损失要小,并要及时清洗;

③ 液压泵的转速不应太高;

④ 液压控制阀及孔口等的进、出口压差不能太大(进出口压力比一般不要大于 3.5)。

2) 防止压力脉动噪声

压力脉动是流量脉动在遇到系统阻抗后产生的,是液压系统噪声的一个重要来源。减小压力脉动可以从两个方面着手:一是合理设计泵的结构及其参数,从而提高排出流量的均匀性;二是从负载方面采取措施以降低压力脉动,包括减小系统的输入阻抗,亦即减小泵的负载阻抗、增加对压力脉动的衰减和吸收等。

　　液压消声器就是采用空气消声器的原理,针对液压系统工作媒介的物理特性而设计的消声装置。它实质上是用来衰减和吸收液压脉动的,因此又称为液压衰减器或液压滤波器。消声器主要分为阻性和抗性两大类。阻性液压消声器借助装置在管壁上的吸声材料或吸声结构的吸声作用,使沿管道传播的噪声随距离衰减,它的作用类似于电路中的电阻。阻性液压消声器由于结构复杂、压力损失大、寿命短,在液压系统中较少使用。而结构简单、压力损失小、寿命长的抗性液压消声器则得到了广泛的应用。抗性消声器并不直接吸收声能,其中工程消声器是借助旁接共振腔而吸收脉动的,而扩展式消声器是借助于管道截面的突然扩展而消振的。

　　简单实用的抗性液压消声器是具有液感、液阻、液容作用的共振消声器(又称亥姆霍兹共振器),如图 8-15 所示,通常安装在靠近液压泵出口附近,对降低由于压力脉动而引起的液压噪声有很好的效果。

　　共振消声器一般需根据系统情况自行设计,设计时应注意消声器的容腔容积 V、消声器颈长 L_0 及消声器至泵的距离(管长)L 均不宜过大,否则起不到消声作用,甚至可能起相反作用。

　　消声器容腔一般设计成圆柱形,容腔的长径比一般不要过大,可在 1∶1 到 1∶5 之间选取。共振消声器除了采用上述旁式形式外,也常采用缓冲瓶式安装、同心管式。另外,为了提高消声效果,还常采用多孔或多室共振消声器等。

　　3) 防止管道系统产生共振噪声

　　管道是连接液压元件、传送工作介质及功率的通道,也是传递振动与噪声的桥梁。管道没有振动,但由于其缺乏阻尼,即使很小的激发扰动也能导致强烈的振动和噪声。诱发管道产生振动和噪声的主要原因是管道内液流压力的波动。由此出发,一方面需要采取措施,尽量减少流量及压力脉动,另一方面,对于管道系统的设计和施工,可考虑采取下列措施。

　　(1) 合理设计管路,使管长尽量避开发生共振的管长。

　　(2) 采用闭端管路(盲管)　如图 8-16 所示,在主管路的适当地方,旁接一闭端支管,如果支管路的输入阻抗为零,则全部脉动将由支管引走,从而在主管路内可获

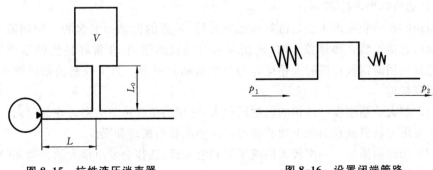

图 8-15　抗性液压消声器　　　　　　　　图 8-16　设置闭端管路

得平稳的液流而消振。

（3）在管路振源附近安装蓄能器　蓄能器一般用来吸收液压冲击和压力脉动等。在液压系统中振源附近安装的蓄能器可以视为一个充气的闭端支路，因此，为了使蓄能器具有较好的消声效果，应使蓄能器的输入阻抗为零，也就是说蓄能器的充气长度应符合条件。

（4）管道的固定　一般在管路中配置一定数量的管夹可以防止管路的振动，管夹中增填防振、吸振材料效果就更佳。但是管夹固定部位不是随意而定的，应该避开共振管长。所以在管路共振计算中应首先了解液压系统的脉动源频率 f，这里通常可认为是液压泵的压力脉动频率，然后把管路的固有频率 f_n 控制在 $(1/3 \sim 2)f$ 以外，并通过管夹的固定或支承以调节配置管路本身的固有振动频率。管路的固有频率可根据相关公式计算。

4）防止液压冲击噪声

在液压系统中，由于某种原因，如管道内液流速度突变、运动部件制动等，液体压力在一瞬间会突然升高，产生很高的压力峰值，这种现象称为液压冲击。液压冲击的压力峰值往往比正常压力高好几倍，且常伴有巨大的振动和噪声。减小或防止液压冲击噪声的措施如下。

（1）减小管道内液流的流速。

（2）使直接冲击改变为间接冲击，可通过减慢阀的调节速度和减小冲击波传递距离等措施来实现。

（3）在容易发生液压冲击的部位采用橡胶软管或设置蓄能器，以吸收冲击压力，也可以在这些部位安装安全阀，以限制压力升高。

（4）正确设计控制阀口或设置制动装置，使运动部件制动时，速度变化比较均匀。

（5）当采用天然水或高水基介质作为液压系统工作介质时，由于水的密度比矿物油大，水中的声速比矿物油中高，在同等条件下，在水压系统中发生水击时所产生的压力要比油压系统中的高，因此，对于水压系统和元件，更要注意采取措施，防止水击所造成的危害。

5）油箱的噪声控制

油箱的振动和噪声主要是由其他液压元件、装置的振动而引起的。例如液压泵和电动机直接安装在油箱盖上时，液压泵和电动机的振动，非常容易使油箱产生共振。尤其是用薄钢板焊接的油箱更容易产生振动和噪声。为了控制油箱的噪声，可采取下列措施。

（1）加大油箱刚度　油箱的辐射面积大，它相当于噪声放大器。在油箱内、外表面上喷涂阻尼材料或在油箱上加肋都可以减小油箱的振动和噪声。

（2）加设隔振板　功率较大的液压泵和电动机，往往会发出很大的振动和噪声，并激发油箱振动。特别是液压泵、电动机直接安装在油箱盖上时，必然诱发油箱发出很大的噪声。为此,可在液压泵及电动机与基座或箱盖之间放置厚橡胶板等作隔振板。隔振板的固有频率要与泵及电动机的回转频率远远地错开,以防发生共振。

另外,还必须注意管道的隔振,否则会通过管道把泵和电动机的振动传到油箱上。

6) 控制振动及噪声的对外传播——隔振和隔声

若采用上述防止、降低液压系统噪声的措施后,仍达不到预期的效果,可以考虑对系统的整体或局部采用隔振、隔声、吸声措施。这是降低现有设备噪声的一种方法,特别是当液压泵或泵站的噪声较高时,在现场可作为一种应急办法加以采用。

(1) 液压装置的隔振　根据振源的不同,隔振可以分为主动隔振与被动隔振两类。对于本身是振源的机器或设备,为了减小它对周围设备或仪器的影响,把它与地基隔离开,这种隔振方法称为主动隔振或积极隔振。对于不允许振动的设备或仪器,为了减小振源对它的影响,需将它与振源隔离开,如支承运动引起的强迫振动,振源来自于支承基础。采取隔振措施减小基础振动对系统的影响,这种隔振方法称为被动隔振或消极隔振。这两种隔振的原理相似,采用的方法也基本相同。

按隔振器的结构和材料不同,隔振器一般可分为三类:金属弹簧或橡胶隔振器;弹塑性支承;弹性垫。在制定或改造一个设计方案时,总是要保证所研究的机器和驱动它的机组安装在一个共同的基础上。设计隔振器的目的是用来保护机器,使它受到最低干扰频率时不损坏。这就要求所设计的系统的固有频率低于可能出现的最低干扰频率的三分之一,从而使振动传递率 T(通过弹性支承传递到基础上的力振幅与扰动力振幅的比值)在 0.2 以下,这样,在干扰频率增大时就可以更好地隔振。

金属弹簧隔振器是工业中常用的隔振器之一。它的优点是固有振动频率低(低频隔振好),可以承受较大负载,耐高温、油污,便于更换,大量生产时一致性好。其缺点是几乎没有阻尼(钢弹簧阻尼一般为 0.05),对高频振动无隔振作用,使用时很难保证不摆动。

为了克服上述缺点,可采用将弹簧与橡胶阻尼器并联的办法。例如,目前国内生产的阻尼弹簧隔振器,具有钢弹簧阻尼器的低频率和橡胶隔振器的大阻尼双重优点,因此能消除钢弹簧隔振器所存在的共振时振幅激增现象和解决橡胶隔振器固有频率较高、应用范围狭窄等问题。有的采用由金属与橡胶复合制成,金属表面全部包覆橡胶的橡胶隔振器,它具有阻尼比适宜、固有频率低等优点。

(2) 液压装置的隔声　隔声法主要是在被隔声的对象上罩上隔声罩。隔声是根据惯性原理的一种降低噪声的方法。例如对某一物体施加一力(如噪声的声压力),则物体(视为隔声材料)的质量越大,它就越难被加速。由此可知,铅是理想的隔振材料,但是太昂贵。在液压装置中,一般对液压泵加隔声罩,或者对油箱加隔声罩,或者对包括液压泵及油箱在内的整个液压站加隔声罩。对隔声罩有如下要求。

① 隔声罩的材料应当有较强的隔声能力　结构材料的隔声能力与其质量大小成正比。因此,具有相同隔声能力的木板要比铅板、钢板厚得多。为此,有的在隔声

板中间夹上铅箔或涂上重晶石之类的大密度材料,以提高其隔声质量。

② 隔声罩内表面应有较好的吸声能力　吸声材料对波动的空气是一种有效的阻尼材料,它能把一部分声能转化为热能。通常使用纤维、塑料等多孔材料作为吸声材料。多孔吸声材料对中高频的吸声系数较高。吸声材料的厚度一般应取消声频率的四分之一。

③ 隔声罩应当有足够的阻尼,这样才可能有效地阻止共振。

根据上述要求,有的吸声罩在两层薄铝板(厚为 0.4 mm 左右)间充吸声材料,也有的在铅板的两面涂上阻尼材料。对于由薄金属板构成的一些设备壳体或管道,如车、船、飞机的外壳,隔声罩和机械的壁面等,在设备运行时,这些壳体或管道的振动容易向周围辐射噪声。如在它们的表面涂覆一层阻尼材料,能够减弱由于金属壁面振动而辐射的噪声,正好比用手捂住铜锣的锣面,敲打铜锣的声音就会低很多。

思考题及习题

8-1　液压控制系统油源有哪几种形式,各有什么特点?

8-2　液压介质中的污染物有哪几种类型? 它们有何危害?

8-3　过滤器在液压系统中可能有哪几种安装位置? 各有何特点? 其过滤器的精度如何选择?

8-4　简述常用的两种油液污染度等级标准的主要内容及其相互关系。

8-5　影响液压元件污染敏感度的主要因素是什么? 怎样才能降低元件的污染敏感度?

8-6　液压油液被污染的途径有哪些? 如何才能有效地控制油液的污染?

8-7　液压元件和系统的清洗有哪些要点?

8-8　如何合理选择过滤器的过滤精度?

8-9　液压系统的噪声主要有哪几种类型?

8-10　液压阀的噪声来源有哪些? 如何控制?

8-11　液压消声器有哪几种类型?

8-12　气穴噪声是如何产生的? 有何危害?

8-13　评价振动有哪些指标?

8-14　防止液压系统压力脉动噪声有哪些措施?

8-15　在对液压系统进行隔振设计时如何选择隔振器?

第9章

电液控制新技术

液压技术是现代机械工程的基本技术,也是现代控制工程的基本技术要素。由于其本身独特的技术优势,使得它在现代农业、制造业、能源工程、化学与生化工程、交通运输与物流工程、采矿与冶金工程、油气探采及加工、建筑及公共工程、水利与环保工程、航天及海洋工程、生物与医学工程、科学实验装置、军事国防工程等领域获得了广泛的应用,成为农业、工业、国防和科学技术现代化进程中不可替代的一项重要的基础技术。同时也应看到液压技术存在的问题,如:电液控制系统(特别是伺服系统)的效率偏低;传统的液压系统以矿物油作为工作介质,泄漏后污染环境,而且随着地球上石油资源逐渐枯竭,其价格也越来越昂贵等。

从事液压技术研究的学者、工程师们也已经意识到这些问题,液压技术在汲取相关技术领域,如电子、材料、工艺等领域的研究成果方面不断创新,使液压元件在功能、功率密度、控制精度、可靠性、寿命方面都有了几倍、十几倍乃至几十倍的改进与提高,同时制造成本则显著降低。特别是随着人们对环境和资源的日益重视,高效、安全、节能、环保成为液压技术发展的重要主题。本章对目前液压技术领域几个比较热门的研究方向进行介绍,以期引起读者进一步了解和研究液压技术的兴趣。

9.1　整体闭环式电液控制元件

随着机械控制精度、自动化程度、响应速度和传动效率的提高,对液压控制技术提出了越来越高的要求。虽然液压传动在响应速度、安全性和功率密度方面具有其他传动无可比拟的优点,但是在远距离控制、可控性等方面远不如电气传动。仅用液压控制技术已不能满足机械装备所提出的上述要求。因此,采用电子技术与液压控制技术相结合的方法,用电子技术强化液压控制技术已成为必然趋势。

在电子技术与液压控制技术相结合的过程中,一般电气元件用于将电信号转化为机械信号,根据反馈方式,可以分为局部反馈和整体闭环反馈。在开环控制或局部闭环控制系统中,对放大器的零漂、机电转换装置的磁滞及先导调节阀的摩擦所造成的滞环误差、非线性误差及漂移误差等均不能抑制,限制了控制精度的进一步提高。

采用整体闭环控制方式的电液元件可望在控制精度和响应特性方面得到进一步改善,其基本原理如图 9-1 所示。可以看出,几乎所有环节均被闭环所包围,因此各种干扰、漂移均得到有效的抑制,可望达到更高的控制精度和响应速度。

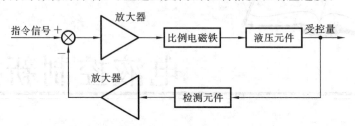

图 9-1　整体闭环式电液控制元件方块图

　　机电一体化的液压泵是最复杂的整体闭环式电液控制元件,在变量泵的基础上,集成控制阀、传感器、数字电路等,使变量泵的使用更加方便,操作更加简单。这类泵能够接收数字量的控制信号,以改变液压泵的输出参数,实现对液压系统的控制和调整,也被称为数字液压泵。

　　早在 1981 年,日本制钢所就展出了一台比例变量泵,其上采用了 CPU(中央处理器)、压力传感器、比例溢流阀、变量活塞行程检测装置,通过将压力、流量、电动机功率三种信号反馈给 CPU,使泵的输出可实现比例流量、恒压、恒功率三种控制形式。其后,国际上各大液压公司如 Bosch、Atos、Moog 等均相继开发了类似产品。图 9-2 所示为博世力士乐公司开发的 SYDEFC 型闭环控制液压泵,该泵在 A10VSO 轴向柱塞泵基础上集成了高频响比例阀、斜盘倾角传感器、压力传感器、调压阀和数字控制电路,用高频响比例阀对泵的变量机构进行位置闭环控制。

　　SYDEFC 型闭环控制泵的数字控制电路中还集成了比例控制阀的模拟位置控制

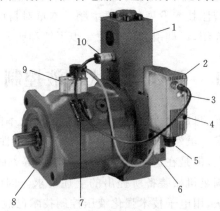

图 9-2　SYDEFC 型闭环控制液压泵

1—预压阀 SYDZ0001　2—X2:压力传感器(HM16)与 RS232 接口　3—地址开关　4—X3:CAN 总线接口
5—X1:总接口　6—VT-DFPC 阀(集成数字电路)　7—SYDFEC 泵系统铭牌　8—泵 A16VSO(公称型号 71)
9—斜盘倾角传感器 VT-SWA　10—压力传感器(HM16)

器、数字斜盘倾角控制器、数字压力控制器和数字功率控制器,具有参数设定、功率限制和泄漏补偿等功能,如图 9-3 所示。与此同时,该泵还能对压力传感器的漂移、阀的零点、斜盘倾角的零位和增益及泄漏补偿进行自动校正,并能对油液工作温度、CAN 总线通信状态、控制误差、斜盘倾角和压力传感器电缆通断及供电电压进行监控。

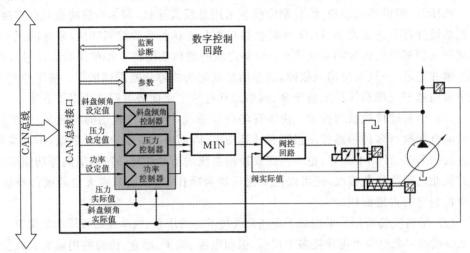

图 9-3　SYDEFC 型闭环控制液压泵的控制

　　该泵的控制性能如表 9-1 所示,其控制精度已达到甚至高于一般比例控制阀的控制精度。

表 9-1　SYDEFC 型闭环控制泵技术指标

指　　标	斜盘倾角控制	压力控制
线性度	≤1.0%	≤1.0%
热漂移	≤0.5%/10K	≤0.5%/10K
滞环	≤0.2%	≤0.2%
重复精度	≤0.2%	≤0.2%

　　此外,该泵可以通过 CAN 总线实现主从控制,如图 9-4 所示,在单一泵控制模式

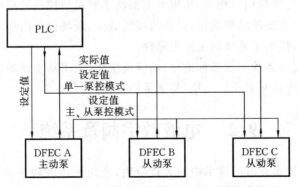

图 9-4　SYDEFC 型闭环控制泵主、从泵的构成原理

时,泵直接接收主机的控制信号;在主从控制模式下,主动泵接收主机的控制信号,然后将信号发送给从动泵,此时,主机不再直接发送命令给从动泵。一个系统可以由多个主、从泵组合构成,主、从泵的划分没有严格规定,即一个组合中可以任意设定一台泵为主动泵。

液压泵、阀设备功能单元,控制室仪表采用总线式连接,而非当前的点对点连接,控制站硬件将不再需要 A/D、D/A 转换接口而只需执行高级控制功能,系统的组态、调试和维护都将比传统的系统简单。设备之间的通信功能将工作单元的工作过程数据传输并记录,一旦系统出现故障,这些信息就能为故障诊断提供依据。液压控制系统中采用基于现场总线技术液压泵、阀单元具有的主要优势可归结为以下五项。

(1) 节省硬件数量与投资　由于现场总线系统中分散在现场的智能泵、阀工作单元能直接执行多种传感控制报警和计算功能,因而可减少变送器的数量,不再需要单独的调节器、计算单元等,也不再需要控制系统的信号调理、转换、隔离等功能单元及其彼此之间的复杂接线,还可以用工控机作为操作站,从而节省大量的硬件投资,减少控制室的占地面积。

(2) 节省安装费用　采用基于现场总线技术的液压泵、阀单元的接线非常简单,一对双绞线或一条电缆上可挂接多个设备,因而电缆、端子、槽盒、桥架的用量大大减少,接线设计与校对的工作量也大大减少。若要增加现场设备,不需增设新的电缆,只需就近并行挂接在原有电缆上即可,既可节省投资,也可减少设计安装的工作量。

(3) 节省维护费用　由于基于现场总线技术的液压泵、阀单元具有自诊断与简单故障处理能力,并可通过数字通信将相关的诊断维护信息传送到控制室,用户可以查阅到所有设备的运行诊断维护信息,以便早期分析故障原因并快速排除故障,缩短了维护停工时间。同时由于系统结构的简化,接线的简单也减少了维护的工作量。

(4) 用户具有系统集成的主动权　用户可以选择不同厂商提供的设备来集成系统,避免因选择了某一品牌的产品而被限制了使用设备的选择范围,不会在系统集成中出现因协议、接口而带来的不兼容,使系统集成过程中的主动性始终掌握在用户手中。

(5) 提高了系统的准确性与可靠性　由于基于现场总线技术液压泵、阀单元的智能化、数字化,与模拟信号相比,从根本上提高了测量与控制的精确度,减少了传送误差。同时,由于系统的结构简化,设备与接线减少,现场设备内部功能加强,减少了信号的往返传输,提供了系统的工作可靠性。

此外,由于现场总线的设备标准化、功能模块化,采用基于现场总线技术液压泵、阀单元组成的系统还具有设计简单、易于重构等优点。

9.2　电液数字阀及系统

随着计算机技术在液压技术中的大量应用,液压元件的数字化成为一种必然趋势。目前可实现数字化的液压元件有液压泵、液压缸、液压阀及各种液压测试装置等,而实际上大多数液压泵和液压缸的数字化也主要通过内置各种数字式的液压阀来实现。因此液压阀的数字化是液压技术数字化的关键。

　　数字液压技术按照数字技术实现的方式,可分为间接式数字液压技术和直接式数字液压技术。间接式数字液压技术是指采用传统的液压比例阀或伺服阀等模拟信号控制元件,通过数字量和模拟量转换(D/A)接口,把数字控制信号转换成模拟控制信号,从而实现比例阀或伺服阀等控制元件动作的控制方式。间接式数字液压阀由于控制器中存在着模拟电路,容易产生温漂和零漂,这不仅使得系统易受温度变化的影响,同时,也使得控制器对阀本身的非线性因素,如死区、滞环等难以实现彻底补偿;增加了 D/A 接口电路,就增加了成本和故障发生几率;用于驱动比例阀和伺服阀的比例电磁铁和力矩马达存在固有的磁滞现象,导致阀的外控特性表现出 2%~8% 滞环,采用阀芯位置检测和反馈等闭环控制的方法可以基本消除比例阀的滞环,但会使阀的造价大大增加;由结构特点所决定,比例电磁铁的磁路一般只能由整体式磁性材料构成,在高频信号作用下,由铁损而引起的温升较为严重。

　　不需要数字量和模拟量转换接口,用数字信号直接控制的液压阀,称为电液数字控制液压阀,简称电液数字阀。国外从 20 世纪 70 年代后期开始研制,20 世纪 80 年代初日本推出系列产品,随即在机床、成型机械、试验机、工程机械、汽车、冶金机械等中得到广泛应用。此后德国、美国、瑞典等国也相继有此类产品问世。在 20 世纪 80 年代中、后期,国内也相继开展了电液数字阀的研究。与模拟控制的液压阀相比,数字阀具有如下特点:

　　(1) 不需要 D/A 转换,直接与计算机接口,可实现灵活、可靠的程序控制;

　　(2) 输出量能准确、可靠地由脉冲频率或宽度调节控制,开环控制精度高;

　　(3) 重复精度高,线性度好,滞环小;

　　(4) 抗干扰能力强,工作稳定可靠;

　　(5) 结构简单,价格低廉,工艺性好,功耗小。

　　现有的电液数字阀主要有组合式数字阀、步进式数字阀、高速开关阀三种类型。

9.2.1　电液数字阀的典型结构、工作原理及特点

1. 组合式数字阀

　　组合式数字阀为一个由普通电磁换向阀和压力阀或流量阀组成的阀组,利用计算机编码的二进制电压信号来实现不同的通断组合,从而对液压执行机构实现数字化的控制。

　　图 9-5 所示为一个组合式数字流量控制系统。该系统中的数字流量控制阀组由四个普通的节流阀和四个电磁开关阀组成,四个开关阀分别与四个节流阀串联,形成四个并联支路,然后串联在液压油源和执行元件之间,四个节流阀的额定流量分别为 q、$2q$、$4q$、$8q$。当以不同的编码方式控制四个电磁线圈的通电和断电时,四个节流阀以不同的组合方式工作,系统能够输出一个连续变化的流量。

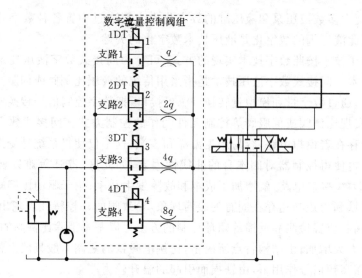

图 9-5　组合式数字流量控制系统

　　如果一个流量控制阀组由 n 个不同等级的流量控制阀组成,各个阀的调节流量成倍递增,则该阀组能够达到的最大调节流量是阀组中最小调节流量的 2^n-1 倍,阀组流量调节误差为最小调节流量。对于上述由四个支路组成的阀组式数字流量控制系统,$n=4$,因此最大流量为 $15q$,流量调节误差为 q。

　　类似地,如果一个数字式压力控制阀组由 n 个不同等级的溢流阀组成,各个阀的调定压力成倍递增,则该阀组能够达到的最大调定压力是阀组中最小调节压力的 2^n-1 倍。

　　综上可知,对于组合式数字阀,设它们有 n 级,每级都按二进制数编码,则可以得到 n^2 级的输出。输出量与编码信号的关系式为

$$Y = y\sum_{i}^{n}D_i 2^{i-1} \tag{9.1}$$

式中　Y 为输出量;y 为单位输出量(第一级的输出量);n 为级数;D_i 为控制码的第 i 位的内容(取 0 或 1);i 为编码的第 i 位。

　　从控制角度看,编码控制是最简单和最容易实现的,只要产生一定字长的二进制码,经放大后可直接用于控制开关阀。二进制码的位数和开关阀的个数相同,受开关阀数目限制,编码控制是有级控制。组合式数字阀的特点是能接收由计算机编码的二进制信号;但其体积过大或机构复杂,从而妨碍了它的应用。

2. 步进式数字阀

　　步进式数字阀就是由步进电动机驱动的液压阀。步进电动机每得到一个经放大的计算机输出脉冲序列信号,便沿着控制信号给定的方向转动一个固定的步距角。步进电动机的转角通过凸轮或螺纹等机构,转变成直线位移,转角步数与输入脉冲数成比例,带动液压阀阀芯(或挡板)移动一定距离,阀口形成一定开度,从而得到与输

入脉冲数成比例的压力、流量值。

步进电动机是一种 D/A 转换型电/机转换器,接收电脉冲信号,输出脉冲型机械转角。在脉冲数字信号的基础上,使每个采样周期的步数在前一采样周期的步数上,增加或减少一些步数,而达到需要的幅值,如图 9-6 所示。

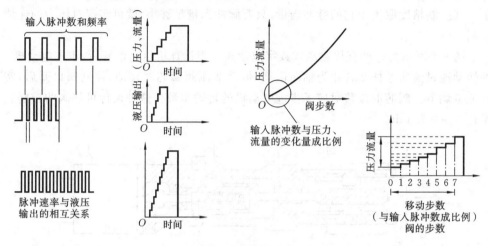

图 9-6　增量式数字控制

步进式数字阀的液压阀部分工作原理与电液伺服阀和比例阀类似,根据被控液压参量,分为数字压力阀、流量阀和方向流量阀。

步进式数字压力阀的结构与传统的压力阀相同,差别是用步进马达驱动的偏心轮机构取代了手调机构。直动式步进数字压力阀如图 9-7(a)所示。计算机发出脉冲信号,阀的驱动部分——步进电动机 1 带动凸轮 2 将步进电动机的旋转运动转变为

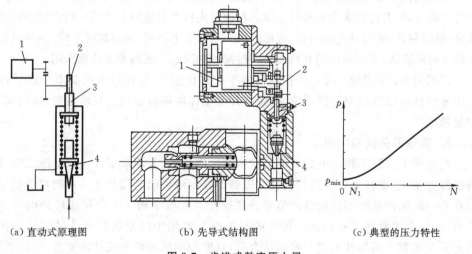

(a)直动式原理图　　　　(b)先导式结构图　　　　(c)典型的压力特性

图 9-7　步进式数字压力阀

1—步进电动机　2—凸轮　3—顶杆　4—针阀

顶杆 3 的上下往复运动,从而调节针阀 4 开口处的压力,弹簧压缩量由步进电动机通过凸轮、顶杆给定。阀上设置了调节手轮,可通过手轮调节与先导针阀并联的手调先导阀,对压力实现手动调节。阀的最高压力和最低压力取决于凸轮的导程和先导阀弹簧刚度。利用它与先导式压力阀组合可构成先导式步进数字阀,如图 9-7(b)所示。其控制精度取决于它的脉冲当量,只要脉冲当量足够小,就可实现对压力的连续控制。

图 9-8 所示为一种直接驱动式数字流量阀。当计算机给出信号后,步进电动机 1 的转动通过滚珠丝杠 2 转化为轴向位移,带动节流阀阀芯 3 移动,控制阀口开启,实现流量调节。阀芯的位移对应于步进电动机的转动步数。这种设计可使阀的控制流量达 3 600 L/min。

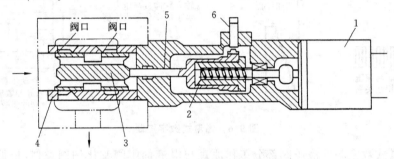

图 9-8　直接驱动式数字流量阀结构原理示意图
1—步进电动机　2—滚珠丝杠　3—节流阀阀芯　4—阀套　5—连杆　6—零位移传感器

这种阀的结构较紧凑,阀的液流流入方向为轴向,流出方向与轴线垂直,这样可抵消一部分阀开口流量引起的液动力。

该阀的阀口由相对运动的阀芯 3 和阀套 4 组成,阀套上有两个通流孔口。左边一个为全周开口,右边为非全周开口。阀芯移动时先打开右边的节流口,得到较小的控制流量;继续移动,则打开左边阀口,流量增大。当油温上升时,油的黏度下降,流量增加,连杆 5 的热膨胀,可引起阀的开口变小,维持流量的稳定,起到温度补偿作用。

该阀是开环控制的,阀上装有单独的零位移传感器 6,在每个控制周期终了,阀芯由零位移传感器控制回到零位,以保证每个工作周期有相同的起始位置,提高阀的重复精度。

3. 高速开关式数字阀

高速开关式数字阀由电磁式驱动器和液压阀组成,其驱动部件仍以电磁式电/机转换器为主,主要有力矩马达和各种电磁铁。控制液压阀的信号是一系列幅值相等,而在每一周期内宽度不同的脉冲信号。高速开关式数字阀是一个快速切换的开关,只有全开、全闭两种工作状态。传统的开关阀主要用于控制执行元件的运动方向。高速开关式数字阀与脉宽调节控制结合后,只要控制脉冲频率或脉冲宽度,此阀就能像其他数字流量阀一样对流量或压力进行连续的控制。

图 9-9 中,二位二通的高速开关阀在数字信号的作用下,有两种工作状态:开或关。以有效过流面积 $a_v(t)$ 作为开关阀的输出,对应的 PWM 输出信号是幅值为 $a_{PWM}(t)$ 和 0 的数字信号。

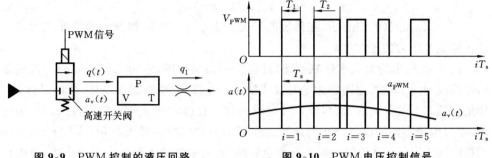

图 9-9　PWM 控制的液压回路　　　　　　图 9-10　PWM 电压控制信号

图 9-10 中 V_{PWM} 给出的是输入到高速开关阀的 PWM 电压控制信号,这是一种具有固定周期的脉冲信号,而在每一个周期内,处于高状态(控制指令电压)的作用时间,即脉冲宽度为 $\alpha_i T_s$,其中 $\alpha_i \leqslant 1, i = 1, 2, \cdots, m, m \in N$。$\alpha_i$ 称为第 i 个周期的脉宽调制比(或占空比),如图 9-10 所示,$\alpha_i = \dfrac{T_i}{T_s}$。

在一个周期内,高状态时,控制指令电压作用于图 9-9 中开关阀线圈上,使阀通路打开,有流量 q 通过,其余的时间内,无控制指令电压作用于线圈上,开关阀关闭,无流量通过。因此,一个周期内开关阀的平均流量 q_a 可表示为

$$q_a = C_d A \sqrt{\frac{2\Delta p}{\rho} \frac{T_i}{T_s}} \tag{9.2}$$

式中　C_d 为流量系数;A 为开关阀的过流截面积;Δp 为开关阀进、出口压差;ρ 为液压油密度。式(9.2)又可表示为

$$q_a = C_d A \sqrt{\frac{2\Delta p}{\rho} \alpha_i} \tag{9.3}$$

式(9.3)表明,经过开关阀的流量与脉宽调制的占空比成正比,占空比越大,经过开关阀的平均流量越大,执行元件运动速度越快。

在 PWM 信号作用下,阀输出也是 PWM 信号,由于在单位时间内(一个周期内)阀的开启时间由占空比 α_i 决定,因此,控制 α_i 的大小可以控制单位时间内流过阀的流量大小,即实现对流量的控制。可以将 PWM 控制的高速开关阀等效地看做一个可调节阀,占空比 α_i 的变化相当于节流阀过流截面积的变化,如图 9-11 所示。

由此可见,PWM 控制的基本原理是通过控制流过阀的流量的变化率来达到控制的目的,其实质就是将阀变成一个积分器。

图 9-11 中等效节流阀的作用面积可表示为

$$a_v(t) = \frac{1}{l} \int_0^t a_{PWM}(\xi) \mathrm{d}\xi \tag{9.4}$$

图 9-11　等效 PWM 控制回路

式中　$a_{PWM}(t)$ 为高速开关阀的输出。

等效的流量为

$$q(t) = f_p[a_v(t), p(t), t] \tag{9.5}$$

式(9.5)也可改写为

$$p(t) = f_q[a_v(t), q(t), t] \tag{9.6}$$

式(9.5)和式(9.6)表明,在传统的开关阀上引入 PWM 控制方式可实现对液压系统流量及压力的连续控制。

图 9-12 所示为盘式电磁铁-锥阀组合数字阀结构图,它为二位三通阀。对阀芯略作修改即为二位二通阀。通电时盘式铁芯 1 左移,带动阀芯 3 左移,断电时弹簧 2 作用在铁芯上使其向右复位,阀口开启或关闭。在恒定的采样周期内,控制开、关时间,即可得到不同的流量。此阀最高工作压力为 20 MPa,最大流量 13 L/min,最小切换时间 13 ms。这种阀的阀芯行程也较短,盘式电磁铁主要受表面力作用,电磁作用力较大,可达 120 N,配以适当刚度的弹簧可使阀芯动作很快,以达到脉宽控制的要求。近年来出现了利用双电磁铁分别驱动阀芯和阀套的结构,使阀芯和阀套产生相对运动,可进一步提高启闭速度。

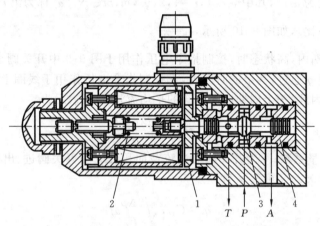

图 9-12　盘式电磁铁-锥阀组合的数字阀结构图

1—盘式电磁铁　2—弹簧　3—锥形阀芯　4—阀套

压电晶体-滑阀式数字阀采用压电晶体作为驱动装置,是一种新型结构。压电晶体是一种电致伸缩材料,由多片压电晶体叠合而成,通电时可产生约 0.02 mm 的变形,利用该变形可以带动阀芯运动。压电晶体式滑阀响应的频率非常快,可达 20～150 kHz,分辨率非常高,可达 5 μm/V,可获得极高的位移精度。在图 9-13 所示的压电晶体-滑阀式数字阀中,两侧设置有多层压电晶体的叠合元件 3,它们分别施加电压时,阀芯 1 便被驱动。压电晶体元件通过

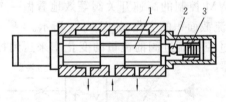

图 9-13　压电晶体-滑阀式数字阀

1—阀芯　2—钢球　3—叠合元件

钢球 2 与阀芯连接,位置的微调整和预压缩量的调整通过安装在两侧的测微计进行。

　　高速开关式数字阀的主要优点是:结构简单,成本低;对油液污染不敏感,工作可靠、维修方便;阀口压降小,功耗低;元件死区对控制性能影响小;抗干扰能力强;与计算机接口方便,控制程序容易编制。

　　主要缺点是:为得到高频开、关动作,电/机转换器和阀的行程都受到限制,因此这种阀的流量均不大,只能控制小流量,或者用作先导级来控制大流量。工作不连续,铁芯的撞击运动和液流的脉冲运动会产生较大噪声,瞬时流量和压力的脉动较大,影响元件和系统的使用寿命和控制精度。

9.2.2　电液数字阀控制系统

　　以柴油机为动力的动力机械以其显著的经济性和动力性广泛应用于各行业,但其缺陷也引起了人们的关注。对柴油机低油耗、高功率及降低排放、噪声、排烟等方面的要求日渐强烈,这已成为制约以柴油机为动力的动力机械发展的主要因素。柴油机高压共轨喷射系统正是顺应以上形势而出现的。

　　高压共轨电喷系统主要由高压供油泵、共轨管、电控喷油器、各种传感器和电控单元(ECU)组成,如图 9-14 所示。其工作过程是:高压油泵将低压燃油加压成高压燃油,并将高压燃油供入共轨之中。燃油压力通过调节供入共轨中的燃油量来控制。高压燃油由共轨分配到各个气缸的喷油器中,经喷油器内的喷油嘴将燃油喷入燃烧室内。其中,喷油量、喷油时刻和喷油压力都是 ECU 控制实现的。ECU 根据传感器

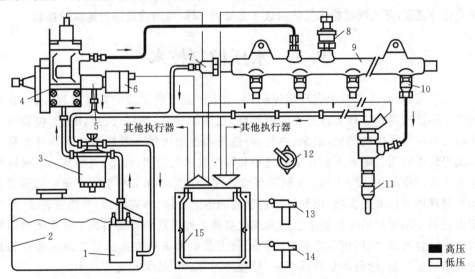

图 9-14　柴油机电控共轨系统图

1—粗滤器　2—油箱　3—燃油滤清器　4—高压泵　5—溢流阀　6—调压阀
7—限压阀　8—共轨压力传感器　9—共轨　10—油量控制器　11—喷油器
12—油门踏板　13—发动机转轴(曲轴)　14—发动机转轴(凸轮轴)

信号,通过查已存储的 MAP 图并进行相关计算后得到最佳控制参数,控制喷油器电磁阀和 PCV 阀的开闭,以此实现喷油控制,使柴油机运行状态达到最佳。

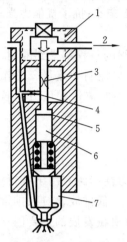

图 9-15　喷油控制器
1—高速电磁阀　2—漏油
3—出油节流孔　4—进油节流孔
5—控制室　6—液压活塞　7—喷油嘴

电控喷油器是共轨式燃油系统中最关键和最复杂的部件,它根据 ECU 发出的控制信号,将共轨内的高压燃油在最佳的喷油时刻,以最佳的喷油量和喷油率喷入柴油机的燃烧室中。喷油器的结构如图 9-15 所示,其主要零件是喷油嘴、控制喷油率的节流孔、液压活塞及高速电磁阀。高速电磁开关阀的通电时刻决定了喷油始点,通电时间决定了喷油量。这些基本喷油参数都由电子脉冲控制。当高速电磁开关阀开启时,控制腔内的高压燃油经出油节流孔流入低压腔中,控制室中的燃油压力降低,但是,喷油嘴压力腔的燃油压力仍是高压。压力室中的高压使针阀开启,向汽缸内喷射燃油。当高速电磁开关阀关闭时,共轨高压油经控制室的进油节流孔流入控制室,控制室的燃油压力升高,使针阀下降,喷油结束。高速电磁阀是喷油器中的关键器件之一,承担着燃油的喷射控制功能。它的快速开启和关闭特性,为实现最小油量喷射和预喷射提供了硬件保证。而且,高速电磁开关阀与脉宽调制 (PWM)控制技术结合后,只要控制脉冲频率或脉冲宽度,开关阀就能像其他的数字流量阀一样,可对流量进行连续的控制。

9.3　水压控制技术

近年来,随着人们对生态环境保护、安全生产及节约能源的日益重视,水压技术成为国际液压界和工程界普遍关注的热点,在诸如食品、饮料、医药、电子、包装等对环境污染要求严格的领域,冶金、热轧、铸造等高温明火场合及煤矿井下等易燃易爆环境得到了应用。随着人类社会的进步和科学技术的发展,环境、资源和人口问题越来越为人们所关注。ISO 14000 国际环境管理体系标准和 ISO 16000 国际劳动安全保护管理体系标准的实施,推动了绿色制造的迅速发展,节省能源、节约资源、注重环境保护和劳动保护的绿色制造已成为现代机械工程发展的首要目标。从全生命周期的角度综合考虑,水压传动的能源、资源、物力及财力消耗要远远低于油压传动和其他介质液压传动,绿色产品特征明显,是理想的"绿色"技术和安全技术。

目前,国内水压技术研究主要集中在"流体传动及控制"技术的"传动"领域,如能量转换元件(如水压泵、马达等)和普通控制元件(如压力阀和流量阀等)的研制开发,而对水压控制技术的研究则不多。国外普通水压元器件已商品化,很多机构在此基础上开展了水压控制技术的研究,并将其应用于移动机械、机器人等领域。

9.3.1　水压控制系统的特点

水介质（包括海水和淡水）与矿物油的理化性能有较大的差异（见表 9-2），这些差异会给水压控制系统的性能带来什么影响？下面以一个三位四通伺服阀控制对称缸的系统为例进行简要分析，以期读者对此有一个初步的了解。系统的主要结构尺寸如图 9-16 所示，其中 $A = 4.9 \times 10^{-4}$ m^2，$L_1 + L_2 = 1$ m，$V_L/2 = 2.5 \times 10^{-5}$ m^3，$M = 220$ kg。

表 9-2　几种液压介质的理化性能

项　　目	矿　物　油	水	海　水
密度（15 ℃时，g/cm^3）	0.87~0.9	1	1.025
运动黏度（50 ℃时，mm^2/s）	15~70	0.55	~0.6
蒸汽压（50 ℃时，kPa）	1.0×10^{-6}	12	12.2
体积弹性模量（N/m^2）	$1.4 \sim 2.1 \times 10^9$	2.1×10^9	2.13×10^9
热膨胀系数（40 ℃，1/℃）	7.2×10^{-4}	3.85×10^{-4}	4.08×10^{-4}
导热系数（20 ℃时，W/m·℃）	0.11~0.14	0.598	0.56
比热（20 ℃时，kJ/kg·℃）	1.89	4.18	4.0
声速（20 ℃时，m/s）	1300	1480	1522

流体特性对伺服系统性能的影响可以粗略地用一个如图 9-17 所示的线性模型来表征。系统采用了前置微分控制的控制策略。模型中没有包括伺服阀的动态特性对系统的影响。其中最重要的系统参数主要有固有频率 ω_h、阻尼系数 δ_h 及开环增益系数 K。接下来将对这些参数对系统特性的影响进行详细的研究分析。

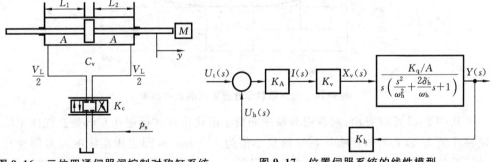

图 9-16　三位四通伺服阀控制对称缸系统　　　　图 9-17　位置伺服系统的线性模型

1.　固有频率

当用三位四通伺服阀控制对称缸时，位置伺服系统的液压刚度可以通过下面公式计算获得

$$k_h = \frac{A^2 B}{A L_1 + \frac{1}{2} V_L} + \frac{A^2 B}{A L_2 + \frac{1}{2} V_L} \tag{9.7}$$

固有频率计算公式为

$$\omega_h = \sqrt{\frac{k_h}{M}} \qquad (9.8)$$

等效体积模量 B 一般可以通过以下公式计算得出

$$\frac{1}{B} = \frac{1}{B_f} + K \qquad (9.9)$$

等效体积模量通常受执行元件和管道体积模量、流体介质体积模量及系统中混入空气的量的影响。式(9.9)中,K 为除流体介质外的其他结构因素的可压缩性。自来水的体积模量约为 2 100 MPa,矿物质油的体积模量约为 1 500 MPa。可以看出,水要比油的弹性模量大,因此水的液压弹簧刚度较油的大。同时温度和压力分别对水和油的体积模量的影响也大不一样。一般来说,设计油压位置伺服系统时取体积弹性模量为 1 000 MPa 比较适宜。

将油压系统参数 $B_f = 1\ 500$ MPa 和 $B = 1\ 000$ MPa 代入式(9.9),可以解得 $K = 3.3 \times 10^{-4}$ MPa^{-1}。考虑在水介质系统中 K 取同样的值时,便可以对水和油的等效体积模量作对比。当式(9.9)中 $B_f = 2\ 100$ MPa 时,可以计算得出 $B = 1\ 235$ MPa。计算过程说明,尽管不同流体介质的体积弹性模量的取值差异超过 50%,但是等效体积模量的差异仅在 25% 左右。

沿用上述计算结果,通过式(9.7)和式(9.8)可以获得系统的固有频率曲线。同一位置伺服系统分别采用油介质和水介质的不同固有频率曲线如图 9-18 所示。

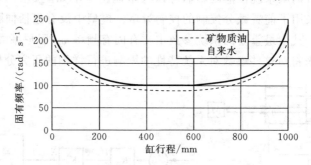

图 9-18　油介质和水介质系统的固有频率

从图 9-18 可以看出,两者固有频率的最小值均出现在行程 0.5 m 处。油压系统的最小值为 90 rad/s,而水压系统的最小值为 100 rad/s,即水压系统的固有频率比油压系统高出 10 rad/s,并且这个差异仅仅是由不同流体的不同可压缩性造成的。其他能造成两者差异的因素还有不同结构材料造成的不同的结构刚度,以及混入并溶解于系统中的空气的量。在大型液压系统中,当流体质量效应不能够忽略时,密度对等效固有频率的值也有影响,水的密度大,则系统的固有频率小。

2. 阻尼系数

在阀控缸系统中,系统阻尼一般很小,取值通常在 0.05~0.30 之间。伺服系的阻尼系数可以通过下式计算获得：

$$\delta_{h}=\frac{1}{2}\omega_{h}\left[\frac{m(K_{c}+C_{v})}{A^{2}}+\frac{bV_{0}}{2BA^{2}}\right] \tag{9.10}$$

假设 K_{c} 和 C_{v} 的取值分别为 $K_{c}=0$、$C_{v}=0$，通过式（9.10）计算得油压系统和水压系统的阻尼系数分别为 $\delta_{h(oil)}=0.17$、$\delta_{h(w)}=0.15$。由计算结果可以看出，当仅考虑可压缩性的影响时，水压系统的阻尼系数值一般会较油压低 $10\%\sim15\%$。

前面有关阻尼系数的研究基于仅考虑体积模量的影响。实际的阻尼系数同时还受到泄漏系数 C_{v}、阀流量压力系数 K_{c} 以及黏滞摩擦系数 b 的影响。这些参数的取值在水压和油压系统中也有很大的区别。阀的流量压力系数 K_{c} 几乎完全取决于阀的类型。由于水的黏度较小，水压阀的流量压力系数值 K_{c} 会较小。假设水的 K_{c} 较小，进而其阻尼系数值也较小。

泄漏系数 C_{v} 对系统的阻尼也有一定影响。与油相比，水的黏度小，液压缸泄漏量大，因此水压系统的泄漏系数较大。当然，设计水液压伺服缸时必须保证有较大的密封区域及尽可能小的间隙。

黏滞摩擦系数 b 同样在水压和油压系统中有不同的取值。由于水介质的黏度远小于油的，水压系统的黏滞摩擦系数 b 取值明显较小。实际黏滞摩擦值很难通过测量获得。

3. 开环增益系数

伺服系统临界开环增益系数可以表示为

$$K_{cr}=2\delta_{h}\omega_{h} \tag{9.11}$$

如果增益大于临界增益，系统会变得不稳定。尽管水压系统和油压系统的固有频率和阻尼系数均不相同，在仅考虑可压缩性的影响时，两种系统的临界开环增益系数却是一样的。根据前文中的分析，可以计算得到临界增益系数值 $K_{cr}=30$。

总的来说，如果只考虑介质可压缩性的影响，那么研究水压和油压位置伺服系统之间的差异并没有多大意义。根据介质的体积弹性模量的不同，可以很容易推导出水压系统的响应速度要比油压系统快得多。然而，其他结构刚度参数对等效体积模量的影响也有较大的影响，以致在系统的整体特性中上述差异值的作用被抵消或削弱了。在获得上述结果时须谨记，所有研究分析都是建立在只考虑线性模型中的可压缩性的影响的基础上的，且研究的目的只是为了获取不同系统间差异作用影响的机理。在实际应用中，不同的阀的特性、液压缸的特性，以及其他所有存在非线性的元件结构的特性等对系统的整体性能都有强烈的影响。

9.3.2　水压比例/伺服控制元件

目前，水压比例/伺服控制元件的类型、种类和性能方面同油压控制元件相比均有很大的差距。下面介绍的大多数比例/伺服控制阀并没有商品化，而只是处于科研成果或样机阶段。

1. 水压比例控制阀

图 9-19 所示为 Danfoss 公司生产的比例流量控制阀及其流量压力特性,该阀液压部分为一带有压力补偿功能的调速阀,可由计算机或 PLC 控制,其最大流量为 30 L/min,最大压力为 14 MPa,最小压力为 1.5 MPa,滞环<8%,响应时间<150 ms,功率为 12 W。

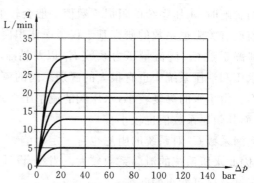

图 9-19 Danfoss 公司 VOH30PE 型比例流量控制阀及其流量压力特性

为了适应水介质黏度低、泄漏量大的特点,德国 Hauhinco 公司研制的二位二通(见图 9-20)水压比例流量控制阀采取球阀形式,并用在位置控制系统中。球阀的优点是泄漏量小,动作可靠,球体可以用不锈钢或陶瓷材料,制造起来相对容易;其缺点是线性度差,滞环和死区较大。该阀的开启和关闭时间为 60～80 ms,工作极限频率比伺服阀低得多。该阀可用水、难燃液(如 HFA、HFB 和 HFC 等)或矿物油为工作介质,过滤精度只需 25 μm,最大流量为 60 L/min,最高工作压力可达 32 MPa。该阀单独使用时可用于系统旁路,进行流量和压力调节;作为先导阀可以与主阀组合,用于执行元件的进、出口压力、速度和位置的控制。

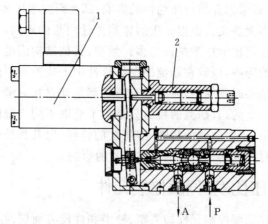

图 9-20 球阀式二位二通水压比例流量控制阀

1—比例电磁铁 2—调压弹簧

另外,Hauhinco 公司还研制出了以氧化锆(ZrO_2)做阀芯、以氧化铝(Al_2O_3)做阀套的滑阀式比例控制阀,图 9-21 所示为其结构原理图,阀的最快响应时间为 30 ms。

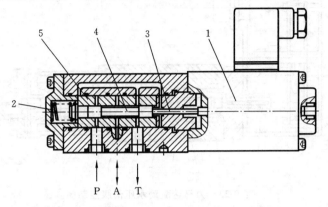

图 9-21   陶瓷滑阀式两位三通水压比例汉量控制阀
1—比例电磁铁 2—复位弹簧 3—顶杆 4—阀芯 5—阀套

2. 水压伺服阀

1992 年,日本 Ebara Research Co.,Ltd 和 URATA 等合作研制的水压伺服阀采用静压支承以减小阀芯所受的摩擦力和卡紧力,避免了由于间隙过小而导致的阀芯和阀套黏结;经过静压支承腔的压力水再被引到喷嘴-挡板阀口,以减小流量损失。阀芯材料为陶瓷,阀套材料为不锈钢;额定压力为 14 MPa,额定流量为 80 L/min,响应频率达到油压伺服阀的水平。图 9-22 所示为其结构原理图。

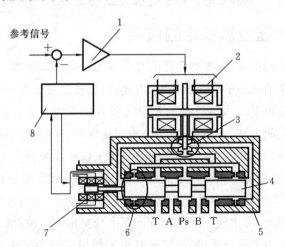

图 9-22   水压伺服阀
1—伺服放大器 2—力矩马达 3—喷嘴/挡板 4—阀芯
5—阀体 6—静压支承 7—位移传感器 8—解调器

日本 Moog 公司(Moog Japan Ltd)研制开发了永磁直线力马达直接驱动的水压伺服控制阀,如图 9-23 所示。伺服阀由线性力马达、液压滑阀和位置传感器

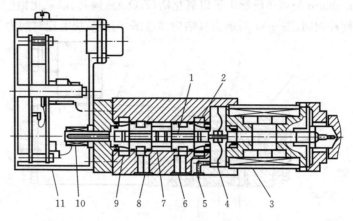

图 9-23　力马达驱动水压伺服控制阀

1—阀芯　2—阀套　3—力矩马达　4—薄膜　5—泄水口　6—A口　7—进水口

8—B口　9—回水口　10—位移传感器　11—放大器

(LVDT)及放大器组成,通过脉宽调制(PWM)电流驱动,具有输出功率大、响应速度快等特点,阀的最大工作压力为 7 MPa,额定流量为 24 L/min,阀内泄漏量为0.44 L/min,滞环和零漂均小于 0.1%,动态响应频率为 92 Hz。

Ultra Hydraulics 4658 伺服阀用不锈钢做阀芯,可以直接用水作为介质。Moog公司的海水伺服阀专为以海水做介质而设计,结构形式与油压伺服阀相似,工作压力为 7 MPa,死区<1%,滞环<5%,额定流量为 2~3 L/min。

9.3.3　水压控制技术的应用

随着科技水平的提高,人类对海洋的开发也不断向深海迈进。进行深海调查、探测、海底勘查、海洋油气和矿产资源开发、海底打捞、救生及海军军事建设等均离不开现代化的水下作业设备。水下机械手是深海作业的关键设备。液压传动具有刚度大、结构紧凑、承载能力高、功率质量比大、响应速度快、远距离控制灵活等特点,是水下机械手的主要驱动方式。然而,传统的液压系统以矿物油作为工作介质,存在着污染(工作介质与海洋环境不相容)、结构复杂(需要压力补偿、油箱和回油管等)、工作可靠性差(密封要求严格,海水侵入到系统引起油液变质、元件腐蚀磨损加剧)等问题。同油压系统相比,海水液压系统具有下列十分突出的优越性。

(1)用海水作为工作介质以后,完全避免了使用矿物油时所带来的污染、易燃、工作场所肮脏等缺点,同时节省了购买、运输、储存液压油及废油处理所需的费用和麻烦,系统使用和维护方便,节省了水下机器人的运行成本。

(2)海水液压动力系统可设计成类似气压传动的开式系统,即动力源直接从海洋吸水,海水做功后又排回海洋。因此可以省去油压系统中所必须具备的油箱、回油管。由于海水温度变化不大,系统不需冷却及加热器;由于水深压力自动补偿,不需要复杂的压力补偿装置。所以与油压系统相比,海水液压动力系统结构简单,质量减小,增加了水下机器人的作业灵活性和机动性。

（3）由于工作介质（海水）与环境相容,即使稍有泄漏也不会影响系统性能,使工作可靠性大大提高;由于系统内外均为海水,在水下可以方便地更换工具或进行简单的维修,简化了机械手与作业工具的对接密封装置。

所以,海水液压动力系统是深海作业装备的理想驱动系统。日本小松制作所（Komatsu　Ltd.）研制了采用全海水进行润滑的、由海水液压驱动的水下作业机械手,机械手臂部自由度为 7 个,手部自由度为 11 个,最大作用范围为 1 m,总质量为 18 kg,可搬质量为 5 kg。使用结果证明,位置控制精度比油压系统高。图 9-24 所示为该海水液压驱动水下机械手的样机构造,其各关节处的液压马达均是海水液压马达。

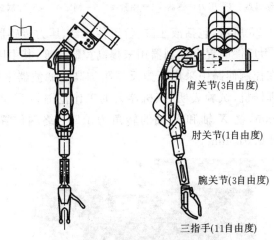

肩关节(3自由度)

肘关节(1自由度)

腕关节(3自由度)

三指手(11自由度)

图 9-24　海水液压驱动水下作业机械手

热核聚变研究始于 20 世纪 50 年代。热核反应堆是利用氢同位素氘和氚的原子核实现核聚变的反应堆。与目前核电站利用核裂变反应发电相比,用受控热核聚变的能量来发电具有能量释放大、实验资源丰富、成本低、安全可靠等优点。ITER（拉丁语"方法"的意思）是一个国际聚变研发项目,目标是把聚变能开发成一种安全、清洁和可持续的能源。ITER 国际聚变能组织是执行 ITER 的法定机构。ITER 国际合作始于 1987 年。目前,ITER 参与的有欧盟、俄罗斯、日本、中国、韩国、印度和美国。中国于 2003 年 2 月 18 日正式加入该项计划。

芬兰 Lappeenranta 大学参与 ITER 项目,开展了焊接/切割机器人的研究。水压系统由于其清洁、环保、安全等突出优点被用于该机器人的动力驱动及控制。该机器人采用五自由度并联机器人结构,由五个水压缸作为线性执行元件来驱动。水压

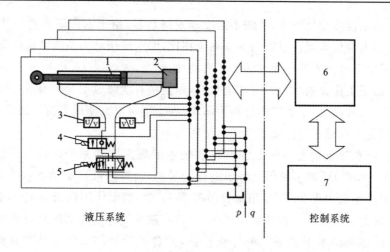

图 9-25　并联焊接/切割机器人水压控制系统

1—液压缸　2—编码器　3—压力传感器　4—锁紧阀　5—伺服阀　6—控制盒　7—计算机

控制系统组成如图 9-25 所示,包括液压缸、位置传感器、压力传感器和高性能伺服阀等。位置、速度和压力反馈的混合控制器用来提高控制精度;其中因为焊接力变化带来的低频振动通过在控制回路中采用压力反馈附加高通滤波器来修正。图 9-26 所示为该机器人的原理样机,试验表明,该机器人的工作范围如下:Z 轴为 300 mm,X 轴和 Y 轴为 ±100 mm,绕 X 轴和 Y 轴的转角为 ±20°,终端位置精度达到 ±0.05 mm,重复精度达到 ±0.01 mm。

图 9-26　水压驱动并联焊接/切割机器人样机

9.4　电/磁流变控制技术

某些流体由于既具有流体的流动特性,又具有常规流体所不具备的某些特殊功能,因此被称为功能流体。电流变流体和磁流变流体即是两种类型的功能流体。

9.4.1　电/磁流变流体的特征

1. 电流变流体

电流变流体(electro-rheological fluid,ERF)是指在绝缘的连续相液体介质中加入精细的固体颗粒而形成的悬浊液。液体介质是不导电的油,如矿物油、硅(氧)油或液状石蜡等;而悬浮在油中的颗粒,包括不导电的无机材料(如陶瓷、玻璃和聚合物等),不导电的有机材料(如淀粉、纤维等),其尺寸范围为 $1\sim100~\mu m$。流体中的粒子占流体总体积的 $10\%\sim40\%$。电流变流体的显著特征是具有电流变效应,即在电场的作用下,电流变流体的表观黏度(或流动阻力)可发生明显的变化,甚至在电场强度达到某一临界值时,液体停止流动而达到固化,并且具有明显的抗剪切屈服强度,即由流体的属性转变为一种具有固体属性的物体,当电压取消后,又恢复其液体状态,而且这种变化是可逆的。电流变效应的响应十分灵敏,一般其响应时间为毫秒级。

关于电流变效应的机理至今还没有一个十分明确、统一的观点。但普遍认为,电流变效应的产生是由于悬浮液中固体粒子在电场诱导下极化,这种极化有多种形式并有不同的理论解释。最常用的理论有分子极化与最低能态理论和双电层极化理论。

分子极化与最低能态理论认为,分散相中的粒子通常呈中性,杂乱地分布在基础液中。外加电场后,粒子发生极化而产生偶极矩。由于物质总是以能量最低态势为其稳定状态,这种状态便是极化粒子沿电场方向排列,且粒子间距离最短,形成连接两极的链。这使液体在垂直于电场方向的流动,不仅受到分子摩擦力,而且受到粒子链的阻力和链粒子之间的静电引力,从而使整体流动阻力增大。当粒子间的作用力在电场作用下增大,形成密集的网状结构时,便像海绵吸水一样,使液体停止流动或固化。双电层极化理论认为,由于电离或离子吸附等原因,分散相粒子的表面带电,将吸附基础液中的异性剩余电荷。但热运动使带电粒子不能将异性电荷吸附在一起,这样,分散相中的带电粒子和其异性电荷便形成一种双电层结构。外加电场后,双电层相互之间产生静电引力,使流动阻力增大,从而产生电流变效应。

2. 磁流变流体

磁流变流体(magnerto-rheological fluid,MRF)是一种将饱和磁感应强度很高而磁顽力很小的优质软磁材料均匀分布在不导磁的基液中所制成的悬浊液。磁流变流体与电流变流体特性相似,在没有外界磁场时,特性与牛顿流体相似;而在外界磁场作用下,其表观黏度和流动阻力会随外界磁场强度的变化而变化。当外加磁场超过一临界值后,磁流变流体会在几个毫秒内从液体变为接近固体状态,而当外界磁场消失后,又迅速恢复为原来的状态。一般认为,当无磁场作用时,磁性粒子悬浮在母液中,在空间随机分布;而施加作用场后,粒子表面出现极化现象,形成偶极子。偶极子在作用场中克服热运动作用而沿磁场方向结成链状结构。一条极化链中各相邻粒子间的吸引力随外加磁场强度增大而增大,当磁场增至一临界值,偶极子相互作用超过热运动,则粒子热运动受缚,此时流变体呈现固体特性,磁流变流体的固态和液态两相转变过程是可逆的,能通过磁场的改变而平稳快速地完成。

电流变流体与磁流变流体相比,尽管原理与物理性能相似,但是在某些方面还是具有显著的差异,如表 9-3 所示,主要表现在以下几个方面。

表 9-3　电流变和磁流变流体典型的物理和化学性质

流体性质	电流变流体	磁流变流体
电压	5～10 kV	由磁路设计确定,一般采用直流安全电压
屈服强度	2～5 kPa($3\sim5$ kV mm^{-1}),受击穿电压限制	50～100 kPa($150\sim250$ kA·m^{-1}),受磁场饱和强度限制
黏度(不加外场)	0.2～0.3 Pa,25 ℃	0.2～0.3 Pa,25 ℃
最大能量密度	-103 J·m^{-3}	-105 J·m^{-3}
工作温度范围	$-25\sim125$ ℃	$-40\sim150$ ℃
电流密度	2～15 mA·m^{-2}(4 km mm^{-1},25 ℃)	可以用永久磁铁加磁场
比重	1～2.5	3～4
辅助材料	任何材料(电极的传导表面)	铁/钢
装置结构	简单	复杂
颜色	任何颜色,不透明或透明色	深灰色、褐色、棕色、黑色/不透明
响应时间	毫秒,准确时间取决于装置设计	毫秒,准确时间取决于装置设计
微粒尺寸	一般为微米级	一般为微米级

(1) 屈服强度　磁流变流体的屈服强度明显大于相应的电流变流体。磁流变流体在磁场的作用下,很容易获得 80 kPa 以上的屈服强度,而电流变流体的屈服强度不超过 20 kPa。

(2) 温度范围　磁流变流体的工作温度范围比电流变流体宽。

(3) 工作电压　一般电流变流体设备都需要几千伏的供电电压,才能产生足够的屈服强度,而磁流变流体设备只需要几十伏的供电电压即可达到足够的屈服强度。

(4) 与电流变流体不同,磁流变流体不受在制造和应用中通常存在的化学杂质的影响;另外,原材料无毒、环境安全,与多数设备兼容。通常流动情况下,磁流变流体会发生微粒子/载体容积分离,低剪切搅拌可很容易使粒子重新分散,消除分层。

但是,电流变流体更便于商业利用和在实验室制造,基于电流变流体的装置比基于磁流变流体的装置易于设计与制造。虽然电流变和磁流变流体的响应时间一般取决于装置设计,但在同样的条件下,电流变流体响应时间比磁流变流体快。

另外,日本东京工业大学正在研究一种新的功能流体——电场共轭流体(electro-conjugate fluid,ECF)及其应用,该流体是一种绝缘流体,在一定的静态电场中,可以在柱状电极之间产生射流,如图 9-27 所示,因此这种流体可以直接将电能转化为机械能。利用 ECF 射流产生的反推力,可以研制微型马达。

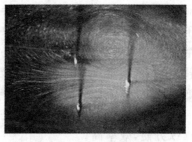

图 9-27 ECF 功能流体

9.4.2 电/磁流变流体的工作模式

目前,电流和磁流变流体在工程上的研究和应用领域涉及机械工业、地震工程、船舶、汽车、航空航天、机器人、医学、海洋工程等。利用电流和磁流变流体制成的各种工程应用装置,有的已在工程和实验中发挥了重要作用,这些应用包括阻尼器、旋转刹车、离合器、液压阀、汽车减震器、抛光装置、人造假肢等。按工作模式不同,归纳起来可分为如下四种类型。

(1)第一类为节流型 它是工程上应用最多的形式之一。如图 9-28 所示,其工作原理是在阻尼缸两端压差的作用下,迫使电流或磁流变流体流过间隙或阀,产生流动阻力,阻力的大小除与间隙或阀的节流装置的形状和尺寸有关外,还与电流和磁流变流体的黏度有关。在同样尺寸的间隙和边界条件下,电流和磁流变流体的黏度越大,则产生的阻尼力越大。而流过间隙的流体黏度是受电场或磁场控制的,施加不同方向和不同强度的电场或磁场,就会产生不同大小的阻尼力。这种阻尼力的变化范围是由电流或磁流变流体的黏度变化范围决定的。黏度变化范围越大,阻尼力的变化范围也越大,阻尼器适用的工作频率范围也越宽。

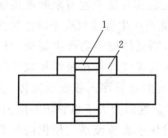

图 9-28 双杆内置节流装置
1—阀口或节流口 2—电流或磁流变流体

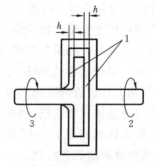

图 9-29 单盘型电流或磁流变流体离合器
1—电流或磁流变流体 2—输入转子 3—输出转子

(2)第二类为剪切型 剪切型不像节流型那样是靠压差迫使流体运动,产生阻力,而是靠流体与固体壁面之间的黏滞力和流体层之间相对运动时产生的内摩擦阻力,其工作原理如图 9-29 所示的旋转式离合器。当输入转子以角速度 ω 旋转时,通过间隙 h 内的电流或磁流变流体将输入轴转速和转矩传递给输出轴转子,从而使输出转子随输入转子一起转动。在间隙形状、结构尺寸一定的条件下,输入转子传递给输出转子的转矩主要取决于电流或磁流变流体外加的电场或磁场产生的摩擦转矩的大小。当不施加电场或磁场到间隙上的流体时,这时产生的黏性摩擦转矩很小,不足以驱动输出转子转动。当施加电场或磁场到间隙上的电流或磁流变流体上时,流体的黏性增加,产生的摩擦转矩增大,足以驱动输出转子带动负载一起转动。这种离合器的优点是可以得到连续的、可变的输出转矩,动力消耗少,操纵方便,效率高。

(3)第三类为挤压型　在此模式下,电/磁极在与电/磁场几乎平行的方向上移动,流变流体处于交替拉伸、压缩的状态,并发生剪切,虽然电/磁极的位移量很小(几毫米以下),但产生的阻力却很大。此时,电/磁极处于一种振荡状态。工程上常利用黏性液体在刚性箱中的振荡特性来吸收和消散由于风、地震、交通载荷等扰动产生的结构振动能量,来保证高楼、电视塔、飞行装置的安全。为了提高这种阻尼装置的减振性能,人们对阻尼装置采用了各种改进措施,采用不同形状如矩形、柱形、椭圆形和环形的液箱、底面带有斜坡的液箱,或者提高液箱底面的粗糙度,在液箱的侧壁面上安装方型垂直障碍等,来增加扰动,使液体产生紊流,提高阻尼比和能量耗散作用。也可采用高黏度的液体如浓泥浆等,来达到同样的效果。上述这些措施在给定的设计条件下,虽然都能收到很好的效果,但一旦振动条件和振动频率发生改变,就会使减振效果变差。因为一般流体的振荡频率是不能改变的,它是由液箱尺寸和液体的黏度等决定的。如果应用电流和磁流变流体,上述问题就迎刃而解了。因为可以利用电流流体和磁流变流体的黏度可控性改变阻尼装置的频率范围和阻尼力大小。另外,由于电流或磁流变流体的黏度比普通流体的黏度大十几倍;所以同样的条件也比普通流体的阻尼力大,并且可以变被动控制为半主动控制。

(4)第四类为开关型　所谓开关型,顾名思义,是它在管路中起着阻断或接通管路流动的作用。置于管道中的液体,在压差作用下,能否产生流动取决于液体黏性阻力与压差阻力的关系。如果黏性阻力大于压差阻力,则液体就不会产生流动;反之,必将产生流动。根据这样的原理,电流或磁流变流体装置或许将在医学领域获得应用,如为了切断人体血管向肿瘤供应血液,在肿瘤附近的血管注入磁流变流体,然后给这部分磁流变流体施加磁场,当施加磁场后产生的黏性阻力大于血管压差阻力时,这时的磁流变流体就相当于一个"开关"或"堵塞",封住了血液流动。使供向肿瘤的血液中断,从而使肿瘤得到控制。

9.4.3　电/磁流变流体液压阀及系统

由于磁流变流体本身是一种流体,因此可以把磁流变流体作为流体传动系统的一种工作介质。同时,由于磁流变流体又具有某些特殊性能,因此可以在传统流体传动系统的基础上实现某种特殊的控制功能。近年来,随着磁流变流体研究的发展,出现了各种新原理的磁流变流体液压元件和系统,例如无动作部件的液压阀及微型流控系统等。这些元件和系统,由于取消了动作部件,因此结构简单、使用寿命长、响应速度快。

1. 磁流变流体溢流阀

一种以磁流变流体为工作介质的液压阀,其结构简图如图 9-30 所示。该阀为溢流阀,由阀芯、阀体、端盖、导磁体及控制线圈组成,其中导磁体和阀体均采用磁导率较大的材料,两个导磁体和阀芯之间的径向间隙为工作气隙。当控制线圈通电时,在阀体、导磁体及阀芯之间形成闭合的磁回路,工作气隙中产生较大的磁场,流过工作气隙的磁流变流体在磁场作用下发生流变,产生较大的流动阻力,因此只有在溢流阀的入口施加一定的压力,工作气隙中的磁流变流体才能继续流动。

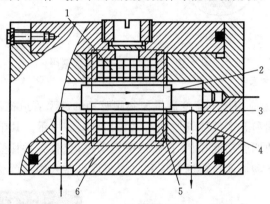

图 9-30　磁流变流体溢流阀结构原理图
1—控制线圈　2—阀芯　3—工作气隙　4—端盖　5—导磁体　6—阀体

图 9-30 中磁流变流体溢流阀的工作原理为:当控制线圈通电时,工作气隙中有磁场作用,此时如果溢流阀进口压力小于调定压力,也就是小于磁流变流体的屈服强度所对应的压力,则磁流变流体不流动,溢流阀关闭。而如果溢流阀进口压力大于调定压力,也就是该压力能够克服磁流变流体的屈服应力时,磁流变流体沿流道流回油箱,溢流阀开启。如果控制线圈不通电,则工作气隙中无磁场作用,此时溢流阀相当于一个通道,磁流变流体可通过溢流阀的工作气隙直接流回油箱。上述磁流变流体溢流阀工作原理表明,溢流阀的开启和关闭不是通过阀芯的动作来实现的,而是通过控制线圈的通电和断电来实现的。因此该阀无动作部件,调定压力可通过调节控制线圈的输入电压来实现无级调节,与传统溢流阀相比,结构简单、无磨损、使用寿命长、自动化程度高。

2. 电流变流体微型控制阀及系统

日本许多大学都在进行功能流体的研究。如图 9-31 所示为东京工业大学研制的微型电流变流量控制阀,其功能相当于一个三通阀,鸡冠状的之字形流道采用电火花放电腐蚀成形,流道外侧电极为高压电极,内侧为接地电极。在最大电场强度为 5 kV/mm,压力源压力为 0.4 MPa 的情况下,阀能产生的负载压力为 0.2 MPa。

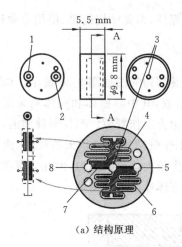

（a）结构原理　　　　　　　　　　（b）实物照片

图 9-31　微型电流变流量控制阀

1—供流口　2—回流口　3—控制口　4—电极　5—回流口　6—电极　7—绝缘体　8—供流口

图 9-32 所示为应用该电流变流量控制阀驱动的微型管道机器人,包括三个微型电流变流量控制阀和五个波纹管作动器,如图 9-32(a)所示。其中纵向布置的两套波纹管作动器与人的四肢功能相似,在管道中运动时,交替夹紧管壁,起定位作用,而横向布置的波纹管作动器通过不断扩展和收缩实现机器人的爬行动作。

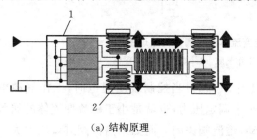
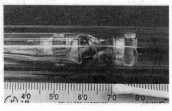

（a）结构原理　　　　　　　　　　（b）实物照片

图 9-32　电流变流量控制阀驱动的微型管道机器人

1—管道微型移动机器人　2—波纹管作动器

思考题及习题

9-1 在整体闭环控制式液压元件中,液压传动与控制利用了电气和 IT 技术的优势强化了自身的哪些功能?

9-2 简述在液压控制系统中采用基于现场总线技术液压泵、阀单元的优势。

9-3 为什么高速开关数字阀能对流量和压力进行连续控制?

9-4 同模拟控制液压阀相比,数字阀有何突出优点?

9-5 电液数字阀有哪几种类型?各有什么特点?

9-6 除了本章所提到的数字阀的应用之外,请举 1~2 个数字阀的应用实例。

9-7 水介质的理化性能给水压控制系统的性能带来了哪些变化?

9-8 结合所学知识谈谈以水为工作介质的水压比例/伺服阀面临的最大技术挑战。

9-9 水压传动系统用于海洋工程装备具有哪些突出优点?

9-10 电/磁流变流体有哪几种工作模式?

9-11 电流变流体和磁流变流体在性能上有什么差异?

参 考 文 献

[1] 王春行.液压控制系统[M].北京:机械工业出版社,1999.
[2] 吴振顺.液压控制系统[M].北京:高等教育出版社,2008.
[3] 柳洪义,罗忠,王菲.现代机械工程控制[M].北京:科学出版社,2008.
[4] 刘陵顺.自动控制元件[M].北京:北京航空航天大学出版社,2009.
[5] 周杏鹏,仇国富,王寿荣,等.现代检测技术[M].北京:高等教育出版社,2004.
[6] 芮延年.检测技术与传感器[M].北京:科学出版社,2007.
[7] 李洪人.液压控制系统(修订本)[M].北京:国防工业出版社,1990.
[8] 孙文质.液压控制系统[M].北京:国防工业出版社,1985.
[9] 杨征瑞.液压伺服系统[M].北京:水利电力出版社,1992.
[10] 田源道.电液伺服阀技术[M].北京:航空工业出版社,2008.
[11] 曹玉平,阎祥安.液压传动与控制[M].天津:天津大学出版社,2003.
[12] 关景泰.机电液控制技术[M].上海:同济大学出版社,2003.
[13] 张利平.液压控制系统及设计[M].北京:化学工业出版社,2006.
[14] 吴根茂,邱敏秀,王庆丰,等.新编实用电液比例技术[M].杭州:浙江大学出版社,2006.
[15] 黎启柏.电液比例控制与数字控制系统[M].北京:机械工业出版社,1997.
[16] 许益民.电液比例控制系统分析与设计[M].北京:机械工业出版社,2005.
[17] 雷天觉.新编液压工程手册[M].北京:北京理工大学出版社,1998.
[18] 路甬祥.液压气动技术手册[M].北京:机械工业出版社,2005.
[19] 李壮云.液压气动与液力工程手册(上册)[M].北京:电子工业出版社,2008.
[20] 李松晶,阮健,弓永军.先进液压传动技术概论[M].哈尔滨:哈尔滨工业大学出版社,2008.
[21] 李壮云.液压元件与系统[M].2版.北京:机械工业出版社,2005.
[22] LIU Y S,HUANG Y ,LI Z Y. Experimental investigation of flow and cavitation characteristics of a two-step throttle in water hydraulic valve[J]. Journal of Power and Energy,2002, 216:105-111.
[23] 潘仲麟,翟国庆.噪声控制技术[M].北京:化学工业出版社,2006.
[24] 盛美萍.振动与噪声控制技术基础[M].北京:科学出版社,2001.
[25] 刘志奇,权龙,袁利才,等.现场总线技术与国外高性能液压元件的发展[J].流体传动及控制,2004,5(7):1-4.
[26] 安高成,王明智,付永领.液压变量泵的数字控制现状[J].流体传动及控制,

2008(5):2-3.

[27] Wu H P, HANDROOS H, PESSI P, et al. Development and control towards a parallel water hydraulic weld/cut robot for machining processes in ITER vacuum vessel[J]. Fusion Engineering and Design,2005,75-79 (SUPPL):625-631.

[28] KEKALAINEN T, MATTILA J, VIRVALO T. Development and design optimization of water hydraulic manipulator for ITER[J]. Fusion Engineering and Design,2009,84(2-6):1010-1014.

[29] NIEMINEN P, ESQUE S, MUHAMMAD A et al. Water hydraulic manipulator for fail safe and fault tolerant remote handling operations at ITER[J]. Fusion Engineering and Design,2009,84(7-11) :1420-1424.

[30] KOSKINEN K T, VILENIUS M J, VIRVALO T, et al. Water as a pressure medium in position servo system[C]//Proceedings of the Fourth Scandinavian International Conference on Fluid Power. Tampere 26-29, September, 1995:859-871.

[31] 祝世兴,梁钟, 李乔治.电流变流体和磁流变流体在工程上的应用[J].稀有金属,2003,27(5):621-627.